Envy and Gratitude and Other Works
(1946—1963)

嫉羡和感恩
梅兰妮·克莱因后期著作选

[奥] 梅兰妮·克莱因（Melanie Klein）◎著
姚　峰　李新雨◎译　　赵晨滨◎审校

中国轻工业出版社

图书在版编目（CIP）数据

嫉羡和感恩：梅兰妮·克莱因后期著作选/（奥）
克莱因（Klein, M.）著；姚峰，李新雨译．—北京：中
国轻工业出版社，2014.1（2025.9重印）
ISBN 978-7-5019-9440-3

Ⅰ．①嫉… Ⅱ．①克…②姚…③李… Ⅲ．①克莱
因，M.－精神分析－选集 Ⅳ．①B84-065

中国版本图书馆CIP数据核字（2013）第206379号

保留所有权利。未经中国轻工业出版社书面授权，任何人不得以任何方式
（包括但不限于电子、机械、手工或其他尚未被发明或应用的技术手段）复印、
拍照、扫描、录音、朗读、存储、发表本书中任何部分或本书全部内容（包括但
不限于光盘、音频、视频等）。中国轻工业出版社未授权任何机构提供源自本书
内容的电子文件阅览、收听或下载服务。如有此类非法行为，查实必究。

责任编辑：孙蔚雯　　　责任终审：杜文勇
策划编辑：阎　兰　　　责任校对：刘志颖　　　责任监印：吴维斌

出版发行：中国轻工业出版社（北京鲁谷东街5号，邮编：100040）
印　　刷：三河市鑫金马印装有限公司
经　　销：各地新华书店
版　　次：2025年9月第1版第7次印刷
开　　本：710×1000　1/16　印张：21
字　　数：250千字
书　　号：ISBN 978-7-5019-9440-3　定价：60.00元
读者热线：010-65181109
发行电话：010-85119832　　010-85119912
网　　址：http://www.chlip.com.cn　　http://www.wqedu.com
电子信箱：1012305542@qq.com
如发现图书残缺请拨打读者热线联系调换
251572Y2C107ZYW

译者序

众所周知，在精神分析学运动的百年历史发展上，克莱因无疑是继弗洛伊德之后对当代精神分析领域产生最广泛且最深远影响的精神分析学家。围绕着克莱因丰富的理论著作与技术贡献，而由她的众多追随者——包括汉娜·西格尔（Hanna Segal）、赫尔伯特·罗森费尔德（Herbert Rosenfield）、威尔弗雷德·比昂（Wilfred Bion）以及后来的唐纳德·梅尔泽（Donald Meltzer）等人——继承并发展起来的克莱因学派，更是已然跻身为当前国际精神分析领域的学术主流。克莱因的众多理论洞见，诸如"内部客体"和"外部客体"的划分、"部分客体"向"完整客体"的整合、"原始自我"与"原始超我"的发展，"偏执—分裂位置"到"抑郁位置"的转化、"爱"和"恨"的互动，以及"投射性认同"与"原初嫉羡"等概念，不仅直接催生了客体关系理论的建立与自体心理学的发展，更是得到了当代精神分析乃至整个心理治疗领域的普遍接受。因此，回顾克莱因，系统并深入地了解她的思想，不仅对于我们从事临床工作和理解治疗情境，而且对于我们看待儿童的成长发展和教育，均有着不可小觑的意义与价值。

本书中收录的论文涵盖了克莱因女士从1946年之后到1960年她逝世之前的著作，也包括了在1963年她逝世之后才得以出版的一些未完成作品。这段时间可以说是克莱因思想的成熟时期，是她对自己思想进行思考、深化与整合的阶段。

在《关于某些分裂机制的评论》（1946）一文中，克莱因细致入微地探讨了人类生命最初三到四个月期间的心理过程，她把分裂机制联系于偏执位置，提出了与"抑郁位置"相对的"偏执—分裂位置",并继而在"投射""内摄"与"认同"等概念的基础上引入了"投射性认同"的防御机制,从而最终阐明并确立了其思想的基本理论框架。延续着1946年这篇论文的思路,在《关于焦虑与罪恶感的理论》(1948)、《关于婴儿情绪生活的一些理论性结论》(1952)以及《论婴儿行为观察》(1952)这三篇文章中,她又进一步讨论了从"偏执－分裂位置"到"抑郁位置"的转化,以及该过程中的波动所隐含的病理学意义。

本书中的其他论文也均是在"位置"理论框架下的深化与扩展,其中有一些主题性的文章,例如,在《关于精神分析结束的标准》(1950)一文中,克莱因以"迫害焦虑"与"抑郁焦虑"的修通来讨论精神分析的结束,从而突破了弗洛伊德以"阉割情结"为分析过程设下的界限;在《移情的起源》(1952)一文中,她则认为移情的起源在于早期的客体关系模式,并提出了分析负向移情的重要性;而《自我与本我在发展上的相互影响》(1952)和《论心智功能的发展》(1958)则是针对元心理学的理论贡献。还有一些技术性的文章,例如《精神分析的游戏技术:其历史与重要性》(1955)便是最接近于克莱因职业自传的一篇文章,其中记录了她早期作为儿童精神分析师的历史以及她与儿童工作的方式。

此外,《关于〈奥瑞斯忒亚〉的某些省思》(1963)以文学作品为素材,为我们展示了一种克莱因式的精神分析文学批评。前者以朱利安·格林的小说主人公法比安为例来讨论投射性认同的过程,后者则着眼于分析埃斯库罗斯作品《奥瑞斯忒亚》中戏剧人物的象征角色。

至于《嫉羡和感恩》(1957)一文则是克莱因晚年的主要理论代表作,也是本书诸篇中的"重中之重"。在这篇论文中,克莱因提出嫉羡和感恩是两种相反却相互作用的感觉,她分析了嫉羡和感恩的起源,认为嫉羡诞生于最早的婴儿期,是死本能的最初表现,且直接指向早期的部分客体(乳房),而感恩则是爱的衍生物,以好的客体关系为基础,被认为是日后一切幸福与快乐的源泉。继而,她还在这篇论文中区分了"羡慕""嫉妒"与"贪婪"三种情感类型，并比较了三者在概念内涵、出现时间、客体关系、目标、性质与实现方式等方面的不同。此外，克莱因还在这篇论文中讨论了过度羡慕的病理学影响，并以此形成了其儿童心理发展的动力学观点。

虽然国内业已出版了许多有关克莱因理论及其临床思想的介绍性著作，也在我们的心理学界中掀起了不小的克莱因派浪潮，但是我们大陆目前还没有克莱因原著的译作。故此，希望本书的出版与发行可以填补精神分析文献的这一空白。

翻译本书的过程自然是艰辛的，但也着实洋溢着喜悦，更是时常感动于克莱因字里行间中散发出来的执着与热情，以及她那充满母性光辉的精神力量。

至此，我们想要特别感谢"万千心理"及编辑阎兰女士为本书的出版工作所付出的辛勤劳动，也由衷希望本书的翻译可以得到广大读者和专家朋友们的批评指正。

译者
2013年3月

内容简介

在精神分析史上，梅兰妮·克莱因被誉为继弗洛伊德之后，对精神分析理论发展具有贡献的重要人物之一。本书收录了从1946年以后到1960年梅兰妮·克莱因过世之前的著作，其中还包括了在1963年她辞世以后才出版的未完成作品。这些几乎囊括了克莱因毕生最重要的文献，也成为其著述的高峰。

在《嫉羡和感恩》中，克莱因引入了新的观念：嫉妒在儿童生命初期即已表现出来，也是死之本能的最初表现；嫉羡和感恩是相冲突的，在偏执-类分裂心理位置运作的嫉羡，是精神病理的强力因素。在精神分析著作中一向都强调嫉妒的重要性，例如弗洛伊德发现的阴茎嫉妒；然而，克莱恩对于嫉羡的概念完全是革命性的。

当今，大部分的精神分析师都非常熟悉克莱因所述的早期客体关系，许多分析师甚至使用她的发现与概念而不明就里。她的许多思想已经被纳入主流精神分析的思维当中，且仍在世界各地流传和发展；其著作的启发性与重要性是不容置疑的。对于喜欢精神分析的读者来说，克莱因的这本著作绝对值得学习与收藏。

作者简介

梅兰妮·克莱因（Melanie Klein，1882年3月30日至1960年9月22日） 奥地利精神分析学家，儿童精神分析的先驱，被誉为继弗洛伊德之后，对精神分析理论发展具有贡献的重要人物之一。克莱因整体的工作就是对弗洛伊德工作的拓展，同时也是以她自己独特的阐述观点对弗洛伊德最初领悟的改革。她不仅扩展了弗洛伊德理论和治疗的范畴，其独立并富原创性的思考系统，更影响了精神分析的发展趋势。克莱因对幼儿心灵的探索，以及对儿童精神分析技巧与理论的开拓，百年来无人能出其右。她被誉为儿童精神分析与客体关系发展的先驱。克莱因在英国的后继者被称为"后克莱因学派"。在拉美等地区甚至已形成以克莱因的观点为基础的克莱因团体。

译者简介

姚峰 精神分析的研究与实践者。曾应邀在中国精神分析年会及亚洲精神分析大会做交流发言；从事犯罪与罪犯心理学研究，将精神分析与犯罪学相结合，先后在四川大学内部刊物《精神分析笔记》及一些学术刊物上发表精神分析方向的专业论文十余篇；主编《犯罪心理学》等教材。自2004年开始接触弗洛伊德的精神分析学说，2005年起跟随霍大同先生接受其个人精神分析训练两年，CAPA（中美精神分析联盟）中国会员，中国心理学会法律心理学分会会员，中国心理卫生协会会员，目前在安徽警官职业学院任教。

李新雨 精神分析的研究与实践者。北京大学心理学系本科毕业，成都精神分析中心会员。自2004年开始接触弗洛伊德的精神分析学说，曾在四川大学游学并跟随霍大同先生接受个人分析训练，先后翻译并发表过多篇拉康精神分析方向的专业论文。目前主要从事精神分析的理论研究与临床实践工作。

目 录

译者序 ·· I
内容简介 ·· V
作者简介 ·· VII
译者简介 ·· IX
梅兰妮·克莱因及其生平 ·· 1
第一章　关于某些分裂机制的评论（1946）··················· 7
第二章　关于焦虑与罪恶感的理论（1948）··················· 33
第三章　关于精神分析结束的标准（1950）··················· 53
第四章　移情的起源（1952）······································ 59
第五章　自我与本我在发展上的相互影响（1952）········· 69
第六章　关于婴儿情绪生活的一些理论性结论（1952）··· 73
第七章　论婴儿行为观察（1952）······························· 111
第八章　精神分析的游戏技术：其历史与重要性（1955）··· 143
第九章　嫉羡和感恩（1957）····································· 165
第十章　论心智功能的发展（1958）···························· 231
第十一章　我们的成人世界及其在婴儿期的根源（1959）··· 243
第十二章　关于精神分裂症的抑郁的评论（1960）········· 263
第十三章　论心理健康（1960）·································· 267
第十四章　关于《奥瑞斯忒亚》的某些省思（1963）······ 275
第十五章　论孤独感（1963）····································· 305

梅兰妮·克莱因及其生平

梅兰妮·克莱因（Melanie Klein，1882.03.30—1960.09.22），奥地利精神分析学家，儿童精神分析的先驱，被誉为继弗洛伊德之后，对精神分析理论发展具有贡献的重要人物之一。她出生于奥地利维也纳一个犹太知识分子家庭，因癌症逝于英国伦敦。

梅兰妮·克莱因的父亲原来是一名犹太法典学者，37岁时，他脱离了自己的正统宗教背景并接受教育，最终获得了内科医生的资质，他在梅兰妮18岁时过世。其母精力充沛，善于持家，却在梅兰妮32岁时过世。梅兰妮在父亲50多岁时出生，是家里最小的孩子，她有两个姐姐和一个哥哥。二姐西多涅9岁去世，当时梅兰妮5岁。西多涅去世前有一年的时间卧病在床，这期间，她花了大量的时间努力把自己的知识教给妹妹，因此梅兰妮在5岁前就开始学习读书、写字、做算术。她14岁时决定学医，并进入维也纳预备高中学习；17岁那年她考上了大学，但几乎与此同时，她订了婚。婚姻改变了她的计划，她放弃了从医的打算，在维也纳大学改修艺术和历史。但她始终保持着对医学的兴趣，并对自己没有学医感到遗憾。她在治疗方面的极大兴趣和天赋在她的精神分析工作中得到了展示。

21岁时，梅兰妮和亚瑟·克莱因（Arthur Klein）结婚，亚瑟是个工程师和商人，为了工作必须时常旅行，有几年他们居住在斯洛伐克与席雷西亚地区的一个小镇上。1910年亚瑟在布达佩斯找到工作，在这里梅兰妮第一次"邂逅"弗洛伊德的作品《论梦》（*On Dreams*, 1901），从而对精神分析产生了兴趣。当时他们的婚姻已经出现问题，梅兰妮与S.费伦齐联系并接受其分析，费伦齐鼓励她开始分析儿童。

1919年7月，她在匈牙利精神分析协会上宣读了她的第一篇论文，题为《一个儿童的发展》并于同年加入该协会。此时，亚瑟前往瑞典工作，她与亚瑟分居并于1926年离婚。在1920年的精神分析大会上，她遇到了K.亚伯拉罕。在亚伯拉罕邀请下，克莱因带着三个孩子于1921年到柏林工作。从那以后她全身心投入到了精神分析的实践和研究当中，逐步发展了她的儿童分析技术。在《精神分析新趋势》这本书的第一章里，她生动地描绘了自己的早期经历。1924年初，她开始接受亚伯拉罕的分析，但1925年由于亚伯拉罕身患重病，分析被迫终止，这次分析给克莱因留下了深刻的印象。同年12月亚伯拉罕去世后，她继续坚持每天有规律的自我分析。

1925年夏，克莱因接到琼斯（Ernest Jones）的邀请去伦敦做一次系列演讲，并请她稍后到伦敦定居。此时克莱因发现柏林精神分析协会与她志趣不投，遂接受了琼斯的邀请。从1926年直到去世，克莱因一直留在英国，并在英国精神分析协会工作。在协会里，她一方面继续致力于自己的研究并将其推向深入，另一方面也从事教学工作。

克莱因第一次涉足儿童精神分析的领域，是从分析自己的儿子开始的。刚开始她只是补充弗洛伊德对俄狄浦斯情结的说法；后逐渐强调母亲角色的重要性；最终离开弗洛伊德的本能理论，发展出自己的客体关系理论。克莱因和安娜·弗洛伊德大约在同一时间开始分析儿童，但是她们的工作在许多基本问题上却大相径庭，这些差异可见于1927年出版的《儿童分析论丛》。克莱因深信，精神分析是一种基于领悟的方法；是基于一种设置，即弗洛伊德所描述过的设置，精神分析的探索只有在这种设置中才得以进行。因此，她从一开始就把目标放在创立一套针对儿童的设置上，这套设置在本质上与成年人的精神分析设置是一样的。在她的设置中，她为孩子提供一个适宜的房间，在柜子里摆放各种各样的小玩具和做游戏用的材料。一旦某个孩子更多通过游戏而不是通过说话来表达自己，她就开始分析这个孩子的自由游戏，将其视为自由联想来加以处理。她认为儿童的游戏、梦、绘画及故事，就像成人的自由联想，都是传达幻想及焦虑的媒介。借由解释儿童的幻想，可以降低、释放儿童的焦虑，减少其内部恐惧，提升身心的健康。她从一开始就确信，分析师可在教育式或安慰式的关系以外，与孩子建立起一种精神分析式的关系，在这种关系中可以进行严格意义上的精神分析。她的这个观点被证明是完全正确的。同时，她还从最初就认为，需要把探索延伸到无意识中焦虑活跃的层面上去。克莱因详述了早期、潜伏期及青春期儿童的不同特质，进而描绘在其各发展阶段分析技巧上的异同。克莱因试图通过她对儿童的观察及临床工作，对弗洛伊德最初的理论进行详细说明和拓展。在《象征形成及其在自我发展中的重要性》（1930）一文中，克莱因详细描写了对 Dick 的分析，并阐明了她的儿童精神病观点：儿童精神病是由于象征形成受阻导致的精神异常；可以通过分析师充分地理解它，并令其人格中健康部分与分析师接触，从而使症状得到部分的缓解。Dick 是一个只有4岁的小男孩，克莱因对他的诊断是："言语贫乏，智力落后，只有相当于15或18个月婴儿的智力水平，几乎无法适应现实并缺乏与周围环境的情感关系。Dick——对于母亲或保姆的'出现或消失'漠不关心——他没有任何兴趣喜好，也不做游戏，根本不与他的环境进行接触——存在饮食障碍和交往障碍"。Dick 表现出明显的精神病症状。在当时，儿童精神病是人们普遍尚无认识的问题。即使是弗洛伊德本人也认为无法用分析疗法来治疗精神病。在无经验可循的情况下，克莱因尝试用游戏技术对 Dick 进行治疗，并对 Dick 在游戏过程中表现出来的攻击性和焦虑情绪加以解释。大约经过4次治疗之后，Dick 开始表现出对保姆的依恋，开始说话，体验到焦虑情绪。通过解释 Dick 的攻击性幻想，其无意识焦虑逐渐趋于消失，象征性过程被驱动，Dick 的游戏也变得越来越丰富。在 Dick 的病例中，分析揭示了他在幻想中对母亲躯体的攻击导致了严重的焦虑，以至于他否认对母亲的任何兴趣，因此也不能在其他的对象或关系中象征性地表达这种兴趣。Dick 致病的原因是其象征形成受到严重的阻碍，使他对于周围世界丝毫不感兴趣。克莱因对于 Dick 的分析是革命性的。其一，这为精神分析开辟了新的研究领域。在此之前，弗洛伊德和其他的分析师均相信，对于精神病患者无法使用分析方法。因为精神病人无法用象征性的语言进行交流；而且缺乏情感接触，使得分析过程无法进行。但是，克莱因证明，情感接触的缺乏可以通过分析师一方充分地理解加以克服。她发现，在病人的人格中存在一个健康且健全的部分，它能够同分析师接触。其二，它刺激了对儿童病理学的研究。当时，儿童精神病很少被诊断出来，而且人们对儿童精神病缺乏认识。克莱因注意儿童精神病比人们所认识到的更为普遍，而且她指出儿童精神病是可以治疗的。她还第一个注意到在精神病过程中正是象征形成本身受到了影响。她在这一方面的研究对于后来关于精神病状态性质的研究产生了根本性的影响，为发展儿童精神分裂症或儿童孤独症的诊断方面提供了有力工具。其三，对 Dick 的分析，使克莱因本人的焦虑、防御和象征形成理论逐渐成形。比如她清楚地阐明，焦虑过度是病理形成的基础，如果焦虑适中，它就是儿童发展的基本动力，这与今天的焦虑动机理论是一致的。在分析中，克莱因发现 Dick 通过驱逐来对付自己的破坏性，这使她后来将分裂和驱逐理解为正常儿童和障碍儿童防御焦虑的最早方式。她关于象征形成及其抑制的病理学观点，为后来的象征形成的研究提供了动力。

事实上，克莱因整体的工作就是对弗洛伊德工作的拓展，同时也是以她自己独特的阐述观点对弗洛伊德最初领悟的改革。但由于克莱因的领悟对弗洛伊德的理论改变得太多，以致许多正统的弗洛伊德信徒抛弃了它。在克莱因的"伦敦学派"与"维也纳学派"（同安娜·弗洛伊德联系最密切）之间，出现了巨大的冲突。克莱因与安娜之间最初的分歧是对儿童治疗观点的不同，这一分歧对两派"分裂"造成了深远影响，并使分裂一直持续下去。克莱因利用游戏对儿童进行治疗，采用的解释技巧与应用于成人的技巧相类似。与此相反，安娜认为儿童的自我还没有发展到足以能够给他们做经典分析的程度，因此，她提倡从事儿童工作的分析师应更多地担当教育者的角色。第二次世界大战期间，在英国精神分析协会内部激烈的争论导致精神分析团体更进一步分裂。在此种情况下，作为英国学会主席的琼斯决定针对对立的问题举行一系列科学讨论。这次讨论结束之后，通过在主要的教学课程内部创建两个独立的训练方向，从而保持了英国学会表面上的统一。但实际上学会中的成员已分为两大派：A组（以克莱因团体的成员为主）和B组（以安娜为代表的维也纳学派）。此后，在A组的基础上又分裂出中间小组（亦称独立分析师小组），这一组的代表人物是温尼科特，他们最初都受到克莱因的影响，部分地支持克莱因的观点。独立小组的宗旨是批判性地评价上述两个阵营的观点，选择最正确的观点从而丰富精神分析。这次大讨论使得克莱因的地位进一步巩固，并促使克莱因学派的成员深入思考，更加精确、严格地论证自己的观点。而独立小组分离出去后，克莱因团体作为一个学派更加彰显出来，其宗旨和观点也更具一致性；而且随着对于克莱因研究的重要性的认识，越来越多的学生和分析师转向克莱因，请她做督导。更为重要的是，一些精神病学的医生开始寻求克莱因的指导。反过来，他们的精神病学知识又促成了克莱因关于精神病问题的探讨。这些医生即克莱因学派的新成员或第二代成员包括西格尔、罗森费尔德、贝恩和迈策尔等人。大约从20世纪50年代开始，到英国来接受精神分析训练的外国学习者特别感兴趣于"被训练成为一个克莱因学派的分析师"，在今天，克莱因的观点已经极大地影响了英国内外的精神分析学思想。克莱因在英国的后继者被称为"后克莱因学派"。在拉美等地区甚至已形成以克莱因的观点为基础的克莱因团体。

第一章　关于某些分裂机制的评论 [1]

（1946）

引　言

这篇论文涉及的是生命早期的"偏执"与"分裂"焦虑及其机制的重要性。早在我说明婴儿期的抑郁过程之前，多年来我已经在这个主题上发表过许多想法。在我发展婴儿期"抑郁位置"概念的过程中，与此位置之前的发展期有关的问题再次浮现。这引起我的注意。现在我将对生命早期的焦虑与机制的某些假设做一些阐述 [2]。

我将要提出的这些与生命最早期发展阶段有关的假设，是根据对成人与儿童的分析资料所做推论而得，其中有些假设似乎与精神医疗常见的临床观察相符合。为了让我提出的主张更具体深入，需要累积详细的案例资料，不过因篇幅有限，我希望在日后能弥补这个不足。

首先，我把之前已经提出的有关早期发展阶段结论做一番简短的摘要说明，我相信这将对读者有所帮助 [3]。

---

[1] 1952 年版本的脚注：这篇论文于 1946 年 12 月 4 日在英国精神分析学会宣读，在稍做修改后（只加上了一个段落和一些脚注），基本保持原貌出版。

[2] 在完成本文之前，我曾与宝拉·海曼（Paula Heimann）讨论过其主要的方面，并且非常受惠于她的启发性建议，让我可以完成并阐述了许多与此相关的概念。

[3] 参见：我的《儿童精神分析》（1932）与《对躁狂抑郁位置之心理发生的贡献》（1935）。

婴儿在早期阶段所发生的焦虑，带有精神病的特质，导致了自我发展出一些特别的防御机制。我们可以在这个阶段找到所有精神病的固着点。这个假设让有些人以为我把所有的婴儿都看作精神病患者；不过我已经在他处充分回应过这种误解。婴儿期带有精神病性质的焦虑机制以及自我防御机制，对个体发展的各个方面——包括自我、超我与客体关系——都具有深远的影响。

我经常表达这样的观点，即客体关系在刚出生时就存在了。第一个客体是母亲的乳房，而这个乳房对婴儿来说，被分裂为好的（满足他的）与坏的（挫折他的）两个不同的乳房；这样的分裂导致爱与恨的分离。我曾进一步指出，第一个客体关系隐含了"内摄"与"投射"机制。因此，从生命一开始，客体关系就受到内摄与投射两种机制之间，以及"内部和外部客体"与情境之间相互作用的影响；这些过程参与了自我与超我的建立，并且为半岁开始的俄狄浦斯情结准备了土壤。

在生命伊始，破坏的冲动被导向客体，这种冲动借由对母亲乳房所发动的幻想性的"口腔施虐攻击"来表现，这种攻击很快地发展成为对母亲身体极尽虐待所能的杀戮。婴儿具有想要抢夺母亲身体中好东西的"口腔施虐冲动"，又有想要将他的排泄物放进母亲身体（包括想要进入她的身体，以便能从里面控制她）的"肛门施虐冲动"。这两种施虐冲动引发了婴儿的迫害恐惧，而这些迫害恐惧对于妄想症与精神分裂症的发生是极为重要的。

我曾细数早期自我的各种典型防御机制，例如：将客体与冲动分裂、理想化、否认内部与外部现实、情绪抑制等；我也曾提及各种焦虑的内容，包括惧怕被毒害与被吞噬等，这些普遍存在于生命头几个月的现象，大多可以在日后出现的精神分裂的症状中找到。

这里所讨论的早期阶段（最初被描述为"迫害期"），后来我将它称作"偏执位置"[1]，这一时期发生在抑郁位置之前。如果迫害的恐惧过强，而使得婴儿无法修通偏执－分裂位置；那么抑郁位置的修通也将受到阻碍。这些失败可能导致退行性的、更强烈的迫害恐惧，并且强化了严重精神病（也就是精神分裂症）的固着点。在抑郁位置期间引起的严重困难的另一个结果，可能是后来生活中的躁狂抑郁障碍。我也曾得出这样的结论：在发展障碍比较轻微的个体上，与上述相同的因素强烈地影响他们选择了神经症。

虽然我假设抑郁位置的结果取决于偏执位置的修通，但是我仍然把抑郁位置放在早期儿童发展的中心位置上；因为随着将客体作为整体而内摄，孩子的客体关系发生了根本的改变。把完整客体之被爱与被恨的两方面综合起来，就引起了哀悼与罪恶的感觉，这些感觉暗示了孩子在情绪与智力生活上有了重大的进展。这也是个体是出现神经症还是精神病的关键所在。对于上述结论，我至今仍然坚信不疑。

对费尔贝恩近期论文的一些评论

在费尔贝恩近期的数篇论文中[2]，也在相当程度上关注了我现在所要探讨的主题，我认为澄清我们之间基本观点的异同是有帮助的。我在本篇文章里提出的某些结论与费尔贝恩先生的相一致，而其他

---

[1] 当本文在1946年初次发表时，我曾用"偏执位置"这个术语，与费尔贝恩的"分裂状态"有相似的意思。经过深入的思考，我决定将费尔贝恩的术语与我的术语结合起来，因此在当前的这本书［《精神分析的发展》(1952)，本文最初便发表在这本书中］我使用的是"偏执－分裂位置"这个措辞。

[2] 参见：《再修订之精神病与神经症的精神病理学》(*A Revised Psychopathology of the Psychosis and Neurosis*)、《根据客体关系来思考的内在精神结构》(*Endopsychic Structure Considered in Terms of Object-Relationships*)，以及《客体关系与动力结构》(*Object-Relationships and Dynamic Structure*)。

部分则有根本的不同。费尔贝恩的方法主要来自与客体相联系的自我发展的角度,而我的方法则明显是从焦虑及其变迁的角度切入的。他称生命最早的发展期为"分裂位置",并指出这个位置是正常发展的一部分,而且是成人期分裂人格与精神分裂症的基础。我同意这种看法,并认为他对于发展过程中出现的"分裂现象"的描述,是重要且有趣的创见。这对于我们了解分裂行为与精神分裂症也有极大的价值。我也相信费尔贝恩认为"分裂人格或精神分裂症这一组疾病,比以往所宣称的更为广泛"这样的观点是正确而且重要的;还有他特别强调的"癔症与精神分裂症之间具有内部关系"的观点,值得多加关注。如果"分裂位置"被理解为涵盖了迫害恐惧与分裂机制,那么这样的名称是适当的。

  但当谈及最基本的议题,我则不同意他对心智结构与本能理论的修订;我也不同意他所认为的只有坏客体是被内化的观点。这种观点在我看来导致了我们在客体关系发展与自我发展问题上的重要分歧。因为我认为被内摄的好乳房形成了自我的重要部分,从一开始就为自我的发展带来了根本的影响——影响自我的结构与客体关系。还有一点不同的是:费尔贝恩认为"分裂个体的主要困难,在于如何去爱而不会用爱来破坏;然而,抑郁个体的主要困难则是如何去爱而不会用恨来破坏"[1]。这一结论不仅呼应着他对弗洛伊德的原始本能概念的驳斥,而且也跟他对攻击与恨在生命初期所扮演角色的低估相一致;这种观点带来的结果是:他对早期焦虑与冲突强调不够,也未能足够重视它们带给发展的动力学效果。

---

[1] 参见:《再修订之精神病理学》(1941)。

早期自我的一些特定问题

在接下来的讨论中,我将挑选自我发展的某个单一方面,并且刻意不把它联系于整体自我发展的问题;在此我也无法去触及自我、本我与超我的关系。

到目前为止,我们对早期自我的结构知之甚少。而近期对此出现的一些主张也未令我信服:我特别想到的是葛罗夫关于"自我核心"的概念,以及费尔贝恩关于"一个中心自我与两个附属自我"的理论。在我看来,比较有帮助的是温尼科特对早期自我尚未整合的强调[1]。我也认为生命早期的自我大致缺乏凝聚力,"趋向整合"与"趋向崩解"这两种趋势交替发生[2],我相信这些波动是生命中最初几个月的特征。

我认为,我们有正当的理由来假定:某些我们从后期的自我中所得知的功能一开始就在那里;而其中较显著的是处理焦虑的功能。我相信焦虑来自死本能在有机体内的运作,感觉如同灭绝(死亡)的恐惧,以迫害的恐惧为表现形式。对破坏冲动的恐惧似乎随时可以依附在客体上——或者被体验为对无法驾驭、过于强大的客体的恐惧。原初焦虑的其他重要来源,是出生创伤(分离焦虑)以及身体需要受到的挫折,这些体验在一开始被感觉为是由客体所造成的。即使这些客体被感觉为外部的,但通过内摄机制,他们便成为内部的迫害者,并因而加强了对于内部破坏冲动的恐惧。

由于个体迫切需要处理这些焦虑,促使早期的自我必须发展

---

[1] 参见:温尼科特的《原始情绪发展》(1945)。在这篇文章中,温尼科特也描述了一些未整合状态的病理性结果,例如一例女性患者无法区分她的孪生姐妹与她自己。

[2] 婴儿出生后,自我凝聚性的多少应该与自我忍受焦虑能力的强弱联系在一起来考虑,如我先前所主张的(《儿童精神分析》),这种焦虑是一个体质性的因素。

一套基本的机制与防御：破坏冲动被部分地向外投射（死本能的转向），而且我认为是附着在第一个外部客体（母亲的乳房）上的。正如弗洛伊德所指出的，破坏冲动的其余部分，在某种程度上与有机体内部的力比多结合。然而，这些过程并不能完全实现其目的，因此对从内部被破坏的焦虑仍然是活跃的。在我看来，与凝聚性的缺乏相一致的是，在这种威胁的压力之下，自我倾向于支离破碎[1]。这种"支离破碎"似乎构成了精神分裂症中"崩解状态"的潜在原因。

现在我们面临这样的疑惑：是否自我中的某些活跃分裂过程可能不会发生在早期阶段？正如我们假设的那样，早期自我以一种活跃的方式来分裂客体及与客体的关系；而这可能暗示了某些活跃的自我分裂本身。无论如何，分裂的结果都是：被感受为危险来源的"破坏冲动"受到了驱散。我认为：为内部的破坏力所消灭的原初焦虑，以及自我对于支离破碎或分裂本身的特异反应，可能在所有精神分裂症的病程中都是极为重要的。

与客体相关的分裂过程

向外投射的破坏冲动最初被体验为口腔攻击。我认为朝向母亲乳房的口腔施虐冲动在生命初期是活跃的，虽然食人冲动随着长出牙齿而又有极大的增强——这是亚伯拉罕所强调的一个因素。

在挫折与焦虑的状态下，口腔施虐与食人的欲望被增强，于是婴儿感到他已将乳头与乳房咬碎吃掉。因此在婴儿的幻想中，除了将好乳房与坏乳房加以区别之外，还有挫折他的乳房（在口腔施虐的

---

[1] 费伦齐在《注释与片段》(1930) 一文中提出：每一个生物有机体都极有可能借由"裂成碎片"来对不愉快的刺激做出反应，这可能是死本能的一种表达。或许，复杂的机制（生物有机体）只有通过外部条件的影响才能作为一个整体被保持下来。当这些条件变得不利时，有机体便裂成碎片。

幻想中受到攻击）也被感觉为碎片；那个满足他的乳房（在吮吸力比多的主导下被婴儿摄入）则被感觉为完整的。第一个内部的好客体在自我中起着一个焦点的作用。它反作用于分裂与消散的过程，营造凝聚性与整合，有助于自我的建立[1]。即便如此，婴儿对于内部有一个完整的好乳房的感觉，可能因挫折与焦虑而动摇；结果是好乳房与坏乳房的分离可能难以维持，于是婴儿可能感觉到好的乳房也是支离破碎的。

我认为，如果没有在自我中发生一个相应的分裂，自我就无法将（内部的和外部的）客体分裂。因此关于内部客体状态的那些幻想与感觉就对自我的结构有着重要的影响。若是在并入客体的过程中施虐占的优势越多，那么这个客体就越有可能被感觉为支离破碎的，而且自我也越是容易陷入与内化客体的碎片有关的被分裂的危险之中。

当然，我所描述的这个过程是与婴儿的幻想生活连在一起的；而且激发了分裂机制的焦虑也同样具有幻想的性质。正是在幻想中，婴儿分裂了客体与自身，但是这种幻想的效果是非常真实的；因为它导致了感觉与关系（以及后来的思维过程）的割裂[2]。

---

[1] 温尼科特从另一个角度提到了同样的过程：他描述了整合以及对现实的适应是如何从根本上取决于婴儿对母亲的爱与照料的经验上的。

[2] 斯科特博士（Dr. W. G. M. Scott）在阅读本文之后的讨论中提到了分裂的另一个方面。他强调断裂在经验的连续性中的重要性，这意味着一种在时间中而非在空间中的分裂。他提及了睡眠状态与觉醒状态之间的交替作为例子。我完全赞同他的观点。

与投射以及内摄有关的分裂机制

到目前为止，我特别把分裂机制处理为最早的自我机制与对抗焦虑的防御之一。内摄与投射从生命的一开始就也是用来为自我的这一原初目标服务的。如弗洛伊德所描述的，投射起源于"死本能"向外的转向；在我看来由于使自我摆脱了危险和坏东西，投射有助于自我克服焦虑。对好客体的内摄也被自我用作一种对抗焦虑的防御。

还有一些其他的机制也与投射及内摄息息相关。此处我特别关心的是分裂、理想化以及否认之间的联系。至于客体的分裂，我们必须记得孩子在处于满足的状态下，爱的情感会转向满足他的乳房；而在挫折的状态下，恨与迫害性的焦虑则会依附在挫折他的乳房上。

理想化与客体的分裂有着密切的关联，因为理想化牵涉到夸大乳房好的一面，借此来保护自己，应付对迫害性乳房的恐惧；因而，理想化是迫害恐惧的必然结果，也是源自本能欲望的力量。这种本能欲望旨在无限的满足，因而创造一个永不枯竭且始终丰满的乳房形象，这个形象就是理想化的乳房。

在婴儿的幻觉性满足中，我们发现了这种分裂的例子。在理想化中发生的主要过程也同样运作于幻觉性满足，即客体的分裂与同时否认挫折和迫害的过程；挫折性与迫害性的客体跟理想化的客体彻底分离开来。然而，坏客体不仅与好客体分离开来，而且其本身的存在也遭到了否认，就像挫折的整个情境与挫折引起的"坏感觉"（痛苦）都被否认了一样。这一过程与否认精神现实有密切的关系。对精神现实的否认，只有透过强烈的全能感才有可能发生，这种全能的感觉也是早期心智状态的一个基本特征。全能地否认坏客体的存在以及痛苦的处境，在无意识层次上等同于被破坏性冲动所消灭。不过，被否认与消灭的不只是一个情境与一个客体；而是一个客体关系在遭受这种命运。于是自我的一部分连同它对客体的感觉也被否认与消灭了。

因此，在幻觉性满足中，有两个互相关联的过程在发生：全能地创造理想客体与情境，以及同样全能地毁灭坏客体与痛苦的情境。这些过程都是建立在客体与自我的分裂之上的。

我想顺带一提的是：在这个早期的发展中，分裂、否认与全能所扮演的角色，类似于压抑在后期自我发展中所扮演的角色。当我们思考否认与全能的过程在一个以迫害恐惧与分裂机制为特征的阶段上的重要性时，我们可能会想起精神分裂症中的自大妄想与迫害妄想。

到目前为止，在处理迫害恐惧的议题上，我已指出"口腔"的要素。然而，虽然口腔力比多仍然在主导；但是来自其他身体来源的力比多冲动、攻击冲动与种种幻想也脱颖而出；并且导致了口腔、尿道与肛门的欲望（力比多与攻击的欲望）汇流在一起。对母亲乳房的攻击，也发展成类似性质的对母亲身体的攻击，因为母亲的身体现在被感觉为乳房的一种延伸；这甚至是发生在母亲被感知为一个完整的人之前的事情。这些在幻想中对母亲的屠戮，是依照两条路线进行的：其一是以口腔冲动为主，想要将母亲（乳房）吸干、吃光、掏空，以及抢夺母亲体内的好东西（我将讨论这些冲动如何影响与内摄有关的客体关系的发展）。第二种攻击源自肛门与尿道冲动，这种攻击为了排除体内危险的物质（排泄物），并将它们放进母亲的体内；和这些有害的排泄物一起在怨恨中被排除的，是自我分裂的碎片。这些碎片也被投射到母亲身上，或者说是投射进入母亲[1]。这些排泄物以及自己的"坏"碎片不只是被用来伤害客体，也被用来控制与占有客体。只要母亲"容纳"自己的这些坏的碎片，她将不被感知为分离的个体；而是被感知为那个坏的自体。

---

[1] 对这些原始过程的描述遇到了极大的障碍，因为这些幻想都发生在婴儿尚未开始用言语进行思考的时候。例如，在这个背景中，我用了"投射进入另一个人"的措辞，是因为这在我看来是传达我试图描述的无意识过程的唯一方式。

对自己某些部分的恨现在大多被导向母亲的身上，由此导致了一种特别的认同形式。这种形式建立了"攻击性客体关系"的原型，我主张将这种过程称为"投射性认同"。当投射主要是源自婴儿想要伤害或控制母亲的冲动时[1]，他便会感觉到母亲是个迫害者。在精神病障碍中，这种将客体当作"被自己怨恨的部分"来认同，导致了病人对他人的强烈憎恨。与自我有关的是，当自我过度地分裂并且将自身的碎片驱逐到外部世界，将会相当程度地弱化自我的功能。因为情感与人格中的攻击成分，在心智中是同力量、潜能、强度、知识以及许多其他个体欲望的（好的）品质密切相关的。

不过，不是只有自我坏的部分才被排除与投射，自我好的部分亦然。此时，排泄物具有礼物的意义，而自我的某些部分和排泄物一起，被排除并投射到他人身上，这些就代表着自我中好的部分，也就是自我"具有爱"的部分。以这种投射为基础的认同方式，同样对客体关系有重大的影响。将好的感觉与自我好的部分投射到母亲身上，对于婴儿是否能够发展好的客体关系并且整合其自我，具有根本的重要性。但是如果这种投射过程被过度地操作，个体将会感到自我人格中好的部分都流失了，母亲因而变成了婴儿的理想自我；这样的过程也会导致自我弱化与贫乏。很快地，这个过程延伸到他人身上[2]，结果可能会变成过多强烈地依赖于他人，而他们事实上是他自己原本拥有的"好"部分的外部代表；另一个结果是害怕失去爱

---

[1] 埃文斯（M. G. Evens）在一篇简短的未发表的通信中（于1946年1月在英国精神分析学会宣读），给出了一些病人的例子，下面的现象在这些病人身上非常明显：缺乏现实感，感觉被切开，人格的部分进入了母亲的身体以便抢夺并控制她，结果是母亲与其他受到类似攻击的人变成了病人的代表。埃文斯将这些过程联系于发展的原始阶段。

[2] 斯科特在一篇未发表的文章（几年前曾在英国精神分析学会中宣读）中，描述了他在一个精神分裂症患者身上遇到的3种相互关联的特征：她的现实感严重紊乱；她感觉自己周围的世界都是墓地，以及将她自己所有好的部分都放到另一个人（格雷塔·嘉宝）身上，并让这个人来代表自己的机制。

的能力，因为他所爱的客体，感觉上主要是被当作"自身的代表"来爱的。

因此，自我的某些部分分裂与投射进入客体的过程，对于正常的发展与异常的客体关系都是非常重要的。

内摄对于客体关系的影响是同样重要的。对好客体（首先是母亲的乳房）的内摄，是正常发展的前提。我已经描述过内摄过程在自我中形成了一个焦点，并且促成了自我的凝聚性。这种跟（内部或外部）好客体的早期关系的一个典型特征，就是将之理想化的倾向。在挫折或焦虑增加的状态下，婴儿被迫逃遁到其内部的理想化客体那里，以此作为逃避迫害者的方法。这种机制也可能引起各种严重的紊乱：当迫害恐惧过于强烈时，逃遁到理想化客体的动作变得过度，会严重阻碍自我的发展，并且扰乱客体关系；结果是自我可能被感觉为完全顺从而且依赖于内部客体（自我只是个空壳子）。个体的内部世界若是带着一个未经同化的理想化客体，便会产生"自我没有自己的生命与价值"的感觉[1]。我认为逃遁到未经同化的理性化客体的这种状况，将使得自我中的这些过程必然的进一步分裂。因为自我的某些部分试图与理想客体相结合；而其他部分则努力应对内部的迫害者。

各种分裂自我与内部客体的方式导致了一种自我碎裂的感觉，这种感觉等于是自我"崩解"的状态。在正常的发展过程里，婴儿体验到的分裂位置是暂时的；在其他相关的因素中，来自外部的好客体

---

[1] 参见：《对升华问题及其与内化过程的关系之贡献》(1942)。在这篇文章中，宝拉·海曼（Paula Heimann）描述了这样一种情况：内部客体充当着一些嵌入在自体中的异物。虽然就坏客体而言这是更加明显的，但是对于好客体来说也是如此，如果自我被强制性地屈从于将它们保存的话。当自我过度服务于其内部的好客体时，这些客体就会被感受为对自体的危险之源，并接近于施加一种迫害性的影响。宝拉·海曼引入了"对内部客体的同化"这个概念，并将其专门应用于"升华"。至于自我的发展，她指出这种同化对于自我功能的成功运作与获得独立而言是本质性的。

的满足[1]，一再地帮助孩子度过分裂位置。孩子克服暂时分裂位置的能力与其心智功能的弹性与耐受性有关。如果自我无法克服分裂与随之而来的崩解状态，且这种状态持久且频繁地发生；那么在我看来这种状态就应该被视为婴儿的一种精神分裂症。我们在婴儿出生后的最初几个月中就已经可以观察到一些这种病症的迹象了。成人病患的人格解体与精神分裂的解离状态，似乎是退行到了婴儿的上述这些崩解状态[2]。

我个人的经验是：早期婴儿中过多的迫害恐惧与分裂机制，可能对其早期的智力发展有一种有害的影响；因此某些特定的心智缺陷必须被视为属于精神分裂症的范畴。正因为如此，我们在思考任何年龄段孩子的心智缺陷时，都应该记得早期婴儿期精神分裂症的可能性。

到目前为止，我已经描述了在客体关系上过度内摄与投射的一些影响。有些病例因为某种原因而以内摄为主，其他病例则是以投射为主；但我并非一味地试图在此探究各种因素的细节。至于正常的人格，我们可以这么说：自我发展与客体关系的过程，乃是由早期发展阶段中内摄与投射之间可以达到的最佳平衡来决定的；这一点又和自我的整合以及内部客体的同化有关。即使失去了这个平衡，而致使这两种过程的任何一种变得过度，内摄与投射之间也还总是存在着一些相互作用。例如，由于受到迫害恐惧钳制，充满敌意的内部世界向外投射，再将带有敌意的外部世界摄取回来，导致了一种内摄；反之亦然，将扭曲与敌意的外部世界内摄，强化了内部敌意世界的投射。

---

[1] 从这一点来看，母亲对婴儿的爱与理解都可以被看作婴儿在克服精神病性的崩解与焦虑时最大的依靠。

[2] 赫尔伯特·罗森费尔德（Herbert Rosenfield）在《对一例带有人格解体的精神分裂状态的分析》（1947）一文中，曾报告了个案材料来说明与投射性认同紧密联系的分裂机制是如何对精神分裂状态和人格解体负责的。在他的文章《关于慢性精神分裂症中混乱状态的精神病理学评论》（1950）中，他也指出，如果主体丧失了区分好客体与坏客体，以及区分攻击性冲动与力比多冲动等的能力，就会产生一种混乱状态。他提出在这样的混乱状态中分裂机制通常是为了防御的目的而受到加强的。

正如我们看到的那样，投射过程的另外一面，是关于自我的某些部分强行进入并控制了客体。因为这样，内摄可以被视为由外而内强行侵入，作为暴力投射的惩罚。这可能带来一种恐惧，害怕不只是身体，连心智也被他人用充满敌意的方式所控制。结果可能是在内摄好客体时产生了严重的紊乱，这种紊乱会阻碍所有的自我功能与性发展；而且可能导致过分地退缩到内部世界。虽然如此，这种退缩不仅是肇因于对内摄外部危险世界的恐惧，也是源于对内部迫害者的害怕，以及随之而来的逃遁到理想化的内部客体。

我已经提到，过度的分裂与投射性认同导致自我贫乏与弱化，这个被弱化的自我也因而无法同化它的内部客体，于是造成了自我被这些客体钳制的感觉；同样的，这个被弱化的自我感到无法将投射于外部世界的部分再摄取回来。这些发生在内摄与投射交互作用的诸般紊乱暗示了过度的自我分裂，对于个体内部与外部世界之间的关系所具有的不良影响，并似乎成了某些精神分裂类型的根源。

投射性认同是许多焦虑情境的基础，我现在就来谈上一点。幻想中，强行侵入客体引发了焦虑，害怕来自客体内部的危险会威胁到个体，例如，想要在客体里面控制它的冲动，激起了害怕在里面被控制与被迫害的恐惧感。借由内摄与再内摄被该个体强行侵入的客体，个体内部被迫害的感觉亦被增强；由于"再度被内摄的客体"被感觉为包含着自我的危险部分，这种迫害感因而更加强烈。当这种性质的焦虑累积时，自我（如过去一样）被卷入种种内部与外部的迫害情境当中。这是妄想症的一个基本要素[1]。

---

[1] 赫尔伯特·罗森费尔德在《对一例带有人格解体的精神分裂状态的分析》与《关于男性同性恋与妄想症的关系评说》（1949）中，讨论了那些在精神病患者身上联系于投射性认同的妄想症焦虑的临床重要性。在他描述的两个精神分裂症个案中，病人都明显为一种恐惧所支配，害怕分析师在试图将其自身强加于病人。当这些恐惧在移情情境中得到分析时，改善即可发生。罗森费尔德进一步将投射性认同（以及相应的迫害恐惧）一方面联系于女性的性冷淡，另一方面联系于男性同性恋与妄想症的经常发生的结合。

此前，我已描述了[1]婴儿关于攻击与施虐性地侵入母体的幻想，造成了各种焦虑情境（特别是害怕在母体内遭到囚禁与迫害），而这些焦虑情境则是妄想症的基础。我也呈现了害怕在母体内被监禁（特别是怕阴茎受到攻击），是造成日后男性功能障碍（阳痿）与幽闭恐惧症的重要因素[2]。

分裂的客体关系

现在，我来总结可见于分裂人格的一些紊乱的客体关系：自体的暴力分裂与过度投射，导致了那位受到投射的"他人"被该个体视为迫害者。由于自体将具有破坏性与恨的部分裂解并投射出去，这个部分在感觉上对于他所爱的客体会造成危险，于是引发了个体的罪恶感。这一投射过程也以某种方式隐含着一种罪恶感从自身转向他人。然而，罪恶感并没有被处理掉；而且这个被转向的罪恶感被体验成一种无意识的对于变成了自体具有攻击性部分的外部代表的"他人"的责任。

分裂的客体关系另一种典型特质，是其自恋的本质。这种自恋源于婴儿期内摄与投射的过程。因为，当理想自我被投射到另一个人时，他变得几近完全地爱着、赞赏着这个人，因为这个人拥有他自体"好"的部分。同样的，与他人的关系若是建立在将自体坏的部

---

[1]《儿童精神分析》，第八章（第131页）以及第十二章（第242页）。

[2] 乔安·黎维尔（Joan Riviere）在一篇未发表的文章《见于日常生活与分析的妄想症态度》（于1948年宣读于英国精神分析学会）中，报告了大量投射性认同明显可见于其中的临床材料。强迫整个自体进入客体的内部（以获得控制与占有），这种无意识幻想由于对报复的恐惧，导致了各种迫害焦虑，例如幽闭恐惧症或是诸如害怕窃贼、蜘蛛、战时侵略等这类常见的恐惧症。这些恐惧都联系着无意识的"灾难性"幻想，比如被肢解、被掏空内脏、被撕成碎片，以及身体与人格的内在受到完全的破坏和同一性的丧失等。这些恐惧都是对灭绝（死亡）的恐惧的延伸，而且它们都具有增强分裂机制与自我瓦解过程（如见于精神病患者）的效果。

分投射在他人体内的基础上，这个关系就具有自恋的性质，因为在这种情况下，客体同样相当程度地代表了自体的一部分。这两种自恋的客体关系通常呈现了强烈的强迫特质。如我们所知，想要控制他人的冲动是强迫性神经症的一个基本元素。在某种程度上，控制他人的需要，可以用控制自体某些部分的冲动被转向来解释。当这些部分被过度投射进入另外一个人的时候，只能透过控制这个人来控制它们。因此可以从婴儿期投射过程的特殊认同中，找到强迫机制的一个根源；这个联系也可能有助于我们了解那些经常有修复倾向的强迫元素。因为个体想要修复的，不仅是一个令他感到罪恶感的客体，也是自体的某些部分。

所有的这些因素，可能导致两种结果：一是个体与特定的客体之间形成了一种强迫性的束缚关系；二是个体从人群中退缩，以免自我的破坏性部分侵入他人，并受到他人报复的危险。对这类危险的恐惧，可能在客体关系中透过种种消极的态度表现出来，例如，我的一个病人告诉我，他不喜欢那种太容易被他影响的人，因为这些人变得太像他自己，所以他对他们感到厌烦。

分裂的客体关系的另一个特征，是明显的造作与自发性的缺乏。与这一点息息相关的是对自体的感觉发生了严重的紊乱，或者，如我以前说的，是与自体的关系发生了紊乱。这个关系也显得造作，换句话说，精神现实以及和外部现实的关系同样地受到了干扰。

把自体分裂的部分投射到另一个人身上，特别影响了客体关系、情绪生活与作为整体的人格。为了说明这个主张，我选择了两个普遍的现象作为例子，这两个现象是相互关联的：孤独感与分离恐惧。我们知道，伴随着与人分离而生的抑郁感，可以在个体对客体遭受攻击冲动的破坏的恐惧中找到。不过更确切地说，是分裂与投射的过程形成了此类恐惧的基础。如果在客体关系中，攻击性元素居多，并且被分离挫折强烈地诱发，个体便会感觉到自体的分裂部分（被投射到客体）用一种攻击与破坏的方式控制了这个客体；与此同时，内部客体与外部客体一样被感觉到处于同样的破坏危险当中（自体的一部分被感觉到留在该外部客体中），结果造成自我过度的弱化，感觉没有东西可以支撑自我，于是产生了相应的孤独感。这个描述适合神经症的患者，我认为也在某种程度上，成了一个普遍的现象。

以下这个事实我们不需要多做说明：分裂客体关系的某些其他特质（我之前所描述的），也可以在正常人身上看到其较轻微及较不明显的形式，例如害羞、缺乏自发性；或出现相反情况，如对别人有特别强烈的兴趣。

同样的，思考过程的正常干扰与发展过程中所经历的偏执－分裂位置有关。因为我们都难免会发生暂时性的逻辑思维障碍；也就是思绪与联想被切断，情境经验被分裂成彼此失去连接的片段。事实上，自我是暂时性分裂的。

抑郁位置与偏执－分裂位置的关系

我现在要探讨的是婴儿的后续发展。此前，我已经说明了生命最早几个月所特有的焦虑、机制与防御方式。随着婴儿将完整的客体内摄，显著的整合发生在第四到第六个月的时候，这意味着客体关系中的一些重要改变。对母亲的爱与恨的部分不再被感觉为互不相干，结果是害怕失落的感觉增加了。这种位置类似于哀悼与强烈的罪恶感，因为他（现在可以）感觉到攻击冲动的目标是他所爱的客体，于是发展进入了以抑郁位置为主的阶段；接着，感觉到抑郁的经验具有进一步整合自我的效果，因为它不仅带来个体内部与外部情境之间更好的综合，也增进了个体对精神现实的了解以及对外部世界的感知。

在此阶段彰显出来的修复冲动，可以被看作对精神现实有更多洞见以及综合增加的结果。因为此冲动表明了个体对于悲伤感、罪恶感与丧失恐惧（导因于对所爱客体的攻击）的一种更加现实的反应；

由于想要修复或保护受伤客体的冲动，促成了个体发展更满意的客体关系以及升华；这个冲动随而增加了综合，并且对自我的整合有所贡献。

在出生后的第六到第十二个月内，婴儿的发展在朝向修通抑郁位置的目标上，出现了重要的进展。然而，分裂机制仍然是有效的；虽然其形式有所修改，程度也比较轻微，而且早期的焦虑情境也在这一修改过程中被一再地体验到。迫害状态与抑郁位置的修通过程，持续延伸在儿童期的最初几年；并且在婴儿期的神经症当中扮演了重要的角色。在这个发展的过程中，焦虑减弱了，客体变得不那么理想化，也比较不那么吓人，自我变得更加统一。这一切都与现实知觉的增加及对现实的适应有着相互的关联。

如果"偏执－分裂位置"不能得到正常发展，而且婴儿（因为内部、外部的某些原因）无法应付抑郁焦虑的冲动，那么将会发生恶性循环。因为如果迫害恐惧与其相关联的分裂机制过于强烈，自我将无法修通抑郁位置。这导致的一种可能性是迫使自我退行到偏执－分裂位置；同时进一步增强了较早期的迫害恐惧的分裂现象，埋下日后各种形式的精神分裂症的基础。由于当这种退行发生的时候，不只是在分裂位置上的固着点被强化了；还有可能发生更严重的崩解的危险。而另一种结果可能是增强了抑郁的特征。

外部的经验在这些发展中当然是非常重要的，例如，在一个表现出抑郁与分裂特征的病人的个案中，分析的过程鲜活地带出来他婴儿时的早期经验。这种经验如此鲜明，甚至在某几次治疗中，发生喉咙或消化器官方面的身体感觉。这个病人在四个月大的时候，因为妈妈生病而突然断奶，此外有四个星期他都见不到妈妈。当妈妈回来的时候，她发现这个孩子改变了很多。之前他是一个活泼、对周遭感兴趣的小孩，而之后变得全然失去兴趣、面无表情；虽然他还算是能够接受替代食品，但是不再渴求食物，体重下降，并且产生许多消化系统方面的问题，一直到将近周岁的时候，接触了其他食物，他的身体才再次有了不错的发育。

在分析的过程中，可以见到许多这种经验对该名病人整体发展的影响，他在成年后的观点与态度源自这个早期阶段所建立的模式。例如我们一再观察到一种被他人以非选择性的方式影响的倾向，也就是贪婪地拿取任何他人所提供的东西；而在内摄的过程中伴随着极度的不信任，这个过程总是受到各种来源的焦虑的干扰，这些焦虑也促成了贪婪的增加。

若将这个分析的材料作为整体来看，我得到了如下结论：当他突然失去了乳房与妈妈的时候，这个病人已经在某种程度上建立了与"完整的好客体"的关系。毫无疑问他已进入了抑郁位置，但是无法成功地修通在这个位置上遇到的困难；于是退行性地增强了偏执-分裂位置，这表现在他的淡漠反应上。而在此之前有一段时间，这个小孩对周遭事物已经能够表现出鲜活的兴趣；他已到达抑郁位置，并已经内摄了完整客体。这经由许多方式表现在他的人格中，事实上他拥有稳固的爱的能力；而且对于完整的好客体具有强烈的渴望。其人格的一个典型特征在于：想要去爱并信任他人，无意识地重新获得与再次建立完整的好乳房；这个乳房是他曾经拥有、也曾经失去的。

"分裂"与"躁狂抑郁障碍"现象之间的联系

个体总是会在偏执-分裂位置与抑郁位置之间来回摆荡，这些波动是正常发展的一部分。因此这两个发展阶段并非是泾渭分明的；此外，两个位置间的调整是一个循序渐进的过程，而且两种位置的现象有一段时间仍然在某种程度上是相互交织与相互影响的。我认为，在异常的发展过程中，这种相互作用影响着某些精神分裂症与躁狂抑郁障碍的临床表现。

为了描述这种关联性，我将要简短地介绍一些个案材料。在此我并不准备报告个案的病史，而只是选择某些与我的主题有关的部分来讨论。我记得的这个病人明显是个躁狂抑郁障碍患者（不止一位精神科医师对她做此诊断），她表现了这个疾病的所有特质：在抑郁与躁狂状态间的转变摆荡，强烈的自杀倾向导致了反复的自杀行动，以及各种其他躁狂抑郁障碍的典型特征。在分析的过程中她达到了一个阶段，获得了真实而重大的改善，不仅躁狂抑郁障碍的周期停止了，而且她的人格与她的客体关系也发生了根本性的改变；多方面的生产性以及真正快乐的感觉（不是躁狂的那种快乐）均得到了发展。随后，由于部分外部环境的影响，病人进入到另一个阶段，在这最后的阶段（持续了几个月），病人在分析过程中用一种特别的方式与我合作，她规律地来分析，充分地自由联想、报告她的梦，并且为分析提供材料。然而，她不但对我的解释没有任何情绪反应，甚至表现出相当的鄙视；对于我所提示的部分，几乎没有任何意识层面的确认。不过她对于解释的反应所呈现的材料，体现了它们的无意识效应。这个阶段所显现出的强烈阻抗，似乎完全来自人格的某一部分，但同时人格的另外一部分则对分析有所反应。不只是她人格的某些部分未能和我合作；她的人格中不同部分彼此之间似乎也不能互相合作，而当时的分析无法帮助病人整合这些部分。在这个阶段里，她决定结束分析，外部环境强烈地促成了她做这样的决定，于是她约好了最后一次分析的日子。

在那个特别的日子，她报告了如下的梦：有一个盲人对自己的失明感到非常忧心，但是他似乎借由"触摸病患的衣服"及"试图找出她的衣服是如何被弄紧的"来获得安慰。梦中的衣服使她想到她的一件连身女装，扣子一直扣到脖子处。病患对这个梦有两个进一步的联想，她稍带阻抗地说，那个盲人是她自己；而当提到那件扣子扣到脖子处的衣服时，她认为她再度走进了她的"隐藏之所"。我提示她说，在梦中，她无意识地表达了她对自己困境的无视，并且她关于（结束）分析的决定，以及她对生活中的各种情况的决定，都与她无意识的知识不一致。这点也通过她所说的曾走进了她的"隐藏之所"而显现。走进"隐藏之所"意思是指把自己关闭隔绝起来，这种态度是她在前几个阶段的分析中所熟知的。因此无意识的洞识，甚至一些在意识层次的合作（认识到她是那个盲人，以及已经走进她的"隐藏之所"），仅来自她人格中一些孤立的部分。事实上，在那个特定的一小时中，对这个梦的解释没有达成任何效果；也没有改变这个病患要结束分析的决定[1]。

在这个病患与其他个案的分析当中所遭遇到的某些困难的本质于病人中断治疗前的最后几个月里就清楚地显示了出来。正是"分裂"与"躁狂抑郁障碍"的混合性质决定了她的疾病本质。因为在整个分析过程中（甚至在早期阶段，当抑郁与狂躁最为活跃的时候），有时候抑郁与分裂机制会同时出现，例如：病患持续数小时沉浸在无价值感当中，泪水从她的双颊流下，她的姿态表达了她的绝望。然而，当我解释这些情绪的时候，她说丝毫没有感到这些；于是她责怪自己竟然一点感觉都没有。在这几次分析里也存在着思维奔逸的情形，它们的表达多是不连贯的。

在解释了隐藏在这些状态底下的无意识缘由之后，有时候在几次分析当中，情绪与抑郁焦虑能够完全流露出来。在这个时候，思考与言语也变得更为一致。

这种在抑郁与分裂现象之间的紧密联结，虽然通过不同的形式持续显现在她的分析中；但却在分析中断前的最后阶段（刚才所描述的）变得非常明显。

我已经提到偏执－分裂位置与抑郁位置之间在发展上的关联，现在浮现的问题是：在发展过程中的这个关联，是不是这些躁狂抑郁障碍的混合特征甚至精神分裂症的根源？如果这些假设能够被证实，结论将会是：从发展的角度来看，精神分裂症与躁狂抑郁障碍比我们原先所认为的关联更为紧密。这一点也解释了那些难以鉴别的重度

---

[1] 我可以提示一下，这个分析在中断之后又恢复了。

抑郁症或者精神分裂症的个案。如果任何同人通过丰富的临床观察，能够对我的假设有更多的阐明，我将会非常感谢。

某些分裂防御

一般都认为分裂病人比躁狂抑郁障碍病人更难分析，他们的退缩、缺乏情绪表达的态度；在客体关系中的自恋元素；有某种分离的敌意散布于同分析师的整个关系上，产生着一种非常困难的阻抗。我相信主要是分裂的过程，说明了病人在接触分析师时的困难，以及对分析师的解释缺乏反应；病人自己则是感到被隔绝或与治疗师距离遥远，这种感觉和分析师的印象是相对应的：即病人的人格以及情绪有相当多的部分是无法触及的。具有分裂特质的病人可能会说："我听到你说的话了，你可能是对的，但是那些对我没有意义。"又或者他们说他们感觉自己不在那里。这些个案所表达的"没意义"并非意味着他们对解释的完全排斥；而是提示了他们人格的某些部分与情绪已被裂解，因此无法处理所接收到的解释。他们既无法接受它，也无法拒绝它。

我将借由一名男病人的分析资料片段，来描述造成这种状态的潜在过程。我记得该名病人在某次分析的一开始就告诉我他感觉到焦虑，但是不知道为什么；接着他拿一些比他成功、幸运的人当作例子来比较；这些评论也提到了我，他明显地表现出非常强烈的挫折感、羡慕与哀伤。当我指出这些感觉是指向分析师且他想要摧毁我时，他的情绪突然改变了。他的声调变得不连贯，用缓慢而缺乏表情的方式说话。他说感觉到了与整个情境的脱节。他补充说我的解释似乎是正确的，不过这也无所谓；事实上他不再拥有任何愿望，而且没有什么值得烦恼的。

我的下一个解释将重点放在了这种情绪改变的原因上。我的解释是：当我进行解释的时候，那种"想要摧毁我"的危险在他而言已经变得非常真实，这立刻使他感到害怕失去我。以往在分析他的某些特定阶段上，随着这种解释会出现罪恶感与抑郁位置。现在不同的是，他试图用一种特殊的分裂方法来处理这些危险。我们已经知道，在两难、冲突与罪恶感的压力之下，病人通常会分裂分析师；然后分析师可能在某些时刻被他所爱，而在其他时刻被他所恨。或者，他将自己维持在好人（或坏人）的状态，而他人则成为相反的人物；他以这种方式分裂其与分析师的关系。但是，这不是发生在这个案例的分裂方式。这个病人裂解掉自己的某些部分，也就是他感觉到自我中对分析师有危险与敌意的部分，他将他的破坏冲动从他的客体转向他的自我上，结果是他的自我有些部分暂时"不存在了"；在幻想里，这将导致部分人格的消灭。将坏冲动转向自己人格一部分的特定机制，以及之后的"将情绪分散"，能够把他的焦虑维持在潜伏的状态。

我对这些过程的解释具有再次改变该名病人心境的效果。他变得情绪化，说他觉得自己好像在哭泣，觉得抑郁；但感到自己更加整合了。然后他还表达了一种饥饿感[1]。

在焦虑与罪恶感的压力之下，将人格的一部分暴力地裂解并且摧毁；依我的经验看来，这是一种重要的分裂机制。现在简短谈谈另外一个案例：一名女病人梦见她必须应付一个执意要谋杀某人的邪恶小女孩。这个病人尝试去影响或控制这孩子，并且逼迫她招认（她认为这样对孩子有利）；但是她失败了。我也进入了这个梦，病人以为我会帮助她应付这个小孩。然后，病人把这个小孩绑在树上，以

---

[1] 饥饿感表明，在力比多的支配下，内摄过程被再次启动了。虽然对于我对他的恐惧（害怕他的攻击会毁灭我）的初次解释，他立刻用强烈地分裂并取消其人格的一些部分来进行回应，但是现在他更充分地体验到了哀伤、罪恶感与丧失恐惧的情绪，以及这些抑郁焦虑的某些缓解。焦虑的缓解导致了分析师再次代表了一个他可以信任的好客体。因此，将我作为好客体进行内摄的欲望便得以显现出来。如果他能在自己内部再次将好乳房建立起来，那么他就能强化并整合他的自我，而且较不害怕他的破坏冲动；事实上，他能够由此而保护自己与分析师。

吓唬并阻止她去伤害别人。当病人要拉扯绳子，试图杀死这个孩子的时候，她醒过来了。在梦的这一段落，分析师也在场，但仍旧是袖手旁观。

在这里，我仅提出我从分析这个梦所获诸多结论的精要。在梦中，这名病人的人格被分裂成两部分：一个是邪恶难驯的小孩子；另一个是想要影响、控制小孩的自我。这个孩子当然也代表了各种过往人物；但是在这个情境下，它主要是代表病患自我的一部分。另外的结论是：分析师就是那个孩子想要谋杀的人；而我在梦中的角色部分是要防止谋杀发生；杀死小孩（这是病人所必须采取的方法）则代表的是"消灭"她人格的一部分。

现在，浮现的问题是："消灭一部分自我"的分裂机制如何与压抑发生关联。如我们所知，后者为的是要应付那些危险的冲动。不过，这一点是无法在此加以探讨的。

情绪的改变不会总是像我在本节所提出的第一个例子那样，在单次分析中显现戏剧性的变化。但是我已经一再发现，解释导致分裂的特定原因会带来病人整合方面的进展；这些解释必须就在那时处理当下的移情情境，当然包括与过去的关联，并且与促使自我退行至分裂机制的焦虑情境的细节做联结。依循这些方向的解释而促成的整合会伴随各种抑郁与焦虑的发生。这种阵发性的抑郁位置（随后有更大的整合）逐渐导致了分裂现象的减弱，以及客体关系的根本改变。

分裂病患的潜伏焦虑

我已经提到情绪的缺乏使得分裂病患变得反应迟钝；与此相伴随的是焦虑的缺乏，因此分析工作就缺少一个重要的支撑。因为对于那些具有非常明显的焦虑或潜伏焦虑的其他类型的病人来说，焦虑经由分析性的解释获得了缓解，这种经验促进了他们在分析中的合作能力。

这种缺乏焦虑的情形在分裂病人身上是非常明显的;因为分裂机制意指包括焦虑在内的情绪的分散,但是这些被分散的元素仍然存在于病人身上。这类病人具有一种特定形式的潜伏焦虑(以特别的分散方式将焦虑保持在潜伏的状态),感觉到"崩解、无法体验情绪、失去客体";但事实上这些就相当于焦虑。在得到整合的进展时,这一点变得更清楚了,病患当时感到极大缓解,是缘于他体会到自己的内外部世界不但变为结合状态,而且再次恢复了生机。回顾一下,当缺乏情绪,客体关系暧昧不定,并且感到失去了人格某些部分的时候,一切似乎都无效了。这些几近于一种非常严重的焦虑。这种焦虑通过分散而被保持在潜伏状态,但在某种程度上却被一直感受着;而且它的形式与在其他类别的病患所见的潜伏焦虑是不同的。

令解释的目标定在"将分裂的自我(包括分散的情绪)加以整合"上;虽然在持续很久一段时间中,我们事实上也许只是将思考的内容汇聚起来,无法完全引发焦虑的情绪;但这仍会使得焦虑逐渐被病患所感受到。

我也发现解释分裂位置,特别需要用一种条理清楚的形式来进行;借由这种形式来建立意识、前意识与无意识之间的联结。这一点永远是我们的目标,且有时候它变得尤为重要;特别是当病人的情绪无法被触及,我们似乎只能诠解他(不论有多破碎不全)的理智之时。

我所提出的一些提示,可能在某种程度上也可应用在分析精神分裂病患的技术上。

结　语

　　我现在要将本篇论文所提出的若干结论做个总结。我的主要论点之一是，在生命的最初几个月当中，婴儿的焦虑主要被体验为迫害恐惧；而这种性质的焦虑促成了一些特定的机制与防御方式。这些防御机制中，特别突出的是分裂内部与外部客体、情绪与自我的机制。这些机制与防御是正常发展的一部分，而同时也是日后发生精神分裂症的基础。我描述了借由投射而发生认同的一些潜在过程，这些过程将自我某些部分裂解，然后将它们投射到另外一个人身上；我也描述了这种认同对于正常的与分裂的客体关系的某些影响。进入抑郁位置的起始阶段是个关键点，此刻分裂机制可能通过退行而得到增强。我也提出在躁狂抑郁障碍与分裂疾病之间存在密切的关联，这种关联的基础在于婴儿期偏执－分裂位置与抑郁位置之间的相互作用。

第二章 关于焦虑与罪恶感的理论

（1948）

我对于焦虑与罪恶感的结论，是在几年的时间里逐渐发展出来的。追溯我获得这些结论的某些轨迹可能会对这个问题的理解有所帮助。

一

关于焦虑的起源，弗洛伊德提出的理论开始于这样一个假设：即焦虑起源于力比多的直接转化。在《抑制、症状与焦虑》中，他回顾了自己关于焦虑起源的各种理论。如他所言："我提议将我们知道的一切关于焦虑的事实相当公正地汇集起来，不要期待能够获得一种新的综合"（S.E.20，p.132）。他再次提到焦虑起源于力比多的直接转化，但是这次似乎认为焦虑起源的这个经济层面不是那么重要。他将这种观点限定在以下的声明中："我想如果我们认同于以下这种明确的说法，那么整个问题就可以得到澄清：作为压抑的结果，原来要发生在本我中的兴奋过程完全没有发生，自我成功地抑制了此过程或使其转向。若是如此，'情感转化'的问题在压抑之下就消失了"（p.91）。而且"焦虑的发生如何与压抑相联系，可能并不是一个简单的问题，但是我们可以正当地坚持'自我是焦虑的真正所在的位置'这种观念，并放弃我们先前认为的'被压抑的冲动的能量贯注自动地变成焦虑'的观念"（p.93）。

关于儿童的各种焦虑表现，弗洛伊德认为焦虑起因于孩子"思念他所爱与渴望的人"(p.136)。在讨论女孩最根本的焦虑时,他描述了婴儿对于失去爱的恐惧,他的说法在某种程度上似乎对男婴与女婴都适用,"如果妈妈不在或者不爱自己的小孩,婴儿就不能确定自己的需要可以被满足,而且也许会暴露在极为痛苦的紧张感之中"(S.E.22,p.87)。

在《精神分析新论》中,弗洛伊德提到了这样的理论:焦虑来自未被满足的力比多之转化,这个理论已经"在某些相当常见的儿童恐惧症上找到了支持的证据——婴儿期的恐惧症以及在焦虑性神经症中对于焦虑的期待,提供给我们两个例子,说明了神经症性焦虑源起的一种方式——将力比多直接转换"(S.E.22,p.82—83)。

从这些论述中得到两个结论:(a)小孩子身上的力比多兴奋未被满足就会转变为焦虑;(b)最早的焦虑内容是婴儿唯恐妈妈"不在",自己的需要将无法得到满足的危机感。

二

至于罪恶感,弗洛伊德主张其根源在于俄狄浦斯情结;它的产生是俄狄浦斯情结的结果。虽然如此,在有些篇章里,弗洛伊德清楚地提到冲突与罪恶感是来自生命更早期的阶段,他写道:"罪恶感是一种冲突的表达,而这种冲突是由爱欲与破坏本能或死亡本能之间永恒斗争带来的矛盾情感导致的。"他还写道:"由于与生俱来、起源于矛盾情感的冲突,以及爱与恨的倾向之间的永恒斗争所致,产生了——一种罪恶感的增加。"[1]

此外,在谈及某些作者提出的挫折强化了罪恶感的观点时,弗洛伊德说道:

"我们要如何根据动力与经济因素来说明罪恶感的增加出现在未被实现的情欲要求的位置上呢?这看来只有在一种绕圈子的方式中才是可

---

[1]《文明及其缺憾》(S.E.21,p.132—133)。

能的——如果我们假设：由于情欲的满足受到阻碍，唤起了一些攻击性来对付那个干涉他获得满足的人，而且这种攻击性反而必须要被它自己抑制；但若是如此，终究只有攻击性是通过被抑制转移给超我，进而被转化为罪恶感。如果精神分析对于罪恶感是如何发生的发现被局限在攻击本能上，我相信许多过程将具有一个比较简单且清楚的说明。"[1]

在这里，弗洛伊德毫不含糊地表示罪恶感来自攻击性。而这一点连同上面引用的句子（《矛盾情感的固有冲突》），都指向了起源于发展最早期的罪恶感。然而，如果把弗洛伊德的这些观点看作一个整体（正如我们看到它们被重新概括在《精神分析新论》中那样），我们就会清楚地看到他维持着他的假设：罪恶感是作为俄狄浦斯情结的一个后果而开始的。

亚伯拉罕特别在他对力比多组织的研究[2]中，阐明了那些最早的发展阶段。他在幼儿性欲领域中的发现，与探讨焦虑和罪恶感来源的新方法是密切相关的。亚伯拉罕认为："在带有食人之性目标的自恋阶段，本能被抑制的第一个证据是以病态焦虑的形式来呈现的，克服食人冲动的过程密切伴随着罪恶感，这个罪恶感此时明显成为一个属于第三（较早期的肛门施虐）阶段典型的抑制现象。"[3]

亚伯拉罕提供的材料，因而有助于我们理解焦虑与罪恶感的来源，因为他是第一位指出焦虑、罪恶感与食人欲望之间有关联的人。他将他对心性发展的简要调查与"快车时刻表"（只列出快车停靠的大站的站名）相比较，提出"这些大站之间的停靠点，无法在这种摘要中标示出来"[4]。

---

[1] 上述引文，第138页。在同一本书中（第130页）弗洛伊德接受了我的假设（表达在1928年的我的文章《俄狄浦斯冲突的早期阶段》以及1930年的《象征形成在自我发展中的重要性》中）：超我的严厉在某种程度上是由于婴儿的攻击性被投射到超我身上而产生的。

[2] 《根据心理障碍来看力比多发展的简短历史》。

[3] 上述引文，第496页。

[4] 上述引文，第495—496页。

三

我自己的研究不仅证实了亚伯拉罕关于焦虑与罪恶感的发现，并用自己的视角说明了这些发现的重要性；而且还进一步地发展了它们，将它们与儿童分析所发现的许多新事实结合在一起。

当我分析婴儿期的焦虑情境时，我看到了来自所有来源的那些施虐冲动与幻想的根本重要性。它们涵盖了那些最早的发展阶段，并在这些阶段中达到顶峰。我也看到早期的内摄与投射过程，导致极度恐怖与迫害性的客体与极端的"好"客体一起在自我内部建立起来。这些形象被理解为婴儿自己的攻击冲动与幻想，也就是说，他将自己的攻击性投射到内部客体上，形成了其超我的一部分。从这些来源中产生的焦虑被附着上了罪恶感，这些罪恶感源自婴儿对他所爱的第一个客体之攻击冲动（内部与外部皆然）[1]。

在后来的一篇论文[2]中，我借由一个极端的案例描述过婴儿焦虑的一种病态影响。这种焦虑是被他们的破坏冲动所唤起的，最早期的自我防御（不论是正常或不正常的发展皆然），是针对攻击冲动与幻想所引发的焦虑而出现的[3]。

几年后，我试图对婴儿的施虐幻想及其起源获得一种更充分的理解。这导致我将弗洛伊德假设的生本能与死本能之间的斗争，应用到在儿童分析中所获得的临床材料上。我们记得弗洛伊德曾说："个体用各种办法来处理危机的死本能：它们有一部分与情欲成分融合在一起而被认为是无害的；有一部分则被导向外部世界，以攻击的形式表现出来。而它们在很大程度上无疑继续着其未受阻碍的内部运

---

[1] 参见：我的论文《俄狄浦斯冲突的早期阶段》（1928）。
[2] 《象征形成在自我发展中的重要性》（1930a）。
[3] 在《儿童精神分析》一书的第八章和第九章中，我从各种角度更加充分地阐释了这个问题。

作。"[1]

沿着这条思路，我提出了这样的假设[2]：焦虑是由来自死本能的那些威胁有机体的危险所唤起的。我认为这是焦虑产生的首要原因。弗洛伊德对于生、死本能之间拉锯争战（导致了一部分死本能转向外部以及生、死本能的融合）的描述，提出的结论是：焦虑的起源在于对死亡的恐惧。

弗洛伊德在一篇关于受虐狂的论文[3]中，提出了一些关于受虐狂与死本能相互关联的基本结论，认为各种焦虑是由于死本能之活动转向内部所致[4]。不过在这些焦虑中，他没有提到对死亡的恐惧。

弗洛伊德在《抑制、症状与焦虑》中，讨论到他不把恐惧死亡（或是为了生命而恐惧）视为原初焦虑的理由。他这个观点是根据他的观察得出的。他认为："无意识似乎不含有提供我们生命灭绝概念的内容"，这是因为除了可能的晕眩以外，任何像死亡的事情都无法被体验到。由此，他得出的结论是："对死亡的恐惧应被视为与阉割恐惧相类似的体验。"

我不赞同弗洛伊德的这个观点，因为我在分析中的观察显示，在无意识中存在着对生命灭绝的恐惧。我也认为，如果我们假设死本能是存在的；那么我们也必须假设，在心灵的最深层存在着一种对于这种本能的反应。这个反应是以恐惧生命被灭绝的形式表现出来的。因此，在我看来，死本能的内部运作所产生的危险是焦虑的首要原因[5]。由于生本能与死本能两者之间的拉锯是持续终生的事；这

---

[1] 《自我与本我》（1923），S.E.19，p.54.

[2] 参见：《儿童精神分析》第126—127页。

[3] 《受虐狂的经济问题》（1924）。在这篇文章中，弗洛伊德初次将新的本能分类应用于临床问题。"道德受虐狂因而变成了对于本能融合的存在的一组经典证据"（S.E.19）第170页。

[4] 上述引文，第164页。

[5] 参见：《关于某些分裂机制的注释》。在1946年，我获得了这样一种结论，即这种原初的焦虑情境在精神分裂疾病中扮演着一个重要角色。

种焦虑的来源从来就不会被排除，而且会成为一个持续的因子，进入所有的焦虑情境。

焦虑起源于对灭绝的恐惧，我的论点是根据我在分析儿童中累积的经验而来的。在这些分析案例中，婴儿最早的焦虑情境被唤醒并重复着；最终被导向自身本能的与生俱来的力量，具有相当的强度而可以被觉察出来；其存在是毋庸置疑的。甚至当我们考虑到内部或外部的挫折在迫害冲动的变迁中所扮演的角色时，这也仍然是真的。虽然在此不宜详加举证以支持我的论点，但是我要引用我在《儿童精神分析》一书中提到的一个例子。一个5岁大的男孩，常常假装他拥有各式各样的野兽，例如：大象、花豹、鬣狗和狼，来帮助他对付敌人；这些动物代表危险的客体（迫害者），不过他已将它们驯化，可用来保护他对抗敌人。但是分析过程显示，这些动物也代表他自己的施虐性，每一种动物都代表着施虐的一个特定来源以及他在此联系中使用的器官：大象象征了他的肌肉施虐性，想要践踏、跺脚的冲动；可以将猎物撕裂的花豹代表了他的牙齿与指甲，以及它们在他攻击时所具有的功能；野狼象征了他的排泄物被赋予了破坏性的品质。他有时候变得非常恐惧，害怕他已经驯服的野兽会反过来对付他并把他除掉，这种恐惧感传达了他被自己的破坏性（以及内部的迫害者）威胁的感觉。

正如我用这个例子所说明的那样，对儿童身上出现的焦虑的分析，让我们懂得了存在于无意识中的对死亡的恐惧的各种形式，以及这种恐惧在各种焦虑情境中所起到的作用。我已经提到过弗洛伊德一篇以《受虐狂的经济问题》为题的论文，其论述的基础是他对于死本能的新发现。拿他所列举的第一个焦虑情境[1]来说："害怕被图腾动物（父亲）吃掉"，在我看来，这是害怕自我被完全灭绝的直接表现。害怕被父亲吞噬的恐惧，是由婴儿吞噬其客体的那些冲动经

---

[1] S.E. 19，第165页。

过投射而来的；经由这种方式，首先是母亲的乳房（以及母亲）在婴儿的心中变成了吞噬他的客体[1]，然后这些恐惧很快地扩展到父亲的阴茎及父亲身上。与此同时，由于"吞噬"从一开始就隐含着把被吞噬的客体内化的意思，自我在感觉上就包含着被吞噬且吞噬他的客体。因而超我是从吞噬他的乳房（母亲）再加上吞噬他的阴茎（父亲）那里建立起来的。这些残酷而且危险的内部人物形象成为死本能的代表。同时，早期超我的另外一面成形了，首先是来自内化的好乳房（加上父亲的好阴茎），它们被视为哺喂与有帮助的内部客体，也被看作生本能代表。而害怕灭绝的恐惧，则包括了唯恐内部好乳房被摧毁的焦虑，因为这个客体被认为是延续生命不可或缺的。在内部运作的死本能对自我造成的威胁，与抑郁被内化的"食人母亲与父亲"的危险息息相关，导致了对死亡的恐惧。

根据这种观点，死亡的恐惧在一开始就进入了对超我的恐惧；而且并非如弗洛伊德所说的，是对超我的恐惧的"最终转化"[2]。

至于另外一个基本的危险情境，这是弗洛伊德在他的一篇关于施虐狂的论文中提到的，也就是对阉割的恐惧。我要提出的是，死亡的恐惧参与且强化了阉割的恐惧，但是并不"类似"于阉割恐惧[3]。因为生殖器不仅是最强烈的力比多满足的来源，也是爱欲的代表。而且，由于生育是对抗死亡的基本方式，丧失生殖器可能就意味着保持并延续生命的创造力的结束。

---

[1] 参见：在伊萨克斯的文章（1952）中给出的例子：男孩说他母亲的乳房咬他，女孩则觉得她母亲的鞋子会吃掉她。
[2] 《抑制、症状与焦虑》（S. E. 20）第140页。
[3] 对于与阉割恐惧相互作用的焦虑来源的详细讨论，见我的论文《根据早期焦虑来看俄狄浦斯情结》（克莱因文集，第一卷）。

四

如果我们试着用具体的形式将原初焦虑（也就是灭绝的恐惧）视觉化，我们必须记得婴儿在面对内部与外部危险时的无助感。我认为因内部死本能的运作而产生的原发危险情境，被个体感受为压倒性的攻击与迫害。让我们在此关联中首先来考虑某些随着死本能转向外界而发生的过程，以及这些过程影响联系于内外情境的焦虑的方式。我们可以假设，生本能与死本能之间的斗争从刚出生时就在运作了，并且增强了受到这种痛苦经验激发的迫害焦虑。似乎这种经验具有一种效果，就是使得外部世界（包括第一个外部客体，也就是母亲的乳房）看起来是有敌意的，自我将破坏冲动转向这个最初的客体，这促使了上述情形的发生。受到乳房的挫折（事实上意味着生命受到威胁）的体验，在小婴儿感觉起来是乳房在报复他对它的破坏冲动。所以，令他感到挫折的乳房是在迫害他。另外，他将他的破坏冲动投射在乳房上；也就是说，将死本能转向外界。借由这些方式，受到攻击的乳房变成了死本能的外部代表[1]。"坏"乳房也被内摄，而且这一点（如我们所推断的那样）强化了内部的危险情境，也就是对于死本能在内部运作的恐惧。因为借由内化"坏"乳房，之前被转向到外界的死本能，与所有随之而来的危险，再度被转向内部；而且自我将对自身破坏冲动的恐惧，依附在这个内化的坏客体上。这些过程可能同时发生，因此不宜将我对它们的描述视为一个具有先后发生顺序的说明。现在做一个总结：令婴儿挫折的（坏的）外部乳房，由于投射的机制，成为死亡的外部代表；借由内摄的机制，它增强了

---

[1] 在我的《儿童精神分析》（第124页及其后）中，我提出婴儿最早的喂养困难是迫害恐惧的表现。（我指的是在即使母亲奶水充足，而且似乎没有外部因素会妨碍一令人满足的喂养情境时出现的那些喂养困难）。我的结论是：这些迫害恐惧在过多的时候，便会导致对力比多欲望的深远抑制。又见于我关于《婴儿情绪生活》的文章。

原始的内部危险情境,这导致了自我的一部分更迫切地想要将内部危险(主要是死本能的活动)转向(投射)到外部世界。个体一直在对于内部和外部坏客体的恐惧之间摆荡,以及运作于个人内部与转向外部的死本能之间。在这里,我们看到了(在生命初期)介于投射与内摄间相互作用的一个重要层面,外部的危险被体验为内部的危险,并因此而被强化;从另一方面来说,任何从外部威胁着个体的危险,强化了永久的内部危险情境。这种斗争在某种程度上受到外化,事实上缓解了焦虑。这种内部危险情境的外化,是自我最早的对抗焦虑的防御方式;也是个体发展中最基本且最重要的防御方式之一。

被转向外部的死本能活动以及其内部的运作,与同时发生的生本能活动是不可分割的。生本能紧随着死本能被转向外界,并通过力比多依附在外部客体(满足他的好乳房)上,这个客体便成为生本能的外部代表。此时个体内摄这个好客体,并增强了生本能的力量。内化的好乳房被认为是生命的资源,形成自我的重要部分。因此,内摄这个最早被个体所爱的客体,和生本能所引发的所有过程有密不可分的关联。内化的好乳房与吞噬的坏乳房,在其好坏两个方面一起构成了超我的核心。它们代表着自我在生本能与死本能之间的挣扎。

第二个要被内摄的重要的部分客体是父亲的阴茎,它也被赋予了好的与坏的品质。这两个危险的客体——坏乳房与坏阴茎——是内部与外部迫害者的原型。那些带有痛苦性质的经验,那些来自内部与外部的挫折在感觉上都是迫害,而且它们都首先被归因于外部和内部的迫害性客体。在所有这些经验当中,迫害焦虑与攻击彼此增强。婴儿投射出去的攻击冲动,在他建构迫害者形象的过程中扮演了一个基本的角色。这些迫害者的形象增加了他的迫害恐惧,并转而增强了他的攻击冲动与幻想,以此来应对这些在感觉上是危险的外部和内部客体。

成人的妄想症紊乱,在我看来,其根源是在生命最初几个月所感受到的迫害焦虑。妄想症病人迫害恐惧的本质,在于感觉有一种带着敌意的作用力或机构处心积虑要迫害于他,使他受苦、受伤;并且最终令他被灭绝。这个迫害的作用力或是机构,可能由一个人或是许多人,甚或是自然力为代表。这种恐怖的攻击有各种数不清的样貌,在每个个案里都有其独特的形式;但是我相信,妄想症患者迫害恐惧的根源,是对自我最终被死本能所毁灭的恐惧。

五

现在我将更加明确地来讨论罪恶感与焦虑之间的关系,我们首先应该思考弗洛伊德与亚伯拉罕关于焦虑与罪恶感的某些观点。弗洛伊德从两个主要的角度来探讨罪恶感的问题:一方面,他毫无疑问地相信焦虑与罪恶感是互相紧密关联的;另一方面他得到一个结论:"罪恶感"这个词只适用于与良心的表现有关的范围,而良心是超我发展的结果。我们知道,在弗洛伊德看来,超我是作为俄狄浦斯情结的结果而形成的。因此,在他看来,对于四五岁以下的儿童来说,"良心"与"罪恶感"这两个词并不适用;而且发生在生命最初几年的焦虑和罪恶感是不同的[1]。

根据亚伯拉罕的说法(1924),罪恶感源自克服较早的肛门施虐

---

[1] 对于焦虑与罪恶感之间联系的一个重要参考包含在下面这段话中:"在此也许我们可以高兴地指出,罪恶感充其量不过是焦虑的一种地形学变体"(《文明及其不满》,S. E.21,第135页)。另一方面,弗洛伊德又明确地区分了焦虑与罪恶感。在讨论罪恶感的发展时,他提到"罪恶感"这个术语的使用与早期"坏良心"的表现有关,并说道:"这种心理状态叫作'坏良心';但实际上它不该被如此称呼,因为在此阶段,罪恶感明显只是一种对爱的丧失的恐惧,是一种'社会性'焦虑。在小孩子身上,它不可能是什么别的东西,但是在很多成人身上,它也不过是改变到以下程度而已:父亲或双亲的位置被更大的人类社会所取代——一个重大的改变只发生在权威经由超我的建立而被内化的时候。良心的现象于是抵达了一个更高的阶段。实际上,直到现在我们才能谈论良心或罪恶感。"(S. E.22,第124—125页)

阶段中的食人（也就是攻击的）冲动。这发生在一个比弗洛伊德所推断的更早的阶段，但是他并未在焦虑与罪恶感之间做出区别。费伦齐也没有关注焦虑与罪恶感之间的分别，他认为罪恶感的本质当中有某些部分源于肛门期；他的结论是可能存在一种超我的生理性先兆。他称之为"括约肌道德感"。[1]

恩斯特·琼斯（1929）曾研究过恨、恐惧与罪恶感之间的相互作用。他将罪恶感的发展区分为两个阶段，并且称第一个阶段为罪恶感的"前邪恶期"。他把这一阶段连接到超我发展过程中"施虐的前性器期"，并且主张罪恶感"总是无可避免地伴随着恨的冲动"；第二个阶段是"——真正罪恶感的阶段，它的功能是要保护个体免于外部的危险"。

在我的论文《论躁狂抑郁位置的心理成因》中，我将焦虑分为两种主要形式：迫害焦虑与抑郁焦虑，但是这两种焦虑绝不是截然分明的。带着这种限制，我认为这两种焦虑形式的区分从理论和实践的观点来看都是非常有价值的。在上面提及的那篇论文中，我得出一个结论：迫害焦虑主要联系于自我的绝灭，抑郁焦虑则主要联系于主体的破坏冲动对于他所爱的内部与外部客体造成的伤害。抑郁焦虑有许多种内容，例如：好客体受到伤害；它正在受苦；它处在恶化的状态中；它变成了坏客体；它被灭绝了，丢失了，而且永远不会再存在。我还得出结论，抑郁焦虑与罪恶感及其进行修复的倾向密切相关。

当我首次在上文提及的那篇论文中，介绍我关于抑郁位置的概念时，我提出抑郁焦虑与罪恶感的发生伴随着完整客体的内摄。我在偏执－分裂位置[2]（这个位置发生在抑郁位置之前）的进一步工作，引导我获得这样的结论：虽然在第一个阶段是以破坏冲动与迫害焦虑为主，抑郁焦虑与罪恶感已经在婴儿最早的客体关系（也就是在他和母亲乳房之间的关系）中扮演了某些角色。

---

[1] 费伦齐，《性癖好的精神分析》（1925），第267页。
[2] 《关于某些分裂机制的注释》。

在偏执－分裂位置期间，即在生命最初的三到四个月期间，分裂的过程（包括第一个客体"乳房"的分裂以及对它的感觉的分裂）正是最活跃的时候。恨与迫害焦虑依附在挫折他的（坏）乳房上，爱与安慰则依附在满足他的（好）乳房上。然而，即使在这个阶段，这种分裂过程也从不是完全有效的；因为从生命刚开始时，自我即倾向整合它自己，以及将客体不同层面加以综合（这种倾向可以被视为生本能的一种表现）。甚至在非常小的婴儿身上，看起来都存在着一些朝向整合的过渡状态，这些状态随着发展的进行而变得更为频繁与持久。在这些过渡的状态中，好与坏乳房之间的分裂较不明显。

在这些整合状态中，与某些部分客体相联系的爱与恨产生了一定程度的综合。根据我目前的观点，这种综合引发了抑郁焦虑、罪恶感，以及修复他所爱且被他所伤害的客体的欲望——首先要修复的是好的乳房[1]，也就是说，我现在将抑郁焦虑的发生与对部分客体的关系联结起来。这种修正是我对最早期阶段进一步工作的结果，也是更充分认识婴儿情绪发展本质的结果。我始终认为抑郁焦虑的基础，在于迫害冲动与朝向一个客体的那些爱的情感之间的综合。

接下来，让我们思考这个修正对于抑郁位置概念的影响有多深远。现在我要将这个位置做如下描述：在三到六个月期间，自我的整合发生了相当大的进展，婴儿的客体关系及其内摄过程在本质上发生了重要的改变。婴儿越来越多地将母亲作为一个完整的人来知觉与内摄，这意味着他与母亲建立了一种更加充分的认同和更加稳定的关系。虽然这些过程主要聚焦在母亲身上，但婴儿与父亲（以及其他周围的人）的关系也经历了一些类似的变化；父亲在他的心中也被建构为一个完整的人。与此同时，分裂过程的强度却减弱了，它们现在主要联系于那些完整客体；而在较早的阶段中，它们主要是和部

---

[1] 虽然如此，我们也必须记得，即使在此期间，母亲的脸、手、其整个身体的在场，越来越多地参与到了逐渐建立起来的孩子与母亲作为一个人的关系之中。

分客体有关。

客体相互对立的方面与朝向客体的相互冲突的情感、冲动与幻想，在婴儿心里更加紧密地聚集在了一起。虽然迫害焦虑持续地在抑郁位置中起着某种作用，但是在数量上却减少了；而抑郁焦虑则获得了在迫害焦虑之上的支配性。因为感受到（被内化的与外部的）所爱之人受到攻击冲动的伤害，婴儿遭受着强烈的抑郁感。这种情形比他在较早阶段曾短暂经验到的抑郁焦虑与罪恶感更为持久。现在更加整合的自我，则越来越多地面对着一种非常痛苦的精神现实——即从被内化的受到伤害的父母那里发出的抱怨与指责。此时的母亲和父亲都是完整的客体和完整的人——而且为了应对这种痛苦的精神现实，自我被迫处在更大痛苦的压力之下。这就导致了一种压倒性地想要保存、修补并恢复被爱客体的迫切需求，即进行修复的倾向；自我强烈地诉诸躁狂防御，则是一种处理焦虑的替代方法，也非常可能是一种同时使用的方法[1]。

我所描述的发展，不仅隐含着在爱的情感、抑郁焦虑与罪恶感中发生的一些重要的质变与量变；而且还隐含着许多因素的重新组合，从而构成了抑郁位置。

从上面的描述中可以看出，我对关于较早发生的抑郁焦虑与罪恶感的观点所做的修订，并未对我关于抑郁位置的概念产生任何根本的改变。

此刻我希望更加具体地来思考抑郁焦虑、罪恶感以及进行修复的迫切需求借以发生的过程。正如我所描述的那样，抑郁焦虑的基础，在于自我对朝向某一客体的破坏冲动与爱的情感进行的过程。所爱客体受到伤害的感觉，是由主体的攻击冲动引起的。我将这种感觉当作罪恶感的本质。（幼儿的罪恶感可能延伸到降临在所爱客体身上

---

[1] 躁狂防御的概念及其对心理生活的广泛应用，在我的下列文章中有详细的阐述：《对躁狂抑郁位置的心理发生学之贡献》与《哀悼及其与躁狂抑郁位置的关系》（这两篇文章皆出自《克莱因文集》第一卷）。

的每一种灾祸，甚至是他的迫害客体造成的伤害。）主体觉得是自己造成了这种伤害，产生罪恶感；于是导致想要撤销或修复这种伤害的迫切需求。因此，修复的倾向可以被看作罪恶感的后果。

现在产生了一个问题：罪恶感是否为抑郁焦虑的一个要素？这两者是否是同一过程的不同层面；或者，是否其中一者为另外一者的结果或表现？虽然现在我无法提供确切的答案，我仍想指出抑郁焦虑、罪恶感以及修复的冲动，经常是同时被体验到的。

有可能只有当对客体的爱的情感超越了破坏冲动的时候，抑郁焦虑、罪恶感与修复的倾向才会被体验到。换句话说，我们可以假定：反复体验到"爱"对"恨"的超越（归根结底是生本能对死本能的超越），是使自我能够整合自己并将客体的对立方面综合起来的一个基本条件。在这种状态下，与客体坏的方面的关系（包括迫害焦虑）已经减弱了。

然而，在生命最初的三或四个月期间，根据我目前的观点，也就是抑郁焦虑和罪恶感发生的阶段，正是分裂过程与迫害焦虑最活跃的时候；于是迫害焦虑极为快速地干扰着整合的进行，而且抑郁焦虑、罪恶感与修复的经验只具有短暂过渡的性质。由此被爱的受伤客体很可能快速地转变为迫害者，而修复或恢复的冲动则可能转变为安抚或取悦迫害者的需要。但是，即使是在下一阶段（抑郁位置），当更加整合的自我内摄并且建构逐渐完整的人物形象之时，迫害焦虑仍然持续存在着。正如我描述的那样，在此期间，婴儿不仅体验到哀伤、抑郁和罪恶感；而且还体验到与超我的坏层面相联系的迫害焦虑。所以，应付迫害焦虑的防御机制与应付抑郁焦虑的防御机制是同时存在的。

我已经反复地指出，抑郁焦虑和迫害焦虑之间的区别，是在一个有限的概念上建立起来的。然而，在精神分析的实践中，许多工作者都发现，迫害焦虑与抑郁焦虑之间的区别有助于理解和解释情绪的状况。现在我提供一个例子，它显示了在分析抑郁病患时，我们可能会遭遇到的典型情况：在一次特定的会谈中，一名病患可能因为无法修复他觉得是自己所造成的伤害，使他遭受着强烈的罪恶感与沮丧感的折磨；因而发生了一个戏剧性的改变：这个患者突然带出来迫害的内容，他指控分析师分析这件事，除了使他受伤之外，什么帮助也没有，并且抱怨先前受到的挫折。促成这个改变的过程，可以总结如下：此时迫害焦虑已经占了优势，罪恶感消退，同时对客体的爱似乎也已经消失了。在这种情绪状态下，客体就变成坏的、无法被爱的东西，因此将破坏冲动朝向它似乎也就是合理的。这意味着，为了逃避罪恶感与沮丧感带来的压迫性负担，迫害焦虑与相应的防御受到了强化。当然，在许多案例中，患者可能同时显示罪恶感与相当的迫害焦虑，而转变到以迫害焦虑为主的过程，并非总是看起来像我刚刚描述的情况那么戏剧化。但是在每一例这样的个案中，区分迫害焦虑与抑郁焦虑，都有助于理解我们试图分析的一些过程。

对于抑郁焦虑、罪恶感与修复，以及迫害抑郁与对焦虑的防御，在这两者之间所做的概念性区别，不仅在分析工作上证实是有帮助的；还有更广泛的含义。它说明了许多与人类情绪及行为有关的问题[1]。我发现这个概念具说明性的一个特殊领域就是对儿童的观察与理解。

我要在此处对于我在本节所提出的焦虑与抑郁之间的关系，简短地做个理论上的总结：罪恶感与焦虑（更加明确地说，是与其特定的形式，即抑郁焦虑）是错综复杂地纠缠在一起的；它导致了修复的倾向，并且发生在生命的最初几个月当中；它和最早阶段的超我有关联。

---

[1] 马尼·基尔（R. E. Money-Kyrle）在其论文《朝向一种共同目标——精神分析对伦理学的贡献》中，将迫害焦虑与抑郁焦虑的区分应用到了对伦理学的一般态度与对政治信仰的特殊态度上，并继而在他的著作《精神分析与政治学》中拓展了这些观点。

六

原初的内部危险与来自外界的危险，两者之间的相互关系说明了"客观的"与"神经症的"焦虑相对应的问题。弗洛伊德将"客观的焦虑"与"神经症的焦虑"的区别定义如下："真实的危险是可知的，现实的焦虑是对于这种可知危险的焦虑；神经症的焦虑是对于未知危险的焦虑，神经症的危险因此是一种尚待发现的危险，分析已经显示它是一种本能的危险。"[1] 而且，"真实的危险是来自外部客体并威胁到个体，神经症的危险则是来自本能的要求而威胁到个体。"[2]

然而，在某些联结上面，弗洛伊德提到了这两种焦虑来源[3]之间的相互作用；而且一般的分析经验也表明，客观焦虑与神经症焦虑之间的区别是无法截然划分的。

我要在这里回到弗洛伊德的陈述：焦虑是由于儿童"思念某个他所爱与渴望的人"[4]而引起的。弗洛伊德在描述婴儿基本的丧失恐惧时说："他们尚不能区分暂时不在和永久丧失的不同，只要没看见妈妈，就会表现得好像永远再也见不到她似的。重复与此相反的抚慰经验是必要的，以使婴儿得知母亲在消失之后通常都会再次出现"[5]。

在另一个描述丧失爱的恐惧的段落里，他说这种恐惧"明显是一种当婴儿发现妈妈不在时，所引发的焦虑在后来的延长，你将会明白这种焦虑所指出的危险情境是何等的真实，如果一个母亲不在了，

---

[1] 《抑制、症状与焦虑》（S. E. 20，第 165 页）。

[2] 上述引文，第 167 页。

[3] 弗洛伊德提到这种源自外部原因与内部原因的焦虑之间的相互作用，是与某些神经症性焦虑的情况有关的："危险是已知的，但是与它有关的焦虑却过度强烈，超过了确切的程度——分析表明，未知的本能危险会依附在已知的真实危险上"（上述引文，第 165—166 页）。

[4] 上述引文，第 136 页。

[5] 上述引文，第 163 页。

或是不再爱她的孩子时,婴儿将不再确知自己的需要是否能被满足,并且可能暴露在最痛苦的紧张感之中"。[1]

然而,在同一本书的前几页中,弗洛伊德从神经症性焦虑的观点描述了这种特别的危险情境,这一点似乎说明了他是从两个角度来探讨这一婴儿期处境的。在我看来,婴儿丧失恐惧这两个主要来源可以被描述如下:一种是孩子完全依赖于母亲,以便满足自己的需要并缓解紧张感,由此来源产生的焦虑可以被称作客观的焦虑;焦虑的另一个主要来源,衍生于婴儿担心他所爱的母亲被他的施虐冲动所摧毁,或者母亲处在被摧毁的危险之中,这种恐惧可以被称作"神经症性焦虑"。与它相联系的母亲是一个不可或缺的外部(与内部)的好客体,而且这种恐惧还使婴儿感到母亲再也不会回来了。在这两种焦虑的来源之间,也就是说,在客观性焦虑与神经症性焦虑之间,或者再换句话说,在外部来源与内部来源的焦虑之间,从一开始就存在着一种持续的相互作用。

此外,如果外部危险从一开始就联系于来自死本能的内部危险,那么就没有任何产生于外部来源的危险情境可以被孩子体验为一种已知的纯粹外部的危险。但并非只有婴儿无法做如此清楚的区分,在某种程度上,内、外部危险情境之间的相互作用是持续终生的[2]。

这一点在实施于战争年代的分析中清楚地显示了出来。甚至对于那些正常的成年人而言,由空袭、轰炸、火灾等客观的危险情境而引起的焦虑,只能借由分析各种被唤起的早期焦虑来加以缓解;分析可以超越真实情境的影响。对许多人来说,这些焦虑的来源导致了对客观危险处境的强大否定(躁狂防御),恰以缺乏明显的恐惧加

---

[1] 《精神分析新论》(1932),S. E. 22,第87页。

[2] 如我在《儿童精神分析》(第192页)中指出的:"如果一个正常人处于严重的内部或外部压力之下,或者如果他生病或在某些方面失败时,我们就可以在他身上观察到其最深层的焦虑情境的完全而直接的运作。因此,由于每一个健康人都可能会罹患神经症疾病,可想而知他是从不会完全放弃其旧有的焦虑情境的"。

以显示。这经常可以在小孩子的身上观察到，而且无法只以他们未完全体认到实际的危险来加以解释。分析显示，客观的危险情境重新唤醒了孩子早期幻想的焦虑，这种焦虑达到某种程度，导致了他必须否认客观的危险情境。在其他的个案中，可以看到有些孩子在战争年代的危险之中仍然处于一种相对稳定的状态。与其说这种状态是由躁狂防御来决定的，不如说它决定于较为成功地缓解了早期迫害焦虑与抑郁焦虑；因此孩子对于内部与外部世界有较多的安全感，与他们的父母也可以维持一种好的关系。对于这些孩子，即使父亲是缺席的，来自母亲的"在场"与家庭生活的慰藉，也可以抗衡由客观危险激起的恐惧感。

如果我们记得：幼儿对外部现实与外部客体的知觉，永久地受到其幻想的影响而带有某种幻想的色彩，而且有的影响在某种程度上是持续终身的；那么这些观察就变得易于理解了。唤起焦虑的外部经验也会立即在正常人身上启动精神内源性的焦虑。客观性焦虑与神经症性焦虑之间的相互作用（或者换个说法，外源性焦虑与内源性焦虑之相互作用），对应着外部现实与精神现实之间的相互作用。

当我们要判断焦虑是否为神经症的性质时，我们必须考虑到弗洛伊德曾一再提及的一点，也就是内源性焦虑的量有多少。这个因素无论如何都联系着自我进化出适当的防御以应付焦虑的能力（焦虑强度与自我强度的比例）。

七

本文未加言明的是：这些观点是从一种对攻击性的探讨中发展出来的，这种研究与主流精神分析思想有着根本的不同。弗洛伊德最早发现攻击性的时候，是将它当作幼儿性欲的一个元素来看待的，就好像它是力比多（施虐）的附件一样。这使得在很长的时间里，精神分析的兴趣都集中在力比多上；攻击性也或多或少地都被看作力比多的附属物[1]。在1920年,弗洛伊德发现了在破坏冲动中表现出来的死本能是和生本能融合在一起运作的;继而,亚伯拉罕在1924年更加深入地探究了孩子身上的施虐问题。但是,即使在这些可见于精神分析文献的发现之后,精神分析思想也仍然明显地停留在与力比多以及对力比多冲动的防御有关的领域中,从而相对地低估了攻击性及其蕴含的重要性。

在我开始精神分析工作之初,我的兴趣就集中在焦虑及其诱因上;而这使我可以更容易地理解攻击性与焦虑之间的关系[2]。关于儿童的分析(为此我发展了游戏的技术)支持了这一研究角度;因为这些分析显示:只有靠分析儿童的施虐幻想与冲动,并且对存在于施虐性与焦虑诱因中的攻击成分有更多的认识,儿童的焦虑才能得到缓解。如此较完善地评估攻击性的重要性,使我得以获得一些特定的理论性结论。这些结论曾发表在我的论文《俄狄浦斯冲突的早期阶段》(1927),在那里我就儿童的正常发展与病理性发展提出了这样一种假设:在生命第一年期间出现的焦虑与罪恶感,都紧密地联系于内摄与投射的过程;而且还紧密地联系于超我发展与俄狄浦斯情结的最初阶段。还有,在这些焦虑当中,攻击性以及对它的防御机制具有无比的重要性。

大约1927年之后,循着这些方向,英国精神分析学会的工作者展开了进一步的研究。在该学会中,许多精神分析师利用密切合作的工作方式,为理解攻击性在心理生活中所扮演的重要角色做出了无数的贡献[3]。然而,若对精神分析思考做一个回顾,在过去10～15年间,这个方向上的观点改变则显得如凤毛麟角一般稀少了;不过,近来这些思想已在增加了。

---

[1] 参见:宝拉·海曼(1952)的文章,他在其中讨论了这一理论偏见,即偏重于力比多及其在理论发展上的影响。

[2] 对焦虑的这种有力的强调,已经存在于我最早的出版物中。

[3] 参见:黎维尔(1952)的论文附带的参考书目。

有关攻击性的最新著作，其结果之一在于认识到了修复倾向的主要功能；也就是生本能对抗死本能的一种表现。从此不仅可以用更宽广的视野来看待破坏冲动；对于生本能与死本能的相互作用也有更完整的了解；且对于力比多在所有心智与情绪过程中所扮演的角色亦有更多的认识。

　　在本篇论文里，我已经清楚阐释了我的主张：死本能（破坏冲动）是引发焦虑的主要原因。但是，在我对于导致焦虑与罪恶感的过程所做的说明中，也暗示了破坏冲动所针对的原初客体是力比多贯注的客体；而且正是攻击性与力比多的相互作用（基本上既是两种本能的两极对立也是两者融合）引发了焦虑与罪恶感。这种相互作用的另外一个层面是力比多对破坏冲动的缓和作用。力比多与攻击性两者相互作用的最佳状态，意味着由死本能的永恒活动而产生的焦虑，虽然从无止息；却受到生本能力量的对抗，并且确保其不致酿成威胁。

第三章 关于精神分析结束的标准

（1950）

分析结束的标准，对于每一位精神分析师而言，都是一个重要的问题；有许多标准是我们大家都公认的。在此我将对这个问题提出一种不同的探索途径。

经常可以观察到：分析的结束会重新唤起病人早年的分离情境，而且这种过程的本质是一种断奶的经验。这意味着，正如我的工作显示给我的那样，当早年婴儿期的冲突浮现时，婴儿在断奶时所感觉到的情绪，在分析接近尾声时被强烈地重新唤起。因此在终止分析之前，我必须自问：生命第一年中所体验到的冲突与焦虑，是否都已经在治疗的过程中得到了充分分析与修通。

我在早期发展方面的工作（1935，1940，1946，1948）导致我区分了两种形式的焦虑：一种是迫害焦虑，它在生命的头几个月当中是最主要的，并且引起了偏执－分裂位置；另一种则是抑郁焦虑，它大约在第一年的中期发生，并且引发了抑郁位置。由此我得出了进一步的结论：婴儿在其出生后生活的开始就体验着内源性与外源性的迫害焦虑。就其外源而言，诞生经验被感觉为一种强加给婴儿的攻击；就其内源而言，根据弗洛伊德的观点，对有机体的威胁是产生于死本能的，这在我看来唤起了对灭绝的恐惧，也就是对死亡的恐惧。我认为这种恐惧就是焦虑的首要原因。

迫害焦虑主要和自我感觉到的危险有关，抑郁焦虑则是和感觉到威胁到所爱客体的危险有关，这种危险主要是由个体对客体的攻击所致。抑郁焦虑发生于自我的综合过程，由于不断的整合，于是爱与恨、客体的好与坏层面，在婴儿的心里越来越紧密地走到了一起；此外，某种程度的整合也是将母亲当作完整的人来内摄的一个必要条件。在大约六个月大的时候，抑郁感与焦虑达到了巅峰，即抑郁位置。迫害焦虑在此时虽然有所减弱，但仍然扮演着一个重要的角色。

和抑郁焦虑互相关联的是罪恶感，这种罪恶感与食人和施虐的欲望造成的伤害有关。罪恶感引发了个体迫切地想要修复他所爱的同时又是被其所伤害的客体。这种想要保存并复苏客体的急迫感加深了爱的情感，并且促进了客体关系。

在断奶的时候，婴儿感觉到他失去了第一个所爱的客体——母亲的乳房。这个客体既是外部的，也是内部的；而且他的失落是因为他的恨意、攻击性与贪婪所致。断奶于是加强了他的抑郁感，这些感觉形成了哀悼的状态。随着抑郁位置而来的痛苦与逐渐洞视精神现实是息息相关的，这种洞视促进了个体对于外部世界有更好的了解。借由逐渐适应现实并且扩展客体关系的范围，婴儿变得能够对抗、减轻抑郁焦虑；并且在某种程度上稳固地建立他内化的好客体，也就是建立超我中具有帮助与保护性的那一面。

弗洛伊德曾经描述过"现实检验"是哀悼工作的基本成分。在我看来，现实检验最早是在早期婴儿阶段被启动的。当个体企图克服抑郁位置的哀伤时，而且在以后的生命中只要再次体验到哀伤。这些早期的过程就会再度被唤起。我发现对成人来说，哀悼工作的成功不仅取决于在自我内部建立起那个被哀悼的人（这是我们从弗洛伊德和亚伯拉罕那里学到的），而且还取决于那些最初被爱客体的重新建立。在早年的婴儿期中，这些客体在感觉上受到了破坏冲动的威胁伤害。

虽然抗衡抑郁焦虑的基本措施在生命的第一年中就已经产生了，迫害与抑郁感觉在整个童年期还是会重复发生。这些焦虑是经由幼儿神经症的过程得到修通的，且大部分都被克服。通常是在潜伏期开始的时候，适当的防御即已经发展妥当；而且某些稳定的机制也已经出现。这意味着已经达到了以性器首位（genital primacy）及令人满意的客体关系，而且俄狄浦斯情结在力量上也有所减弱。

现在我要根据刚才给出的定义提出一个结论，即迫害焦虑联系着在感觉上威胁到自我的危险，而抑郁焦虑则联系着在感觉上威胁到所爱客体的危险。我想要提出的是，这两种形式的焦虑构成了孩子经历过的所有焦虑情境。被吞噬、被毒害、被阉割的恐惧；害怕身体内部受到攻击的恐惧，全部都属于迫害焦虑的范畴，而一切与所爱客体有关的焦虑，则都是以抑郁焦虑为本质。不过，迫害焦虑与抑郁焦虑虽然在概念上彼此不同，在临床上却经常是混在一起的。例如，我已经界定了阉割恐惧（男性身上的头等焦虑）具有迫害的性质，由它所引发的那种无法使女人受孕的感觉来看，这种恐惧是与抑郁焦虑混在一起的。其本质是他无法使他所爱的母亲受孕，因此无法将他的施虐冲动对母亲造成的伤害进行修复。我只需提醒你们的是，阳痿通常会导致男人的严重抑郁。现在来看看女人的头等焦虑，女孩害怕恐怖的母亲会攻击她的身体以及身体里的婴儿，这种恐惧在我看来是女性根本的焦虑情境，就定义来说它是迫害的性质。然而，由于这种恐惧意味着她所爱的客体，也就是她感觉到在她体内的婴儿遭到破坏；因而令其包含了一种强烈的抑郁焦虑的元素。

和我的论点相一致，正常发展的前提是迫害焦虑与抑郁焦虑必须被大量减少并有所缓和。因此，正如我希望在先前的论述中已经明确的那样，我对于终止儿童分析与成人分析这个问题的处理方式可以被定义如下：迫害焦虑与抑郁焦虑应该被充分地减少；因而，在我看来，其前提是要分析最初的哀悼体验。

在此我要顺便提一下，即使分析追溯到发展的最早阶段（这是我的新标准的基础），其结果仍然会依据每个病例的结构与严重度而有所不同。换句话说，虽然我们的理论与技术已经有所进展，但我们必须将精神分析治疗的局限铭记于心。

现在便产生了这样的问题：我所提出的处理方式，和某些我们熟知的标准（例如：一种已经建立的潜能与异性恋；具有爱、客体关系及工作的能力；以及特定的自我特质，这些特质促成心智稳定，并且和适当的防御有关）有多大的关联呢？所有这些发展的层面与迫害、抑郁焦虑的缓解是互相关联的。关于爱与客体关系的能力方面，我们很容易可以看出：只有在迫害焦虑与抑郁焦虑并未过度的情况下，这些能力才能自由地发展；而在自我的发展方面问题就比较复杂了。在这个联系中通常有两个特征被强调，即稳定性与现实感的增长；但我认为在自我深处的扩展也是同等重要的。具有深度与完整的人格，其内含要素之一是具有丰富幻想生活，以及拥有能够自由感受情绪的能力。我认为，这些特质的前提是婴儿期的抑郁位置已经得到修通，也就是说所有和原初客体有关的整套经验：爱与恨、焦虑、哀伤与罪恶感等已经被反复地体验过。这种情绪的发展和防御的本质是连在一起的。抑郁位置修通工作的失败，密不可分地联系着遏制情绪及幻想生活并阻碍洞察力的那些防御的主导地位，这些防御机制（我称之为"狂躁防御"）虽然并非不符合自我的稳定性与强度，却是肤浅的。如果在分析当中我们成功地减轻了迫害焦虑与抑郁焦虑，并相应地减少了狂躁防御；那么结果将会是自我在强度与深度方面获得一种提升。

即使已经达到了令人满意的结果，分析的终止也必定会激起痛苦的感觉，并且再度唤醒早期的焦虑，形成哀悼的状态。当分析的结束所代表的丧失出现的时候，病人仍然必须自己进行他所负担的那部分哀悼工作。我认为，这一点解释了以下事实：在分析终止之后经常会达到更多的进展，如果我们应用我所提出的标准，便可以更容易地预测这一点发生的可能性有多少。因为只有在迫害焦虑与抑郁焦虑已经大部分被缓解以后，病人才有可能靠自己进行最后一部分的哀悼工作，这再一次隐含着一种现实检验。此外，当我们决定可以结束分析的时候，我认为在数个月之前让病人知道结束的确切日期是非常有帮助的。这种做法可以帮助他在仍接受分析的期间，修通并减少无可避免的分离的痛苦,并且为他将要进入的过程——独自完成哀悼的工作做准备。

在本文中我已经清楚地表明,我所提出的标准,其前提是分析已经追溯到了发展的早期阶段,到达了心智的深层;并且包括了迫害焦虑与抑郁焦虑的修通。

这一点将我带向一个与技术有关的结论:在分析过程中,精神分析师经常是作为一个理想化的人物而出现的,理想化被用作对抗迫害焦虑的防御;而且是这种防御的必然结果。如果分析师容许过度的理想化持续存在,也就是说如果他主要依赖于正向的移情;那么他就真的可能获得某些进展,不过同样的说法也适用于任何成功的心理治疗。事实上,只有借由分析负向移情,而不只是分析正向的移情,焦虑才有可能在根本上获得减轻。在治疗过程中,精神分析师在移情的情境中代表了各种不同的人物形象,这些人物形象和那些在早期发展过程中被内摄的形象是相互呼应的。因此,分析师有时候被内摄为迫害者,有时候则被当作理想的形象;在这两个极端之间有各式各样不同的形象存在着。

随着迫害焦虑与抑郁焦虑在分析过程中被体验到并最终得以减轻,分析师的各个方面发生了极大的综合,这种综合是与超我各个方面的综合连在一起的。换句话说,最早期的恐怖形象在病人的心中发生了根本的改变,人们可能会表示他们基本上是改善了。只有迫害形象与理想化形象之间的严重分裂得到减轻,攻击以及力比多的冲动已经彼此靠近;只有当恨已经被爱化解时,好的客体(不同于理想化客体)才能够在心中被稳固地建立起来。这种综合能力的进展,证明了源自早期幼儿期的分裂过程已经减弱了,而且自我的深度整合已经发生了。当这些正向的特质被充分地建立起来时,我们就可以合理地认为,分析的结束并不是过早的,尽管它可能会再次唤起急性焦虑。

第四章　移情的起源

（1952）

在《一个癔症案例分析的片段》这篇文章中，弗洛伊德（1905）用以下的方式定义了移情情境。

"什么是移情？它们是在分析进程中，被唤起并被意识到的冲动与幻想的新版本或者新摹本，但是它们具有以下特殊性——这是它们种类的特征：它们用医生这个人替换了某位较早时候的人，换句话说，心理经验的整个系列都被重新激活了。这不是作为属于过去的经验，而是被套用到了当下的这个医生身上。"

移情以各种形式存在于生命的过程中，并且影响着所有的人际关系，不过此处我只关注在精神分析中移情的各种表现。精神分析程序的特殊之处在于：由于精神分析开启了通往病人无意识的道路，他的过去——在其意识与无意识的层面——逐渐被重新唤起。因此他想要转移其早期经验、客体关系与情绪的迫切感再次得到增强，并且聚焦在精神分析师身上。病人通过利用在早年情境中已有的机制与防御，来处理被重新激活的冲突与焦虑。

所以，如果我们能够进入无意识越深，能够将分析往回追溯得越早；我们对移情的理解也将会更多。因此，简短地介绍我关于发展最早阶段的结论，与本篇的主题是相关的。

最早的焦虑形式，其本质是迫害的，（根据弗洛伊德的说法，是朝向有机体本身）引发了被灭绝的恐惧，这也是迫害焦虑的最初成因。而且，从出生那一刻开始，对客体的破坏冲动激发了害怕遭受报复的恐惧。这些内源性的迫害感由于那些痛苦的外部经验而被加强了；

因为从生命开始以后，挫折与难受的体验激起了婴儿"正遭受敌视势力的攻击"的感觉。因此，婴儿在出生时所体验到的感觉，以及调适自己适应全新环境的困难就引发了迫害焦虑。出生后受到的舒适与照料（特别是最初的哺乳经验），在感觉上是来自那些好的力量。谈到"力量"我使用了相当成人化的词语，以代表那些被小婴儿模糊地感觉为客体（不论是好或坏）的东西。婴儿将满足与爱的情感指向"好"乳房，并将破坏冲动与迫害的感觉指向令他感到挫折的对象，也就是"坏"乳房。分裂的过程中，这个阶段正是最活跃的时候。爱与恨就如乳房好与坏的两面，是被远远地互相分开的。婴儿相对的安全感的基础是将好的客体转变为理想的客体。作为一种保护，以免受到危险客体与迫害客体的伤害。这些过程，也就是分裂、否认、全能与理想化，活跃于生命最初的三到四个月时，即"偏执－分裂位置"（1946）。在最早的阶段，迫害焦虑及其必然结果——理想化，透过这些方式根本地影响着客体关系。

与婴儿的情绪与焦虑紧密联结在一起的原始投射与内摄过程，开创了客体关系：借由投射将力比多与攻击性转向母亲的乳房，客体关系的基础得以建立；借由将客体（主要是乳房）内摄，就形成了与内部客体的关系。我使用"客观关系"这个词，是根据我的主张：婴儿从一出生开始就和母亲有一种关系存在（虽然主要的焦点在母亲的乳房上），这种关系蕴含着客体关系的基本元素，也就是爱、恨、幻想、焦虑与防御[1]。

在我看来，将乳房内摄是超我形成的开始，而且这个过程会延

---

[1] 所有客体关系之最早形态的基本特征便在于它是二人关系的原型，没有其他客体进入这种关系。这一点对于后来的客体关系而言是极重要的，虽然这种排他的形式可能维持不过寥寥数月之久，因为联系于父亲及其阴茎的幻想——这些幻想开创了俄狄浦斯情结的早期阶段——引入了更多客体而非单一客体的关系。在成人和儿童分析中，通过激活与母亲及其乳房的这一早期排外的关系，病人有时候会体验到极乐幸福的感觉。这种经验通常随着对嫉妒与竞争情境（第三个客体——从根本上是父亲——被卷入其中）的分析而发生。

续好几年。我们有根据地做出以下的假设：从第一次哺乳经验开始，婴儿就内摄了乳房的不同层面，于是超我的核心是母亲的乳房，不论是好或坏。由于内摄与投射同时运作，与外部和内部客体的关系是相互作用的。很快在孩子生活中占有一席之地的父亲，也在很早的时候，变成了婴儿内部世界中的重要部分。婴儿情绪生活的特点是在爱与恨之间，在外部与内部情境之间，在现实知觉与跟其有关的幻想之间，快速地摆荡。而且，迫害焦虑与理想化之间是互相作用的（此二者皆涉及了内部与外部客体），被理想化的客体是迫害客体（最坏的客体）的必然结果。

自我逐渐成长的整合与综合能力，甚至是在最早的这几个月当中，也越来越多地导致了一种状态：爱与恨以及客体相应的好坏两面，在这种状态中被综合了起来。这就引起了第二种焦虑的形式（抑郁焦虑），因为婴儿现在感觉到他对坏乳房（母亲）的攻击冲动与欲望也会危及好乳房（母亲）。在出生四到六个月期间，这些情绪被进一步增强，因为在这个阶段，婴儿越来越多地将母亲作为一个人来知觉与内摄。抑郁焦虑更加强烈，由于婴儿感觉到他的贪婪与无法控制的攻击已经破坏或是正在破坏一个完整的客体。此外，由于其情绪的综合逐渐增长，他现在感觉到这些破坏冲动是朝向一个他所爱的人。类似的过程也同样发生在他和父亲及其他家庭成员的关系上。这些焦虑与相应的防御构成了抑郁位置，这个位置在第一年的中期发生，其本质是与所爱的内、外部客体的丧失与破坏有关的焦虑及罪恶感。

就在这个阶段，与抑郁位置密不可分的是俄狄浦斯情结的来临；焦虑与罪恶感加速了俄狄浦斯情结的开始。由于焦虑与罪恶感提高了将坏人物的形象外化（投射）、将好人物的形象内化（内摄）的需要，以便将欲望、爱、罪恶感与修复倾向依附在某些客体上；而将恨、焦虑依附到其他客体上，在外部世界中寻找内部人物形象的代表。然而，婴儿主要的需要不只是寻找新的客体，还有朝向新目标的冲动：离开乳房而朝向阴茎，即从口腔欲望转向性器欲望。这个发展是由许多因素共同促成的，如力比多的前进冲动、与日俱增的自我整合、身体与心智的技能以及适应外部世界的持续发展。这些发展与象征形成的过程是密不可分的，而象征形成使得婴儿能够从一个客体转移到另一个客体的不只是兴趣，而且还有情绪与幻想，焦虑与罪恶感。

我所描述的这个过程与另一种支配心理生活的基本现象是连在一起的。我相信最早的焦虑处境所造成的压力，是导致强迫性重复的因素之一，稍后我将再回到这个假设上来。

关于婴儿最早期阶段的某些结论我延续了弗洛伊德的发现，不过在某些地方发生了一些分歧，其中一点与我现在的主题是极其相关的。我指的是我的论点——客体关系的运作始于婴儿诞生之时。

许多年来我一直保持这个观点：在小婴儿阶段，自体情欲和自恋与最早的客体关系（外部的与内化的）是同时并存的。我要再次简短说明我的假设：自体情欲与自恋包括了对内化好客体的爱以及关系，这个好客体在幻想中形成了被爱的身体与自我的一部分。在自体情欲的满足与自恋状态中，发生了朝向这个内化客体的退缩；并且从出生时开始，与客体（主要是母亲的乳房）的关系就是存在的。这个假设与弗洛伊德对于自体情欲和自恋阶段的概念是相冲突的，他认为客体关系不存在于这些阶段。不过弗洛伊德与我的观点之间的歧义，并没有乍看之下的那么不同，因为弗洛伊德对这个议题的说法并非一致清楚的。在不同的情况下，他明显地或隐约地表达了一些意见，他认为与客体（母亲的乳房）的关系先于自体情欲与自恋。只要引用一项参考资料就足以证明这一点。在两篇百科全书文章的第一篇中，弗洛伊德（1922）说：

"最初，具有口腔成分的本能借由依附在对食物欲望的饱足上找到了满足，其客体是母亲的乳房。它随即又脱离依附，变得独立；而且同时变为处于自体情欲的状态，也就是说它在孩子自己的身体中找到一个客体。"

弗洛伊德所用的"客体"一词，与此处我对这个词的使用有些不同。他谈的是本能趋向的客体；而我的意思是除此之外，有一种客体关系涉及了婴儿的情绪、幻想、焦虑与防御。不过，弗洛伊德在上文提及的文句中，清楚地说道：对客体（母亲的乳房）的力比多依附，发生在自体情欲和自恋之前。

在这个立论基础之上，我想要提醒读者的是，弗洛伊德对于早期认同的发现。在《自我与本我》[1]里，谈到了被放弃的客体贯注，他说："……儿童最早的第一个认同，其效果将会具有一般性与永久性。这点将我们带回自我理想的根源……"弗洛伊德在此界定了最早而且最重要的认同，这个认同隐藏在自我理想的后面，如同对父亲或双亲的认同，并且将这些认同置于"每个人的史前时期"。这些论述近似于我所描述的最早被内摄的客体。因为根据定义，认同是内摄的结果。从我刚才讨论的陈述，以及节录自那篇百科全书论文的一段文字，可以推论弗洛伊德虽然没有进一步发展这条思路；但他的确曾假设：在最早的婴儿期，客体与内摄过程两者都扮演了重要角色。

也就是说，在自体情欲与自恋的问题上，我们发现了弗洛伊德观点中的不一致性。我认为，这些存在于许多理论观点中的不一致之处清楚地说明了，弗洛伊德在这些特定的问题上也未曾得到一种最终的结论。在焦虑理论方面，他在《抑制、症状与焦虑》（1926，第八章）中，对于这一点有明确的表示。他认识到关于发展的早期阶段，仍有许多是未知或是模糊不清的。这一点在他提到女孩生命的第一年是"（1931）灰暗的年龄而且朦胧不明"时，也得到了例证。

我不知道安娜·弗洛伊德对于弗洛伊德在这方面论述的观点如何；但是谈到自体情欲与自恋的问题时，她似乎只将弗洛伊德如下的结论纳入考虑：自体情欲和自恋的阶段发生在客体关系之前，而不容

---

[1] 第31页。在同一页弗洛伊德提出——仍然指的是这些最初的认同——它们都是比任何客体贯注较早发生的一种直接而立即的认同。这个提议似乎暗示了内摄甚至是先于客体关系的。

许其他可能性,例如那些我在上文提及隐含着某些弗洛伊德论述中的可能性。这是为什么安娜·弗洛伊德与我对于早期婴儿阶段的观点的分歧,远大于弗洛伊德与我的观点之间的分歧的原因之一。我如此声明,是因为我相信厘清安娜·弗洛伊德与我所代表的精神分析两个思想学派之间歧义的程度与本质,是最为基本且重要的事情。厘清两者的差异是必要的,不仅是在精神分析训练的兴趣方面,也是因为它有助于开启精神分析师之间丰富的讨论;从而对早期婴儿阶段的基本问题获得更多而广泛的认识。

假设在客体关系发生之前有一个阶段,并且延续了几个月,这种假设意味着:

除了依附在婴儿自己身体上的力比多之外,那些冲动、幻想的焦虑以及防御,要么不存在于婴儿身上,要么没有联系于一个客体。也就是说,它们是凭空运作的。对儿童的分析让我了解到:每一种本能冲动、焦虑情境、心智过程都牵涉到(外部或内部的)客体。换句话说,客体关系是情绪生活最核心的部分;而且爱恨、幻想、焦虑与防御,也是在生命一开始就展开运作,并和客体关系密不可分地联结在一起的。这个洞察使我对许多现象有了新的了解。

现在我要提出本文的结论:我主张移情起源于上述的过程;该过程在最早的阶段中决定着客体关系。因此,我们必须在分析中一再摆荡在所爱的与所嫉恨的、外部与内部的客体之间;这种摆荡主导着早期的婴儿阶段。只有当我们探索早年爱与恨的相互作用、攻击性的恶性循环、焦虑罪恶感以及这些冲突情绪与焦虑所朝向的客体的不同层面,我们才能够完全认识正向与负向移情之间的互相关联性。另一方面,透过对这些早年过程的探索,我确信,对于负向移情的分析是分析深层心理的一个前提条件。这一点过去在精神分析的技术中得到相对较少的关注[1]。正如我多年来坚持认为的那样,对于正

---

[1] 这主要是由于低估了攻击的重要性。

向移情与负向移情及其相互关联性的分析，对于各类病人（比如说儿童和成人）的治疗而言都是一个不可或缺的原则。在我从1927年以后所写的大部分著作中，我已经对这个观点提出了具体的论证。

这种方法，在过去使得儿童精神分析成为可能，而在近几年，它在分析精神分裂患者方面也被证实是极其富有成效的。1920年以前，人们一般都认为精神分裂症患者无法形成移情，因而无法接受精神分析；自那以后，人们开始尝试使用各种技术对精神分裂症患者进行精神分析。然而，在这方面最根本的观点的改变则是在最近才发生的，而且是和分析师们对于在婴儿早期运作的机制、焦虑与防御有了更多的认识密切相关的。由于我们已经发现了一些从应对爱恨的原初客体关系中发展出来的防御，精神分裂症患者具有能力发展出正向与负向移情的事实已经得到了充分的理解。如果我们一致地将以下原则应用到精神分裂症患者的治疗[1]，即分析负向移情与分析正向移情有着同样的必要，而且事实上，若是欠缺其中任一要素，将造成另外一项无法被分析，那么这个发现就可以被确认。

以回顾的角度来看，这些在技术层面的显著进展，可以在弗洛伊德基于生本能与死本能的发现而提出的精神分析理论中找到支持的论点，他的发现基本上增加了我们对于矛盾情感起源的理解。因为生本能、死本能以及相应的爱与恨，在根本上有着最紧密的相互作用，所以负向移情与正向移情基本上是互相联结在一起的。

对早期客体关系及其所隐含过程的了解，在根本上从各种角度影响了技术。我们早就已经知道，在移情情境中的精神分析师，可能代表了母亲、父亲或是其他人；在病人的心里，有时候分析师也扮演了超我的角色，而在其他时候则是本我或自我的角色。我们目前

---

[1] 这个技术是由汉娜·西格尔（Hanna Segal）的文章《精神分裂症分析的某些方面》（1950）与赫尔伯特·罗森费尔德（H. Rosenfield）的文章《关于急性精神分裂症患者之超我冲突的精神分析评论》（1952a）与《一例急性紧张性精神分裂症患者身上的移情现象与移情分析》（1932b）所说明的。

的知识，使我们能够看穿病人给分析师分配的各种角色的特殊细节。事实上，在小婴儿的生活里存在着极少的人，但是他却将他们感觉成众多的客体，因为他看到的是人的各种不同层面。因此，分析师可能有时候代表了自体、超我的一部分，或是其他某个内化的人物形象。同样地，如果我们只是认识到分析师代表了实际的父亲或是母亲，这样的帮助并不大，除非我们理解到父母的哪个层面受到了唤醒。父母在病人心中的形象，经过了婴儿期的许多投射与理想化过程之后，已经有各种程度的扭曲；并且经常保留了诸多婴儿期的幻想本质。整体而言，在小婴儿心里每一个外部经验都是与他的幻想交织在一起的；而且从另一方面来说，每一个幻想也都包含着一些真实经验的元素。只有透过对移情情境做深入的分析，我们才能够发现关于过去的真实与幻想层面。也是这些最早期婴儿期摆荡的根源解释了它们在移情中的强度，以及在父亲与母亲之间、在全能的客体与危险的迫害者之间、在内部与外部形象之间的快速变化。这些变化有时候甚至出现在单次治疗时段中。有时候分析师看起来同时代表了双亲。在这种情形下，通常以联合起来的敌视态度对付病人。此时负向移情获得了极为强烈的程度。在移情情境中被激活或是表现出来的是病人将父母幻想为一个形象的混合，即我在别处描述过的"结合父母形象"[1]。这是在俄狄浦斯情结最早期阶段中幻想形成的特征之一；而这一点若是继续保持其强度，就会危害客体关系与性欲的发展。"结合父母"这个幻想，从早期情绪生活的另外一个元素（也就是伴随着口腔欲望受挫而来的强烈羡慕）汲取其能量。透过对这些早期情境的分析，我们发现了在婴儿的心中，当他因为一些内部的原因而不满足并受到挫折时，他的挫折感就伴随着这样的感觉：另一个客体（不久将以父亲为代表）从母亲那里接受了他所渴望而在当时被拒绝的满足与爱。以下幻想的根源就在于此：双亲结合于具有

---

[1] 参见：《儿童精神分析》，特别是第八章与第十一章。

口腔、肛门与性器性质的一种永无止境的相互满足；而且，在我看来，这就是羡慕与嫉妒情境的原型。

关于移情的分析，还有另外一个层面需要一提，我们习惯于说移情情境，但是我们是否总是记得这个概念的基本重要性？我的经验是：在揭开移情的细节时，最基本的是要思考关于从过去转移到当下的整体情境；而不只是情绪、防御与客体关系。

许多年以来——这一点在今天来说仍然如此——移情都是根据病人材料中对分析师的直接指涉来理解的。我的移情概念则是更加宽广的：移情根源于早期的发展阶段与无意识的深层。这个概念需要具备一种技术，借由这个技术从所有呈现的资料中，将移情的无意识元素演绎出来，找到其脉络。例如病人关于日常生活、关系、活动的报告，不只提供了对其自我功能的洞视，也显露了其防御。这些防御应对的是在移情情境中激起的焦虑，因为病人必定会运用他过去所使用的相同方法来处理在分析师身上再次体验到的冲突与焦虑。比如，他撤开分析师，就如同他过去企图撤开他的原初客体一样；他试图分裂与分析师的关系，让分析师保持为一个全好或全坏的形象；他将某些对分析师的感觉与态度，转向到他当前生活中的其他人身上；而这是"付诸行动"的一部分[1]。

我在本篇论文中主要讨论了最早期的经验情境与情绪，它们都是移情的来源。然而，在这些基础上，建立了日后的客体关系以及情绪与智力的发展。这些需要分析师加以注意的必要性，丝毫不亚于最早期阶段的各种表现。也就是说，我们探究的领域，涵盖了存在于目前的情境与最早期经验之间的所有资料。事实上，除非借由检验最早期的情绪与客体关系在日后发展中所呈现的各种变迁产物，否则不可能找到逼近早期经验的路径。只有借由一再将日后的经验

---

[1] 病人有时可能会试图从现在逃离到过去中，而不会认识到他的情绪、焦虑与幻想在当时都处于全力的运作并被投射到分析师身上。而在其他时候，如我们所知，防御主要针对的是重新体验到过去与原初客体的关系。

联结到早期经验，并始终如一地探索它们之间的相互作用，才能够将当下与过去在病人的心中结合起来。这是整合过程的一个层面，随着分析的进展，整合涵盖了病人心智生活的全部。当焦虑与罪恶感减少且爱与恨能够有比较好的综合，分裂的过程（应对焦虑的一种基本防御）与压抑便减弱了。此时自我增长了力量并获得了凝聚力，介于理想化客体与迫害客体之间的裂痕减少，客体的幻想层面也减弱了。这些都意味着无意识的幻想生活——与心智的无意识部分的区分较不清楚——可以被更好地运用在自我的活动上，广泛地丰富了人格。我在这里触及了移情与早期客体关系之间的差异性——将其比较于它们之间的相似性——这些差异性可以衡量分析程序的治疗效果。

我在上文中提出：引起强迫性重复的许多因素之一，是早期焦虑情境作用之下所产生的压力。当迫害焦虑与抑郁焦虑以及罪恶感减少的时候，要一再重复根本经验的迫切性也减弱了，于是早期的模式与感觉的表现方式，以比较不顽固的方式保存了下来。会发生这些根本的改变，是借由坚持不懈的移情分析，它们与早期客体关系的深度修改有着密不可分的关系。这些改变不仅反映在对分析师的态度的改变中，而且也反映在病人目前的生活中。

第五章　自我与本我在发展上的相互影响

（1952）

在《可结束的与不可结束的分析》中，包含着弗洛伊德关于自我的最后结论，他提出了"自我原初的、天生的区分性特征的存在与重要性"。多年来我保持着这个观点，并且在我的《儿童精神分析》（1932）一书中提到"自我在生命一开始就运作了，而其最早的活动包括应对焦虑的防御，以及使用投射与内摄的过程"。在该书中，我也提出自我最初忍受焦虑的能力，取决于其先天的力量；也就是说取决于一些体质性的因素。我还反复地表达过这样一种观点，即自我从与外部世界的第一次接触开始就建立起了客体关系。最近，我又将朝向整合的冲动界定为自我的另一个原初功能[1]。

我现在要来探讨本能——特别是生本能与死本能之间的挣扎——在自我的这些功能中所扮演的角色。在弗洛伊德的关于生本能与死本能的概念中固有一种思想，即本我是本能的储藏库，且从一开始就运作着。我完全同意这种观念，不过我和弗洛伊德的不同之处在于，我提出假设认为焦虑的首要原因在于对灭绝（死亡）的恐惧，它们源自死本能的内部运作。此外，生本能与死本能之间的挣扎，源自本我的同时也涉及了自我。最初对于被灭绝的恐惧迫使自我采取行动，产生了最初的防御；而这些自我活动的最终来源则在于生本能的运作。自我朝向整合与组织化的冲动清楚地揭示了它是源于生本能的。如弗洛伊德所言："爱欲的主要目的是统合与联结"[2]。另外，与朝向整合的冲

---

[1] 《关于某些分裂机制的注释》（1946）。

[2] 《自我与本我》（1923），S.E.19，p.45。

动相对抗且与其交替运作的分裂过程，以及内摄和投射都代表了某些最根本的早期机制。这些都在生本能的刺激推动下，从一开始就被迫成为防御的作用。

在此需要思考来自本能冲动对原初自我功能的另一个贡献。与我关于婴儿早期的概念相一致的是，用苏珊·伊萨克斯的话说，根源于本能的幻想活动是其在心理上的必然结果。我认为，与本能一样，幻想从一开始就运作了；而且这些幻想都是生本能与死本能活动的心理表现。幻想活动构成了内摄与投射机制的基础，这些机制让自我能够进行上述的一个基本功能，也就是建立客体关系。借由投射将力比多与攻击性转向外界，并将客体浸透于其中，婴儿的最初的客体关系就发生了。在我看来，正是这个过程构成了客体贯注的基础。由于内摄的过程，这个最初的客体同时被纳入自身当中，与外部和内部客体的关系从一开始就是相互作用的。这些我称为"内化的客体"中的第一个客体是一个部分客体，即母亲的乳房。从我的经验来看，即使是用奶瓶喂养婴儿，这一点仍然是成立的。乳房很快地被附加上其他的母性，成为一个内化的客体；强烈地影响着自我的发展。随着与完整客体的关系发展，父母以及其他家族成员被内摄为好人或坏人，所依据的是婴儿不断变化的感觉、幻想以及经验；于是充满好与坏客体的世界于内部被建立起来。这个内部世界不仅是内部富足与稳定的资源，也是内部迫害的来源。在最早的三至四个月期间，迫害焦虑盛行并对自我施压，严厉地考验自我承受焦虑的能力。这种迫害焦虑有时候会弱化自我，有时候则具有推动自我朝向整合与智力成长的效果。在四到六个月之间，婴儿需要保存所爱的内部客体，而这个需要受到他自己的攻击冲动所威胁；再加上随之而来的抑郁、焦虑与罪恶感再次地对自我造成加倍的影响；它们可能具有征服自我的威胁，也可能激发自我朝向修复与升华。借由这些（我只能在此稍加提示）各种不同方式，自我同时受到了其与内部客体关系的攻击与滋养[1]。

---

[1] 关于这些早期过程的最新报告包含在我的多篇论文中。

以婴儿内部世界为中心的幻想所具有的特殊系统，对于自我的发展来说是无比重要的。小婴儿感觉到活生生的内化客体，这些不同的结果是依据婴儿的情绪与经验而定的，当婴儿感觉到他含有好的客体时，他体验到信任、自信以及安全；当他感觉到含有坏的客体时，他体验到迫害与怀疑。婴儿与内部客体的关系好坏，和他与外部客体的关系是同步发展的，并且对后者的走向有永久性的影响。而另一方面，作为婴儿日常生活的一部分，与内部客体的关系从一开始就受到挫折与满足的影响。于是，在内部客体世界（是以一种幻想的方式来反映获取于外界的印象）与外部世界（必然受到投射的影响）之间有着一种持续的相互作用。

就像我经常描述的那样，一些内化的客体也构成了超我的核心[1]。超我是在童年期头一年中持续发展起来的；而且按照经典精神分析理论，这种发展在超我作为俄狄浦斯情结的继承人而形成的阶段上达到了顶峰。

由于自我、超我的发展与内摄、投射的过程是息息相关的；它们从一开始就是密不可分的；而且由于它们的发展强烈地受到本能冲动的影响，自从生命开始起，心智的三个区域就是紧密相互作用的。我认识到在此谈及心智的三个区域并不符合本文想要讨论的主题，但是关于婴儿早期的观念使我能够专门思考自我与本我的相互影响。

因为生本能与死本能之间持续不断的相互作用，以及源自两者对立（融合与去融合）的冲突主导了心智生活；所以一些相互作用的事件、一些波动的情绪与焦虑在无意识中是不断改变的、流动着的。我曾试图提供一个关于多种过程的指标，焦点放在内部客体与外部客体的关系上，这种关系从最早的阶段开始就存在于无意识中。我

---

[1] 问题在于：在什么程度上以及在什么条件下，被内化的客体形成了自我的部分，又有多少形成了超我的部分？我认为，这个问题引出了一些仍然模糊并等待进一步澄清的问题。宝拉·海曼（1952）在这个方向上提出过一些主张。

现在要提出几点结论：

（1）我在此明确概括出来的假设代表了对于早期无意识过程的一个观点，它比弗洛伊德的心理结构概念所隐含的观点更为宽广。

（2）如果我们假设超我是从这些早期无意识过程中发展出来的，而这些无意识过程同时也塑造了自我、决定了自我的功能，让自我与外部世界的关系成形；那么我们需要对自我发展以及形成超我的基础再加以检视。

（3）因此，我的假设将造成重新评估超我与自我的本质与范围，以及组成自体心智各部分之间的关系。

作为结尾，我想要重述一个为人所熟知的事实——然而，我们对心智的洞察越深，我们就越是信服于这个事实：我们认知到无意识是一切心理过程的根源，决定了心理生活的全部；因此，只有通过深入而广泛地探索无意识，我们才能够分析全部的人格。

第六章 关于婴儿情绪生活的一些理论性结论 [1]

（1952）

我对于婴儿心理所做的研究，使我越来越多地察觉到那些在很大程度上同时运作于早期发展阶段的过程是极其复杂的。因此，在写作本章之时，我只试图阐明婴儿生命头一年中情绪生活的某些方面，而且特别强调焦虑防御与客体关系。

生命最初的三或四个月（偏执－分裂位置）[2]

一

在产后生活的一开始，婴儿就体验到了来自内部与外部来源的焦虑。多年来，我一直认为死本能的内部运作诱发了被灭绝的恐惧，而且这是迫害焦虑的首要原因。最早引发焦虑的外部来源是诞生的经验，弗洛伊德认为，这种经验为所有后来的焦虑情境提供了样板；

---

[1] 在我为本书（《精神分析的发展》——见关于"焦虑与罪恶感"的说明性评论）所进行的投稿中，我从我的朋友劳拉·布若克（Lola Brook）那里获得了有价值的协助。她仔细地看过我的手稿，并在资料的阐述与安排上做出了很多有帮助的建议。我非常感激她对我的作品有着持续不减的兴趣。

[2] 在《关于某些分裂机制的注释》中，对该主题有更详细的处理，我提及我是采用了费尔贝恩的术语"分裂"，并加上我自己的术语"偏执位置"。

而且必然影响着婴儿最初与外部世界的关系[1]。婴儿承受的痛苦与不适，以及失去子宫内状态的失落感，被他感觉为受到外部敌意势力的攻击，也就是被感觉为迫害[2]。于是，随着遭受剥夺，迫害焦虑从一开始就进入了婴儿与客体的关系。

在本书提出的几个基本概念之中，有一个重要的假设：婴儿最早关于哺乳和母亲在场的经验，开启了与母亲的客体关系[3]。因为口腔力比多与口腔破坏两种冲动从生命的一开始就被特别地导向了母亲的乳房，所以这种关系起初是一种跟部分客体的关系。我们假定在力比多冲动与攻击冲动之间始终存在着一种相互作用；尽管其比例是不断变化的，与此相应的是生本能与死本能之间的融合。可想而知，在免于饥饿与紧张的时候，力比多冲动与攻击冲动之间存在着最佳的平衡状态。只要因为被剥夺了内部或外部的资源而使攻击冲动增强的时候，这种平衡就会被扰乱。我认为，这种力比多与攻击之间状态的改变，导致了一种贪婪的情绪。这种情绪是最早且最重要的口腔特质。只要贪婪增加，就会强化挫折感以及随之而来的攻击冲动。因此，破坏冲动与力比多冲动相互作用的强度，为贪婪的强度提供了体质上的基础。不过，虽然在某些情况下迫害焦虑可能会增加贪婪；但是在其他情况下（如我在《儿童精神分析》一书中提出的那样），迫害焦虑也有可能导致最早的喂食抑制。

反复发生的满足体验与挫折体验强烈地刺激着力比多冲动与破坏冲动以及爱与恨的情感。结果当乳房满足婴儿时，它是被爱且被感觉为"好的"；而当它是挫折的来源时，则会被怨恨且被感觉到是

---

[1] 在《抑制、症状与焦虑》中，弗洛伊德声称："比起我们所相信的生产过程是一种令人印象深刻的割断，在子宫内生活与最早婴儿期之间却有着一种更多的连续性"（S. E. 20，第 138 页）。

[2] 我提出过生本能与死本能的对抗已经参与了出生的痛苦经验，而且还加强了由此种经验所唤起的迫害焦虑。参见：《焦虑与罪恶感的理论》。

[3] 梅兰妮·克莱因在此指涉的是伊萨克斯（1952）、海曼（1954）与她自己《论婴儿行为观察》，这篇文章发表在《精神分析的发展》一书中。

"坏的"。好乳房与坏乳房之间的这种强烈对比，主要是因为缺乏自我的整合；也是因为在自我以及与客体的关系中存在着分裂的过程所致。我们有理由假设，即使在生命最早的三到四个月当中，好客体与坏客体在婴儿心里并没有完全的区分。对他而言，母亲的乳房，在其好坏两个方面，似乎也与她身体的在场结为了一体；因而从最早的阶段开始，与母亲这个人的关系就逐渐建立了起来。

除了来自外部因素的满足体验与挫折体验之外，还有各种精神内部的过程（主要是内摄与投射），导致了婴儿与最初客体的双重关系。婴儿将爱的冲动投射出去，并将其归因于满足他的（好）乳房；就像他将破坏冲动向外投射，归因于挫折他的（坏）乳房一样。同时，借由内摄，好乳房与坏乳房在内部被建立了起来[1]。于是客体的形象，无论是外部的还是内化的，在婴儿心里都被其幻想所扭曲。这些幻想和他投射在客体上的冲动是息息相关的。（外部或内部的）好乳房成为一切有益的与令人满足的客体的原型，坏乳房则成为所有外部与内部破坏客体的原型。各种使婴儿感觉到满足的因素，诸如：饥饿的缓解、吮吸的快乐、免于紧张与不舒服（免于被剥夺），以及被爱的体验——所有这些都被归因于好乳房。相反地，所有挫折与不适则都被归因于（迫害性的）坏乳房。

首先我要描述婴儿与坏乳房的关系的类别。如果我们对存在于婴儿心中的形象加以考虑，就像我们在儿童与成人分析中回溯性地看到的那样：我们就会发现当婴儿处在挫折与怨恨的状态时，被怨恨的乳房就获得了婴儿自身冲动的口腔破坏品质；在他的种种破坏性幻想中，他啃咬、撕裂乳房，吞噬它、毁灭它，而且他感觉到乳房也会对他以牙还牙。当尿道以及肛门施虐冲动增强时，在婴儿的心中，他用

---

[1] 这些最初被内摄的客体构成了超我的核心。在我看来，超我开始于最早的内摄过程，并且是从好与坏的形象中建立起来的。这些形象在不同发展阶段上的爱与恨中被内化，并逐渐受到自我的同化与整合。参见：海曼（1952）。

有毒的尿液与爆炸性的粪便来攻击乳房；于是他也认为乳房对他而言是有毒的、会爆炸的。婴儿这些施虐幻想的细节决定了他对内部与外部迫害者的恐惧。其内容主要是对坏乳房进行报复[1]。

由于幻想中对客体的攻击，基本上是受到贪婪的影响；且因为投射之故，恐惧客体的贪婪成为迫害焦虑的基本元素之一：如同他渴望吞噬乳房，坏乳房也将以同样的方式吞噬他。

不过，甚至在最早的阶段，迫害焦虑也在某种程度上为婴儿与好乳房的关系所反制。我已经在上文中指出：虽然婴儿的感觉集中在与母亲（由乳房所代表）的哺乳关系上，母亲的其他层面也已经进入了这个最早的母婴关系中。因为即使是很小的婴儿，也会对母亲的笑容、双手、声音、拥抱与照顾有所反应。婴儿在这些情境下体验到的满足与爱，都有助于对抗迫害焦虑甚至对抗诞生经验所诱发的失落和迫害感。在哺乳期间，婴儿的身体紧挨着他的母亲（基本上是婴儿与好乳房的关系），这不断地帮助他克服了先前失落状态的渴望，缓解了他的迫害焦虑，并且增加了他对好客体的信任（见本章末注释一）。

二

小婴儿的情绪特征在于这些情绪具有一种极端强烈的性质。挫折他的（坏）客体被感觉为一个恐怖的迫害者，好乳房则倾向于变成"理想的"乳房。这个理想乳房会满足其贪婪的愿望——渴望无限制的、立即的、长久不辍的满足，于是产生了一种完美而永不枯竭的乳房的感觉；这个乳房永远存在、永远会满足他。另一个促使将好乳房理想化的因素，是婴儿迫害恐惧的强度，因为迫害恐惧会产生被

---

[1] 与内化客体（首先是部分客体）的攻击有关的焦虑，在我看来是疑病症的基础。我在我的《儿童精神分析》一书中提出过这一假设（第144页，第264页，第273页），也详述了我的这种观点：婴儿早期的焦虑在性质上是精神病性的，而且是日后发生精神病的基础。

保护的需要，以免受到迫害者的伤害；于是增加了全能满足客体的力量。理想化的乳房是迫害性乳房的必然结果；而且，由于理想化是来自一种被保护的需要，以免受到迫害客体的伤害；因此理想化是一种对抗焦虑的防御方法。

幻觉性满足的例子，也许可以帮助我们了解理想化过程发生的方式。在此状态下，来自各种来源的挫折与焦虑被处理掉；失去的外部乳房被重新取得，再次激活了于内部拥有理想乳房（占有它）的感觉。我们也可以假定，婴儿在幻觉中产生的是对产前状态的渴望，因为幻觉中的乳房是永无枯竭的，他的贪婪也就在当下被满足了（但是，迟早饥饿感会再次将婴儿带回外部世界，于是，他会再次体验到挫折及其激发的所有情绪）。在满足愿望的幻觉中，形成了许多基本的机制与防御，其中之一就是对内部、外部客体的全能控制；因为自我以为它可以完全拥有外部及内部的乳房。此外，在幻觉当中，迫害性乳房和理想的乳房被远远地区隔开；受挫折的经验与被满足的经验也是一样地分开。这样一种分裂（相当于将客体与对它的感觉分裂）似乎与否认的过程有关，否认的最极端形式（我们在幻觉性满足所见的）相当于消灭了任何挫折的客体或是情境，因而与来自生命早期阶段强烈的全能感是密切相关的。如此一来，被挫折的情境、令其挫折的客体、挫折所带来的坏感觉（以及裂解的客体碎片）都被感觉为不存在，已经被消灭。婴儿借由这些方式获得了满足，并从迫害焦虑中释放出来。消灭迫害性客体以及迫害的情境，与全能地控制客体的极端形式是息息相关的。我主张，在某种程度上，这些过程也运作于理想化的过程中。

看起来早期的自我在愿望满足的幻觉以外的状态，也会运用灭绝的机制来消灭客体与情境分裂的某个方面。例如在迫害的幻觉中，客体与情境的令人恐怖的方面似乎占优势到了某种程度，以至于好的方面在感觉上已被完全摧毁——这个过程我无法在此进行讨论。自我将两个方面分开的程度，似乎是随着不同的状态而变化的；被否定的方面是否在感觉上完全不存在就有赖于此。

迫害焦虑从根本上影响着这些过程，我们可以假设当迫害焦虑减弱时，分裂的运作比较不活跃；自我因此能够整合自己，并在某种程度上将那些朝向客体的感觉综合起来。很可能任何一个重要的整合步骤，只有在对客体之爱超越了破坏冲动（这在根本上是生本能对死本能的超越）的那一刻，才有可能发生。我认为，自我整合自己的倾向可以被看作生本能的一种表现。

将朝向同一客体（乳房）的爱的情感与破坏冲动综合起来，就引起了抑郁焦虑、罪恶感以及想要修复遭受伤害的所爱客体（好乳房）的冲动。这意味着矛盾情感有时候是在与部分客体——母亲的乳房[1]——的关系中被体验到的。在生命的最初几个月当中，这种整合状态是转瞬即逝的。在此阶段自我达到整合的能力仍旧是很有限的；而和这困难有关的原因，是迫害焦虑以及分裂过程的强度（它们正处于最活跃的高峰期）。似乎随着发展的进行，综合的经验以及随着综合而发生的抑郁焦虑经验，变得更加频繁且持久，这些都构成了整合增长的一部分。随着整合与综合朝向客体的对立情绪的进展，借由力比多来缓和破坏的冲动成为可能[2]，导致焦虑真正减少。这是正常发展的根本条件。

如我过去所提出的，分裂的过程中力度、频率及持续时间方面，具有很大的变异性，不只是在个体之间有差异；在同一个婴儿身上的不同时间也有差异存在。

早期情绪生活的复杂性部分地在于多种过程快速地更替，或甚至近乎同时运作。例如，当婴儿将乳房分裂为被爱的与被恨的（好的

---

[1] 在我的文章《对躁狂抑郁位置的心理发生学之贡献》（克莱因文集，第一卷）中，我曾提出矛盾情感首先是在抑郁位置期间与完整客体的关系中被体验到的。与我关于抑郁焦虑开始的观点修改相一致（参见：《关于焦虑与罪恶感的理论》），现在我认为矛盾情感同样是已经被体验在与部分客体的关系中的。

[2] 介于力比多与攻击之间的这种相互作用的形式，可能对应着两种本能之间融合的一种特殊状态。

与坏的）两个方面时，同时存在着一种不同性质的分裂，它们共同引起了"自我及其客体处于四分五裂的状态"的感觉[1]。这些过程构成了崩解状态的基础，如我在上文指出，这些状态与其他过程交替进行着，某种程度的自我整合与客体综合在其中逐渐发生了。

这些早期的分裂方法，从根本上影响着在日后发展阶段中实行压抑的方式，而这又反过来决定了意识与无意识之间相互作用的程度。换句话说，心智各部分之间保持"通透性"的程度，主要是由早期分裂机制的强弱来决定的[2]。一些外部因素在生命初期即扮演了重要的角色，因为我们有理由假设，任何引起迫害恐惧的刺激都会增强分裂机制（也就是自我"分裂自体和客体"的倾向）；然而每一个好的经验则会强化对好客体的信任感，并且促成自我的整合以及客体的综合。

三

弗洛伊德的某些结论暗示了自我是通过内摄客体而发展出来的。关于最初期的阶段，好乳房在满足与快乐的情境中被内摄了；从而在我看来成了自我的重要部分，并且强化了它整合的能力。因为这个内部的好乳房强化了婴儿爱与信任其客体的能力，也形成了早期超我有益的及温和的方面，更加刺激自我内摄好的客体与情境；因此是对抗焦虑的安抚的基本来源，它成为内部生本能的代表。不过，只有当好客体未被感觉受损害时，才能够具备这些功能。它主要是和满足与爱的情感一起被内化的。这些感觉的前提是借由吮吸所获得的满足，大

---

[1] 参见：《关于某些分裂机制的注释》。
[2] 我发现对分裂型的病人而言，他们婴儿期的分裂机制的强度从根本上说明了他们接近无意识的困难。在这些病人身上，朝向综合过程受到这样一个事实的阻碍，即在焦虑的压力之下，它们变得一次又一次地无法保持自体各部分的联系，尽管这些联系在分析过程中有所强化。在抑郁型的病人身上，无意识与意识的分裂较不显著，因此这些病人更有洞见的能力。在我看来，他们更成功地克服了其婴儿早期的分裂机制。

致未曾受到外部或内部因素的干扰。内部干扰的主要来源是过度的攻击冲动，提高了贪婪并且减弱了承受挫折的能力。换句话说，当两种本能融合的时候，生本能超越了死本能；而且相对应的是力比多超越了攻击，好乳房能够在婴儿心中更安全地被建立起来。

不过，婴儿的口腔施虐欲望（从出生开始就是活跃的，而且很容易被外部与内部来源的挫折所激发）无可避免会一再地引发一种感觉——乳房因为他贪婪吞噬的攻击而被摧毁，而且在他体内成为碎片。内摄的这两种层面是同时并存的。

在婴儿与乳房的关系中，主导的是挫折还是满足的感觉，无可置疑地主要是受到外部环境的影响；但是也要考虑从一开始就影响着自我强度的体质因素[1]。之前我曾提出自我承受压力与焦虑的能力，也就是在某种程度上忍受挫折的能力，是一个体质上的因素。这个与生俱来对焦虑的较大忍受能力，似乎在根本上取决于力比多冲动在攻击冲动之上的优势；也就是说，取决于生本能从一开始在两种本能的融合中所扮演的角色。

我假设在吮吸功能中表现出来的口腔力比多，使婴儿能够将乳房（及乳头）作为一个相对没有被破坏的客体来内摄；我还假设破坏冲动在早期阶段中是最为强大的。我的这两个假设并不是背道而驰的。影响两种本能融合与去融合的因素仍是隐晦不明的；但是有一点毋庸置疑的是，在和第一个客体（乳房）的关系中，自我有时能够借由分裂的办法将力比多与攻击分开[2]。

---

[1] 参见：《儿童精神分析》第三章，第 49 页注释。

[2] 在我（在此和先前著作中提出）的论点中，隐含着这样一层意思：我不同意亚伯拉罕关于一种前矛盾情感阶段（pre-ambivalent stage）的概念，因为它意味着破坏(口腔施虐)冲动最初出现于开始长牙的时候。但是，我们必须记住，亚伯拉罕也曾指出过"吸血鬼似"吮吸中所固有的施虐性。毫无疑问，开始长牙与影响牙龈的生理过程，对于食人冲动与幻想而言是一个强烈的刺激。但是攻击构成了婴儿最早与乳房关系的部分，尽管在此阶段它通常不是以"咬"来表达的。

第六章 关于婴儿情绪生活的一些理论性结论

我现在要转向投射在迫害焦虑的变迁中所扮演的角色。我在其他地方[1]曾描述过吞噬与掏空母亲乳房的口腔施虐冲动，是如何被纳入吞噬与掏空母亲身体的幻想中的。来自所有其他来源的施虐攻击很快地和这些口腔攻击发生关联，于是发展出施虐幻想的两条主线，其中一种形式主要是与贪恋相联系的口腔施虐，想要掏空母亲身体中的一切好的和值得欲望的东西；幻想攻击的另一种形式主要是肛门性的，想要用从自体中分裂出来并投射到母亲身上的那些坏的东西和部分来填满母亲的身体。这些主要以排泄物为代表，此时排泄物成为破坏、摧毁以及控制被攻击的客体的工具；或者是整个自体（被感觉为"坏的"自体）进入母亲的身体并控制它。在这些不同的幻想中，自体借由对外部客体（首先是母亲）的投射而获取、占有它，并把它变成自体的延伸，客体在某种程度上成为自我的一个代表。在我看来这些过程是借由投射的认同或者"投射性认同"的基础[2]。借由内摄的认同与借由投射的认同是互补的过程。这个导致投射性认同的过程，似乎在与乳房的最早关系中就已经运作了。"吸血鬼般"的吮吸以及将乳房掏空，在婴儿的幻想中发展成企图进入乳房并进一步进入母亲的身体。于是，投射性认同会和对乳房进行的贪婪的口腔施虐性内摄同时开始，这个假设与笔者经常表达的观点是一致的，即内摄与投射从生命的一开始就是相互作用的。将一个迫害客体内摄，如我们所见，在某种程度上是由破坏冲动在客体上的投射来决定的。想要将坏东西投射、排除出去的冲动，由于对内部迫害者的恐惧而升高。当投射为迫害恐惧所主导时，坏东西（坏自体）被投射在其上的客体就变成了最佳的迫害者，因为它被赋予了主体所有的坏品质。对这个客体的重新内摄急剧地增强了对内部与外部迫害者的恐惧（死本能或依附对于它的危险，再次被转到内部）。于是，联系于内部与外部世界的迫害恐惧之间存在着一种持续的相互作用，

---

[1] 参见：《儿童精神分析》，第128页。
[2] 《关于某些分裂机制的注释》。

在这种相互作用中，投射性认同所涉及的过程扮演着一个极其重要的角色。

我认为，爱的情感的投射——构成了力比多依附于客体过程的基础——是找到一个好客体的前提条件。好客体的内摄刺激了好感觉向外的投射，而这通过再内摄又反过来强化了占有内部好客体的感觉。好的自体部分的投射或整个好自体的投射，与坏自体在客体和外部世界上的投射是相互呼应的。对好客体与好自体的再内摄从而减少了迫害焦虑。于是，与内部和外部世界的关系同时获得了改善，而且自我在强度和整合上也都获得了提升。

正如我在先前章节中提出的那样，整合方面的进展取决于爱的冲动对破坏冲动的暂时主导地位。这种进展导致了一些暂时的状态，自我在这些状态中综合了朝向一个客体（首先是母亲的乳房）的爱的情感与破坏冲动。这个综合过程开启了发展中的一些更加重要的步骤（这些可能都是同时发生的）：即抑郁焦虑与罪恶感的痛苦情绪发生；攻击为力比多有所减轻；迫害焦虑因此而减弱；与岌岌可危的内部和外部客体之命运有关的焦虑，导致了对此客体更强的认同，自我因此努力进行修复；并且对在感觉上会危及所爱客体的攻击冲动进行抑制[1]。

随着自我整合的增长，抑郁焦虑的体验在发生频率和持续时间上都增加了。同时，由于知觉范围的增加，在婴儿心里将母亲作为一个完整且独一无二的人的概念，从与母亲身体的部分以及母亲人格的各个层面（例如：她的气味、触摸、声音、微笑、脚步声，等等）

---

[1] 亚伯拉罕提到本能抑制，首先出现于"——带有一种同类相食的性目的的自恋阶段"（《力比多发展简论》第496页）。因为对攻击冲动和贪婪的抑制都倾向于涉及力比多欲望，所以抑郁焦虑就变成了进食困难的原因。这些困难发生在婴儿几个月大时，并在断奶时有所增强。至于最早的喂养困难，对某些婴儿而言这些困难从生命的最初几天便出现了，在我看来，它们是由迫害焦虑所导致的。（参见：《儿童精神分析》，第156—157页）

的关系中发展了出来。抑郁焦虑与罪恶感逐渐聚焦在作为一个人的母亲身上；而且强度也有所增加，抑郁位置由此便凸显出来。

四

到目前为止，我已经描述了在生命最初三到四个月期间心理生活的某些方面（但是，应当谨记的是，因为存在着巨大的个体差异，对于这些发展阶段的持续时间我们只能给出一个粗略的估计）。如我所报告的，在对此阶段的描绘中，某些特征是具有明显代表性的：偏执－分裂位置居于主导地位，内摄与投射（以及再内摄与再投射）过程之间的相互作用决定了自我的发展；与所爱及所恨的（好的与坏的）乳房的关系，就是婴儿最早的客体关系；此时破坏冲动与迫害焦虑正是最强烈的时候，对无限制满足的欲望以及迫害焦虑，促使婴儿感觉到理想的乳房与吃人的乳房是同时存在的，而这两者原本在婴儿心里是被远远地区隔开的，母亲乳房的这两个方面被内摄，并且构成了超我的核心。在此阶段起主导作用的是分裂、全能、理想化、否认以及对内外客体的控制，这些最初的防御方法具有一种极端的特性，以配合早期情绪的强度与自我承受急性焦虑的有限能力。虽然在某些方面，这些防御阻碍了整合的进程，但是它们对于自我的整体发展而言是非常基本的，因为它们一再地缓解了小婴儿的焦虑；这种相对短暂的安全感，主要是借由将迫害客体与好客体区分开来所达到的。心中存有好的（理想的）客体，使自我经常保持强烈的爱与满足的感觉，好客体也提供了保护以对抗迫害的客体，因为好客体在感觉上取代了迫害客体（正如愿望满足的幻觉说明的那样）。我想这些过程导致了一个可以观察到的事实，小婴儿如此快速地在完全满足的状态与巨大痛苦的状态之间转变着。在这个早期阶段，自我容许朝向母亲的对立情绪以及母亲相应的两个方面结合在一起，并借此来处理焦虑；但这种能力仍然是非常有限的。这意味着对好客体的信任缓和了对坏客体的恐惧，并且抑郁焦虑也只出现于一些转瞬即逝的经验当中。从崩解与整合的交替过程中，逐渐发展出来一个比较整合的自我，它具有更好的能力来处理迫害焦虑。婴儿与母亲身体局部的关系，尤其是与母亲乳房的关系，逐渐转变为与母亲这个人的关系。

这些存在于最早婴儿阶段的过程，可以放在下列几个标题之下加以思考：

(1) 自我具有一些凝聚与整合的雏形，会逐渐朝向该方向进展。自我在个体诞生后即开始展现某些基本的功能，它将分裂过程以及对本能欲望的抑制用于应对自我从诞生即开始体验到的迫害焦虑的防御。

(2) 由力比多与攻击、爱与恨形成的客体关系，受到两方面的渗透：一方面是迫害焦虑；另一方面是迫害焦虑的必然结果——来自将客体理想化的全能的安抚。

(3) 内摄、投射与婴儿的幻想生活及其所有情绪是密切相关的，它们运作的结果是形成内化的好客体与坏客体，这些客体开启了超我的发展。

由于自我越来越能够承受焦虑，防御的方法也随之相应地改变。现实感的与日俱增，以及满足、兴趣与客体关系的范围不断拓宽，是这种改变的原因之一。破坏冲动与迫害焦虑在强度上有所减弱，抑郁焦虑的力量增强并在此阶段达到顶峰，我将在下一章节对此进行描述。

婴儿期的抑郁位置

一

第一年的四到六个月之间，婴儿智力与情绪发展中的某些变化变得显著起来。他与外部世界、与他人及事物的关系越来越分化；他的满足与兴趣的范围得以拓宽，而且他表达自己情绪以及与他人沟通的能力有所提高。这些可以被观察到的改变都是自我逐渐发展的佐证。整合、意识、智力、与外部世界的关系以及自我的一些其他功能都在持续稳定地发展。同时婴儿的性组织也在进展，虽然口腔冲动与欲望仍然居于主导地位；但是尿道、肛门与性器倾向在强度上都有所增强。于是力比多及攻击性的许多不同来源汇聚在一起，为婴儿的情绪生活赋予了独特的风貌，并且使各种新的焦虑情境凸显出来，幻想的范围也在不断拓宽，它们变得更加精细且更为分化，而在防御的性质上也相应地发生了一些重要的改变。

所有的这些发展都反映在婴儿与母亲的关系中（在某种程度上也反映在与父亲及他人的关系中）。他与母亲这个人的关系（这一关系是在乳房仍是主要客体时逐渐发展出来的）被更加充分地建立了起来；而且，当婴儿能够将母亲作为一个人（或者换句话说，作为一个"完整的客体"）来知觉与内摄的时候，他与母亲的认同在强度上也有所增加。

即使某种程度的整合是自我有能力将母亲与父亲整个人内摄的前提；但是在整合与综合这条路线上进一步的发展，是抑郁位置出现时才开始的。客体的不同层面（所爱的与所恨的、好的与坏的）更加紧密地联系在一起，而且现在这些客体都是完整的人。综合的过程在内、外客体关系的整个领域上运作。它们一方面构成了内化客体（早期超我）的对立方面，另一方面构成了外部客体的对立方面；但是自我也同样受到驱使去减少外部世界与内部世界之间的不一致，或更确切地说，是外部形象与内部形象之间的不一致。与这些综合过程一起，自我的整合也获得了进一步的发展，结果是自我的裂解部分之间取得了更大的凝聚。这些整合与综合的过程导致了爱恨之间的冲突达到顶点，随之而来的抑郁焦虑和罪恶感不仅发生了量变，而且还发生了质变。矛盾情感现在则主要被体验为是朝向一个完整客体的。爱与恨更加紧密地走到了一起，而且"好"乳房与"坏"乳房、"好"母亲与"坏"母亲也无法再像早期阶段那样远远分离开来。虽然破坏冲动的力量减弱了，但是这些冲动在感觉上对于他所爱的客体（现在被感知为一个人）仍然具有很大的危险。贪婪以及应对它的防御在此阶段中扮演着一个重要的角色，因为害怕无可挽回地失去他所爱的那个不可缺少客体，这样的焦虑往往导致贪婪的增加。然而，贪婪在感觉上是无法控制且具破坏性的，会危害他所爱的外部与内部客体。因此，自我越来越多地对本能欲望进行抑制，这样一来可能会导致婴儿在享受与接受食物时的严重困难[1]，以及日后在建立感情与性爱关系时的严重压抑。

　　上述之整合与综合的步骤导致了更好的自我功能，可以面对越来越严酷的精神现实。内化的母亲在感觉上是受伤的、受苦的、处在被灭绝或是已经被灭绝且永远丧失的危险之中；而与内化的母亲有关的焦虑，就导致了对于受伤客体的更强认同。这种认同同时增强了进行修复的冲动与自我抑制攻击冲动的企图。自我也一再地使用躁狂防御。正如我们已经看到的那样，否认、理想化、分裂与控制内外客体等防御方式都被自我用来对抗迫害焦虑。这些全能的方法，在某种程度上被维持在抑郁位置发生的时候；但是它们现在则主

---

[1] 这些困难经常可以在婴儿身上被观察到，特别是在断奶时（在从乳房喂养转变成奶瓶喂养时，或者是在新的食物被添加到奶瓶喂养时，等等），它们可以被看作一种抑郁症状，这在抑郁位置的症状学中是众所周知的。这一点在《论婴儿行为观察》一文中有详细的处理。

要被用来对抗抑郁焦虑。与整合与综合的步调相一致，这些防御也同样经历了一些改变，也就是说它们变得不那么极端，而且更加符合自我在面对精神现实时发展出来的能力。由于这一形式与目标的改变，这些早期的防御方法现在就构成了躁狂防御。

面对着如此众多的焦虑情境，自我会倾向于否认它们；而当焦虑达到最高时，自我甚至会完全否认它爱这个客体的事实，结果可能导致一种持续的令人窒息的爱以及背离那些原初的客体且迫害焦虑增加，即退行到偏执-分裂位置[1]。

自我控制内部与外部客体的各种尝试（该方法在偏执-分裂位置中主要被用来应付迫害焦虑）也经历了一些变化。当抑郁焦虑占据优势时，对客体与冲动的控制主要被自我用来防止挫折、避免攻击以及随之而来的对所爱客体的危险——也就是说，用来抵抗抑郁焦虑。

在对分裂客体与自体的使用上也有所不同；虽然先前所用的分裂方法仍然在某种程度上持续着，自我现在则将完整的客体分为未受伤的活客体以及受伤危殆的客体（也许是垂死或死掉的客体）；因而分裂主要成为应付抑郁焦虑的防御。

同时，自我发展的若干重要进展发生了。这不仅使得自我能够演化出更适当的防御来应付焦虑；而且最终导致了焦虑真正的降低。面对精神现实的持续经验（隐含于抑郁位置的修通当中）提高了婴儿对于外部世界的了解。因此，其父母的形象——起初被扭曲为理想化与恐怖化形象——也逐渐更接近现实。

如同本章先前所讨论的，当婴儿内摄了比较令他安心的外部现实，他的内部世界也会得到改善；而这经由投射又反过来有益于其外部世界的图景。因此，由于婴儿一再地重新内摄更趋现实且令他安

---

[1] 这一早期的退行可能导致早期发展的一些严重紊乱，例如，心理缺陷（《关于某些分裂机制的注释》）；它会成为某种形式的精神分裂症的基础。无法修通婴儿期抑郁位置的另一个可能的结果就是躁狂抑郁症，或者是随之而来的严重神经症。因此，我认为婴儿期的抑郁位置在第一年的发展中具有核心的重要性。

心的外部世界,并在某种程度上也在自己内部建立了完整与未受伤的客体;超我的组织方面也逐渐地发生了一些根本性的发展。不过,当内部的好客体与坏客体更加紧密地走在一起时("坏"的方面被"好"的方面所缓和),自我和超我之间的关系就发生了改变,也就是说,发生了自我对超我循序渐进的同化(见本章末注释二)。

在此阶段,修复受伤客体的冲动开始充分运作。这种倾向,如我们先前看到的那样,与罪恶感是密不可分的。当婴儿感觉到他的破坏冲动与幻想指向的是他所爱客体的整个人时,便引发了强烈的罪恶感,并伴随着想将受伤的所爱客体修复、保存或唤醒的迫切冲动。在我看来,这些情绪等同于哀悼的状态;而运作的防御则等同于自我的这个部分克服哀悼的企图。

由于修复倾向从根本上是源于生本能的,它靠的是力比多的幻想与欲望。这一倾向参与了所有的升华,且从那个阶段开始仍然是隔离与降低抑郁的良方。

在这些早期阶段中,似乎心理生活中的各个方面都被自我用来防御焦虑了。修复倾向(首先以全能的方式运作)也变成了一种重要的防御。婴儿的感觉(幻想)可以被描述如下:"我的母亲消失不见了,她可能再也回不来了,她在受苦、她死了。不,这不可能,因为我可以救活她。"

随着婴儿在其客体及其修复能力上逐渐获得信心,全能有所减少[1]。他觉得所有的发展进程及新的成就都能给他周围的人带来欢乐;并且他以这种方式来表达他的爱,反向平衡了或抵消了他的攻击冲动所造成的伤害;因而对受伤的所爱客体进行修复。

于是,正常发展的基石被奠定了下来:婴儿与他人的关系有所发展;联系于内部与外部客体的迫害焦虑有所减轻;好的内部客体更加稳固地被建立起来,随之而来的是更多的安全感,这些都强化并丰

---

[1] 在成人与儿童的分析中都能观察到,希望的感觉随着完全体验到抑郁而出现。在早期发展中,这是帮助婴儿克服抑郁位置的诸多因素之一。

第六章　关于婴儿情绪生活的一些理论性结论 / 89

富了自我的内涵。这个更加强壮且更加协调的自我（虽然它仍然使用着相当多的躁狂防御），一再地将客体与自体的分裂面聚焦在一起，并且加以综合；分裂与综合的过程逐渐被应用于彼此区隔较不远的层面，对现实的知觉增加了，客体也显现出较合乎现实的样貌。所有这些发展都导致了对外部和内部现实的不断适应[1]。

在婴儿朝向挫折的态度方面，也有一个相应的改变。如我们所知，在最早的阶段，母亲（她的乳房）坏的迫害性的方面在孩子心中，代表了一切挫折性的与邪恶的东西（外部与内部的皆然）。当婴儿对于其客体的现实感以及对客体的信任增加时，他就变得越来越有能力在外部强加给他的挫折与幻想的内部危险之间做出区分。相应地，恨与攻击也就更加紧密地联系于源自外部因素的实际挫折或伤害。对于处理其攻击性，这是朝向更合乎现实与客观方法的一步。这样的方法较少引起罪恶感，而且最终使孩子能够以一种自我和谐的方式，来体验并升华他的攻击性。

另外，这种更加现实的朝向挫折的态度——意味着联系于内部与外部客体的迫害焦虑有所减少——导致婴儿在挫折体验不再运作时，具有更大的能力来重建与母亲及他人的好关系。换句话说，对现实的不断适应（这是与内摄和投射运作中的改变连在一起的），引发了与外部和内部世界的一种更加安全的关系。这就导致了矛盾情感与攻击性的减弱，从而使修复冲动得以完全运作。借由这些方式，产生于抑郁位置的哀悼过程就逐渐得到了修通。

当婴儿到达约三到六个月的关键期，并面临着抑郁位置中固有的各种冲突、罪恶感与哀伤时，他处理焦虑的能力在某种程度上就是由其较早的发展来决定的；也就是说，决定于在生命最初的三到四个月期间，他能在多大程度上接受并建立构成其自我核心的好客体。如果这个过程是成功的（而这意味着迫害焦虑与分裂过程并没有过

---

[1] 如我们所知，分裂在矛盾情感的压力下，在某种程度上是持续一生的，并在正常的心理经济中扮演着一个重要的角色。

度，而且一种整合的方法也已经发生了）；那么迫害焦虑和分裂机制就会逐渐减弱，自我便能够内摄并建立完整的客体顺利通过抑郁位置。然而，如果自我无法处理在此阶段引发的许多严重的焦虑情境（这种失败是由外部经验与基本内部因素共同决定的）；那么就可能会从抑郁位置强烈退行到较早的偏执－分裂位置。这同样会阻碍内摄完整客体的过程；并且严重影响着生命第一年与整个童年期的发展。

二

我关于婴儿期抑郁位置的假设，根据的是关于早期生命阶段的基本精神分析概念，也就是原初的内摄以及在婴儿期占优势的口腔力比多和食人冲动。弗洛伊德和亚伯拉罕的这些发现，对于理解心理疾病的病因学有很大的贡献。通过发展这些概念，并将它们联系于对幼儿的理解（当它浮现在儿童的分析时），我认识到了早期过程与经验的复杂性，以及它们对婴儿情绪生活的影响，而这点必定有助于更了解心理障碍的病因。我的结论之一是：在婴儿期的抑郁位置与哀悼和抑郁现象之间存在着一种特别紧密的联系[1]。

亚伯拉罕继续着弗洛伊德在抑郁症方面的工作，他指出了正常哀悼与异常哀悼两者之间的一个根本差异（见本章末注释三）。在正常哀悼中，个体能够成功地在他的自我中建立失去的所爱之人；但是在抑郁症与异常哀悼中，这个过程是不成功的。亚伯拉罕也描述了某些决定成败的基本因素：如果食人冲动过于强烈，内摄失去的所爱客体就会失败，从而导致疾病；在正常哀悼中也是一样，个体被驱使将失去的所爱之人在自我当中重新复原，只是这个过程是成功的。如弗洛伊德所言，不仅依附于失去之所爱客体的力比多贯注被撤回并且再投注；而且在此过程中失去的客体会在内部被建立起来。

---

[1] 婴儿期的抑郁位置与躁狂抑郁位置的关系以及与正常哀伤的关系，请参见：我的文章《对躁狂抑郁位置的心理发生学之贡献》与《哀悼及其与躁狂抑郁位置的关系》（两者都收录于《克莱因文集》第一卷）。

在我的论文《哀悼及其与躁狂抑郁位置的关系》中，我表达了下面这样一种观点："我的经验使我得出下面的结论，虽然正常哀悼的典型特征的确是个体在自己内部建立起失去的所爱客体；但是他并非第一次这么做，而是借由哀悼的工作，重新复原该客体以及所有他感到自己失去的他所爱的内部客体。"只要发生哀伤，它就会干扰安全地拥有所爱的内部客体的感觉，因为它会重新唤起早期关于受伤与被破坏的客体的焦虑（关于碎裂的内部世界），婴儿期抑郁位置的罪恶感与迫害焦虑被大量地再度激活。将被哀悼的外部的爱的客体成功地重新复原，而且其内摄经由哀悼过程而得以强化，意味着所爱的内部客体被复原、失而复得。因此，哀悼过程中特有的现实检验，不仅是更新与外部世界的联系的方法，而且还是将瓦解的内部世界重新建立起来的方法。所以，哀悼涉及了婴儿在抑郁位置下体验到的情绪状况的重复，由于处在害怕失去所爱母亲的压力之下，婴儿努力地建构与整合他的内部世界，将好客体安全地建立在他自己内部。

在我的经验看来，经由死亡或其他原因而失去所爱的客体究竟是否会导致躁狂抑郁症抑或能够安然度过，其中一个基本的决定因素是在生命第一年中，抑郁位置被成功修通以及内摄的所爱客体在内部被安全地建立起来的程度。

抑郁位置与婴儿力比多组织中的一些根本改变关系密切；因为在这段时间里（大约第一年的中间），婴儿进入了直接与反向的俄狄浦斯情结的早期阶段。在此我只将自己限定在最广的概述上来说明俄狄浦斯情结的早期阶段[1]。这些早期阶段的特征在于，部分客体在婴儿心里仍然扮演着重要的角色；而他与完整客体的关系还正在建立当中。虽然性器欲望正要开始活跃，但是口腔力比多仍是主导性的。

---

[1] 参见：海曼（1952），第二部分。在《儿童精神分析》中我已经对俄狄浦斯的发展给出了详细的说明（特别是第八章）；还有我的文章《俄狄浦斯冲突的早期阶段》与《根据早期焦虑来看俄狄浦斯情结》（两者都收录于《克莱因文集》第一卷）。

强烈的口腔欲望,因为受到与母亲关系的挫折经验而升高,继而从母亲的乳房转移到父亲的阴茎[1]。男婴与女婴之性器欲望与口腔欲望结合,于是跟父亲的阴茎发生了具有口腔与性器性质的关系。性器欲望同样是指向母亲的。幼儿对父亲阴茎的欲望与对母亲的嫉妒是连在一起的,因为他觉得母亲得到了这个被其所欲求的客体。两性皆有的这些情绪与愿望,导致了反向与直接的俄狄浦斯情结。

早期俄狄浦斯阶段的另一个方面,是与母亲的"内部"与婴儿自己的"内部"在婴儿心里所扮演的基本角色连在一起的。在先前的阶段里,当破坏冲动占优势时(偏执－分裂位置),婴儿想要进入母亲身体并占有其内容的冲动,主要是属于口腔与肛门的性质。这种冲动在接下来的抑郁位置阶段里仍然是活跃的,不过当性器欲望升高的时候,它就被更多地导向了父亲的阴茎(等同于婴儿与粪便)。他感觉这个东西是母亲的身体所含有的,同时对父亲阴茎的口腔欲望导致了它的内化;而这个内化的阴茎(既是好客体也是坏客体)在婴儿的内部客体世界中扮演了一个重要的角色。

俄狄浦斯发展的早期阶段是最为复杂的,各个来源的欲望汇聚在了一起。这些欲望不只是朝向部分客体,也朝向完整客体。父亲的阴茎既被欲求也被怨恨,不仅作为父亲身体的一部分而存在,同时还被幼儿感觉为是在他自己内部和在母亲身体内部的东西。

羡慕似乎是口腔贪婪中所固有的东西。我的分析工作表明,(与爱和满足的感觉交替发生的)羡慕最初是指向哺育的乳房的。当俄狄浦斯情境发生时,嫉妒就加在了这一原初的羡慕上。婴儿感觉和父母的关系似乎是:当他受到挫折时,父亲或母亲享受着他所欲求的那个被剥夺的客体(母亲的乳房、父亲的阴茎),而且一直是如此享受

---

[1] 亚伯拉罕在《力比多发展简论》(1924)中写道:"关于被内摄的身体部分,要注意的另一点在于,阴茎经常会被女性的乳房所同化,而身体的其他部分,诸如手指、脚、头发、粪便与屁股,则可以一种次级的方式用来代表这两个器官"(第490页)。

着它。小婴儿的强烈情绪与贪婪的特征，是他认为父母处在持续互相满足的状态中；而且这种满足具有口腔、肛门以及性器的性质。

这些性理论是结合父母形象的基础，母亲包含着父亲的阴茎或是整个父亲，父亲包含着母亲的乳房或是整个母亲；父母在性交时密不可分地融合在一起[1]。这种性质的幻想也促成了"有阴茎的女人"这样的观念。此外，由于内化的过程，婴儿于内部建立了这些"结合父母"的形象，这一点已被证明为许多具有精神病性质的焦虑情境的基础。

随着婴儿和双亲逐渐发展出比较合乎现实的关系，他可以将他们视为孤立的个体；也就是说，原初的"结合父母"的形象在强度上减弱了[2]。

这些发展和抑郁位置是互相联系的。在两性中，怕会失去妈妈（原初的所爱客体）的恐惧，也就是抑郁焦虑，带来了对于替代者的需要；于是婴儿开始转向父亲（父亲在这个阶段也是被当作完整的个人而内摄）来满足这个需要。

透过这些方式，力比多与抑郁焦虑在某种程度上偏离了母亲；而这个分配过程减轻了抑郁感的强度，也刺激了客体关系。直接与反向的俄狄浦斯情结的早期阶段因而缓解了孩子的焦虑，并且帮助他克服了抑郁位置。不过，新的冲突与焦虑发生了，因为朝向父母的俄狄浦斯愿望意味着，羡慕、竞争与嫉妒（在此阶段仍然强烈地受到口腔施虐冲动的激扰）现在都被孩子体验为是朝向两个既爱又恨的人的。修通这些最初发生于俄狄浦斯情结早期阶段的冲突，是缓和焦虑过程的一部分。这个过程延伸超过婴儿期且进入到童年期的头几年。

---

[1] 关于"结合父母形象"的概念，参见：《儿童精神分析》，特别是第八章。
[2] 婴儿同时享受与父母双亲的关系的能力，是其心理生活中的一个重要特征，而且由于受到嫉妒与焦虑的推动，而与他想要分离他们的愿望相冲突，这种能力取决于他觉得他们是分离的个体。这种更加整合的与父母的关系（这种关系不同于使父母彼此分开并防止他们性交的强制性需要），意味着婴儿更好地理解了他们彼此的关系，而且也是婴儿希望他能以一种快乐的方式将他们联系并统合起来的一个前提。

总而言之，抑郁位置是儿童早期发展中扮演着一个至关重要的角色；而且一般而言，当幼儿神经症在大约5岁结束之时，迫害焦虑与抑郁焦虑已经经历了缓和。不过，修通抑郁位置的基本步骤是在婴儿建立完整客体的时候发生的——也就是说婴儿在三个月到六个月大时，并且大家可以假设如果这些过程是成功的话，那么其就已经实现了正常发展的一个前提。在此期间，迫害焦虑与抑郁焦虑一次又一次地被激活，诸如在长牙和断奶的经历中。这种介于焦虑与身体因素之间的相互作用，是第一年复杂发展过程中的一个方面，涉及了婴儿的所有情绪与幻想。在某种程度上，这其实对于整个生命来说也是同样适用的。

我在本章中一再地强调，婴儿的情绪发展与客体关系的改变是逐渐发生的。抑郁位置逐渐发展的事实，解释了为什么通常此发展对于婴儿的影响，并未以突如其来的方式表现出来[1]。我们也必须谨记，自我在体验到抑郁感觉的时候，也同时发展了对抗这些感觉的方法。在我看来，这是经历着精神病性焦虑的婴儿，与患有精神病的成年人之间的基本差异之一。因为当婴儿在经历这些焦虑的同时，缓解这些焦虑的过程也已经在运作了（见本章末注释四）。

---

[1] 不过，在仔细观察之下，一些重复出现的抑郁感的迹象可以在正常婴儿身上被察觉到。在某些环境下，例如疾病、与母亲或保姆的突然分离、抑或食物的改变等，严重的抑郁症状便相当显著地出现在小婴儿身上。

焦虑的进一步发展与缓解

一

　　幼儿神经症可以被看作某些过程的组合。借由这些过程，一些精神病性质的焦虑得以联结、修通与缓解。缓解迫害焦虑与抑郁焦虑的基本步骤是第一年中发展的一部分。在我看来，幼儿神经症开始于生命的第一年当中，直到进入潜伏期；并在早期焦虑已被缓解的时候达到尾声。

　　发展的各个方面都促成了缓解焦虑的过程。因此，焦虑的各种变迁形式，只能由它们与所有发展因素之间的相互作用来加以了解。例如，获得身体技能，游戏活动，言语与智力的大致发展，卫生习惯，升华的发生，客体关系范围的拓宽，儿童力比多组织的进展等，这些成就都与幼儿神经症的各个方面交织在一起；而且在根本上是与焦虑的变迁以及由它们所演化而生的防御密不可分的。在此，我只能选择这些交互作用因素中的少数几点，来说明它们是如何促成焦虑缓解的。

　　我们已经讨论过，最初外部与内部的迫害客体是母亲的坏乳房与父亲的坏阴茎。而且联系于内部和外部客体的那些迫害恐惧是相互作用的。这些焦虑最初是集中在父母身上的，它们以早期的恐惧症表现出来，并且严重影响着孩子与其父母的关系。迫害焦虑与抑郁焦虑从根本上促成了发生于俄狄浦斯情境[1]的各种冲突，并影响着力比多的发展。

　　朝向父母的性器欲望，启动了俄狄浦斯的早期阶段（大约在第一

---

[1] 迫害焦虑与抑郁焦虑的相互关系，以及与阉割恐惧的相互关系，在我的文章《根据早期焦虑来看俄狄浦斯情结》中都有详细的讨论（《克莱因文集》第一卷）。

年的中间），这些欲望起初与口腔、肛门及尿道的欲望以及幻想交织在一起，同时具有力比多与攻击的性质。来自这些来源的破坏冲动引起了一些具有精神病性质的焦虑，而这些焦虑也倾向于增强这些冲动。如果过度的话，会导致顽固地固着在前性器阶段[1]。

因而，力比多发展在每一步上都受到焦虑的影响。因为焦虑导致了对前性器阶段的固着，以及一再地退行到这些阶段。另一方面，焦虑、罪恶感以及随之而来的修复趋向，推动了力比多欲望，并且刺激了力比多的前倾性；因为给予力比多满足的经验缓解了焦虑，而且也满足了进行修复的冲动。因此，焦虑与罪恶感有时阻碍了力比多的发展，有时则加强了力比多的发展。这不仅在一个个体与另一个个体之间会有所不同，而且根据内外因素在不同时刻上错综复杂的相互作用，在同一个体身上也会有所不同。

在直接与反向俄狄浦斯情结波动起伏的状态下，所有早期焦虑都会被孩子体验到。因为嫉妒、竞争与怨恨，在这些状态下会一次又一次地激起迫害焦虑与抑郁焦虑；然而，由于婴儿从与外部父母的关系中获得的安全感不断增加，聚焦在作为内部客体的父母的那些焦虑也逐渐地得到修通与减少。

在受到焦虑严重影响的前行与退行的相互作用中，性器倾向逐渐升高。结果使得修复的能力增加，修复的范围扩大，升华的强度与稳定性也得到加强，因为在性器水平上，它们与人类最具有创造性的冲动密切相关。女性位置上的性器升华，与生育能力密切相关，并因而也联系着丧失与受伤客体的再创造；在男性位置上，生育并由此复原或恢复受伤或被摧毁的母亲的幻想加强了那些"给予生命"的元素。因此，性器不仅代表着生殖器官，而且还代表着修复与再造的方法。

性器倾向的升高意味着自我整合有了很大的进展，因为这些倾向

---

[1] 海曼与伊萨克斯（1952）。

取代了前性器期的力比多欲望与修复欲望，因而出现了前性器期与性器期修复倾向的一种综合。例如，得到"好东西"的能力最基本的就是婴儿所渴望的来自母亲的食物与爱，以及想要喂她来作为回报并由此将她修复的冲动（这是口欲升华的基础），这些都是性器期成功发展的前提。

生殖力比多逐渐增强（包括修复能力的进展），与此齐头并进的是，由破坏倾向唤起的焦虑与罪恶感逐渐减弱，尽管在俄狄浦斯情境之下，性器欲望是引起冲突与罪恶感的原因。因此，性器首位意味着口腔、尿道与肛门的倾向和焦虑都降低了。在修通俄狄浦斯冲突与达到性器首位的过程中，孩子开始能够在其内部世界中安全地建立他的好客体，并开始发展与其父母的稳定关系。这一切都意味着他在逐渐修通与缓和迫害焦虑与抑郁焦虑。

我们有理由假设：只要婴儿将他的兴趣转向母亲乳房以外的客体，例如她身体的某些部分、他周围的其他客体、他自己身体的某些部位等，便开始了升华与客体关系的发展所必经的一个基本过程。爱、（攻击性与力比多的）欲望与焦虑从最初独一无二的客体（母亲），转移到其他的客体；而新的兴趣发展起来，成为与原初客体的关系的替代物。然而，这个原初客体既是外部也是内部的好乳房，而这些情绪与创造感觉（这些感觉和外部世界发生关联）的转向和投射密切相关。在所有这些过程中，象征形成与幻想活动的功能是极具意义的[1]。当抑郁焦虑发生，特别是在抑郁位置开始的时候，自我感到被驱使，将欲望与情绪、罪恶感及进行修复的冲动加以投射、转向与分配到新的客体与兴趣上。在我看来，这些过程是那些贯穿生命始终的升华的主要因素。然而，在这些欲望与焦虑被转向与分配的时

---

[1] 在此，我必须节制自己不去详细描述象征形成在一开始是如何与孩子的幻想生活和焦虑的变迁紧密联系在一起的。我在此参考的是伊萨克斯（1952）与我的文章《论婴儿行为观察》，还有我先前的一些著作：《早期分析》（1926）与《象征形成在自我发展中的重要性》（1930）。

候，能够维持对最初客体的爱，是升华成功发展的一个前提条件（也是客体关系和力比多组织成功发展的前提条件）。因为，若是朝向最初客体的抱怨与憎恨居于优势，那么它们就倾向于危及升华以及与替代客体的关系。

如果因为无法克服抑郁位置，而导致修复的希望受阻，或者换句话说，如果对加诸所爱客体的破坏感到绝望；就会引起修复能力与作为结果的升华能力的另一种干扰。

二

如上文所提到的，发展的各个方面都与幼儿神经症息息相关。幼儿神经症的一个典型特征就是早期的恐惧症，它开始于第一年。在童年期的数年中，会以不同的形式与内容出现或再出现。迫害焦虑与抑郁焦虑两者构成了早期恐惧症的基础，这些恐惧症包括进食困难、梦魇、关于母亲不在场的焦虑、对陌生人的恐惧、与父母的关系以及一般客体关系上的紊乱。将迫害客体外化的需要，是恐惧症机制的一个内在要素[1]。这个需要既源于（联系于自我的）迫害焦虑，也源于（以内部迫害者对内部好客体构成威胁的危险为中心的）抑郁焦虑。对内部迫害的恐惧也以疑病症的焦虑来表现，它们同样促成了各种各样的身体疾病，例如小孩子经常性的感冒[2]。

口腔、尿道与肛门焦虑（同时发生在卫生习惯的获得与抑制中），是幼儿神经症的症状学中的基本特征，在一岁期间各种症状的复发也是幼儿神经症的一个典型特质。如我们先前所见，如果迫害焦虑

---

[1] 参见：《儿童精神分析》第 125 页、第 155—156 页。

[2] 我的经验向我表明，那些构成疑病症基础的焦虑也同样根植于癔症性的转换症状。两者共有的基本因素便是与身体内部的迫害有关的恐惧（受到内化的迫害性客体的攻击，或者是主体的施虐性对内部客体造成伤害，例如受到其危险的排泄物所攻击）——这一切都被体验为是作用在自我的身体上。解释清楚构成这些迫害焦虑转化为身体症状的过程，可以进一步阐明癔症的问题。

与抑郁焦虑受到增强,就会退行到较早阶段以及相对应的焦虑情境。这种退行表现为破坏业已养成的卫生习惯,或是显然已被克服的恐惧症以稍微不同的形式重新出现。

在第二年中,强迫倾向变得显著,它们表达并结合了口腔、尿道与肛门焦虑。强迫特征可见于睡前的仪式、与清洁或食物等有关的仪式,也可见于通常对于重复的需要(例如,想要一遍又一遍地重复听同样的故事,甚至用同样的表达方式,或是反复地玩同样的游戏)。这些现象虽然是儿童正常发展的一部分,但还是可以被描述为神经症症状。这些症状的减轻与克服,相当于口腔、尿道与肛门焦虑的缓解;而这又反过来意味着迫害焦虑与抑郁焦虑的缓解。

自我一步一步地发展出使它能够在某种程度上修通焦虑的防御的能力,这是缓解焦虑过程的基本部分。在最早的阶段(偏执－分裂)中,焦虑受到极其有力的防御所抵制,例如分裂、全能与否认[1]。在接下来的阶段(抑郁位置)中,如我们所见,这些防御发生了显著的改变,其特征是自我具有更大的承受焦虑的能力。当第二年自我发展有进一步进展的时候,婴儿运用他与日俱增的适应外部现实以及控制身体功能的能力,借由外部现实来测试内部的危险。

所有这些改变都是强迫机制的特征,而这些机制也可以被看作非常重要的防御。例如,借由卫生习惯的养成,婴儿对于其危险的粪便(他的破坏性)、对于其内化的坏客体与内部混乱的焦虑一次又一次地获得了暂时的减轻。对括约肌的控制,向他证明了自己可以控制内部的危险及其内部的客体。此外,实际的排泄物也充当着他在幻想中恐惧其破坏性的证据。这些排泄物现在可以配合母亲或保姆的要求而被排出。母亲或保姆由于对产生排泄物的情况表现出认可的态度,似乎也认可了粪便的品质;而这使粪便变成了"好"客

---

[1] 如果这些防御过度持续,超出了适合它们的早期阶段,那么发展便可能遭遇各种困难,整合也受到阻碍,幻想生活与力比多欲望受到约束,结果是修复趋向、升华、客体关系以及与现实的关系都可能受到损害。

体[1]。结果是,婴儿可能觉得在他的攻击性幻想中,他的排泄物对其内部与外部客体所造成的伤害可以被抵消。因此,卫生习惯的养成同样减弱了罪恶感;而且满足了进行修复的冲动[2]。

这些强迫机制形成了自我发展的一个重要部分。它们使自我能够暂时不受焦虑的侵扰。这反而有助于自我达到更大的整合与强度,因而有可能逐渐修通、减弱并缓和焦虑。不过,强迫机制只是此阶段的众多防御之一。如果它们过度而成为主要防御的话,那么这就可以被看作自我无法有效地处理具有精神病性质的焦虑以及在孩子身上发展出了一种严重的强迫性神经症的指标。

防御的另一种根本改变是以生殖力比多增强的阶段为特征的。如我们所见,当这个改变发生时,自我是更为整合的;对外部现实的适应改善了,意识的功能扩展,超我也更为整合。无意识过程(也就是说在自我与超我的无意识部分中)已经发生了更完整的综合,意识与无意识之间的区分更加明显。这些发展使得压抑有可能在众多防御之中居于支配位置[3]。压抑中的一个基本因素在于超我的谴责与禁止方面,这个方面作为超我组织化进展的结果而受到强化。超我

---

[1] 在孩子身上有一种获得卫生习惯的需要,这种需要与焦虑、罪恶感及对此的防御紧密联系在一起。对这种需要的认识便导致了如下的结论:卫生方面的训练,如果毫无压力且在此需要的迫切性变得显著的阶段上(这通常是在第二年期间),那么如此的训练,就会有助于孩子的发展。如果它在一个较早的阶段被强加给孩子,则可能是有害的。此外,在任何阶段上,孩子都只应被鼓励,而不是强迫他获得卫生习惯。对于育儿的重要问题来说,这必然是一个非常不完整的参考。

[2] 弗洛伊德关于强迫性神经症过程中的"反应形成"(reaction-formation)与"抵消"的见解,构成了我的"修复"概念的基础,另外我的概念更包括了各种自我借以感到它抵消了在幻想中造成的伤害以及恢复、保存与激活客体的过程。

[3] 参见:弗洛伊德:"——为了将来的考虑,我们必须牢记这样一种可能性,压抑是与力比多的生殖组织具有一种特殊关系的过程,还有自我在保卫自己对抗组织其他水平上的力比多时,会诉诸其他的防御方法"(《抑制、症状与焦虑》S. E. 20,第195页)。

要求将某些冲动与幻想（同时带有攻击与力比多的性质）摒除在意识之外；而自我更容易达成此要求，因为它在超我的整合与同化方面已有进展。

我曾在前面的章节中描述到：即使在生命的最初几个月中，自我抑制着本能欲望，刚开始是受到迫害焦虑的压力，稍后则是受到抑郁焦虑的压力影响。本能抑制的进一步发展发生在自我能够运用压抑的时候。

我们已经了解自我在偏执－分裂期当中，如何运用分裂的机制[1]。分裂机制构成了压抑的基础（如弗洛伊德的概念所暗示的那样），但是与导致崩解状态的最初分裂形式相反，压抑通常不会造成自体的崩解。因为在此阶段，心智的意识与无意识部分有着更好的整合；而且由于在压抑的作用下，分裂主要影响的是在意识与无意识之间的割裂。自体的这两个部分都不会遭遇先前阶段产生的崩解程度。然而，在生命开始的最初几个月中诉诸分裂过程的程度，强烈地影响着压抑在稍后阶段中的运用。如果分裂机制与焦虑尚未被充分克服，结果就可能是在意识与无意识之间反而缺少一个流动的界限，在它们之间产生了一道僵硬的阻隔。这意味着此时的压抑是过度的，结果是发展受到了干扰。另一方面，在适度的压抑之下，无意识与意识更有可能保持互相的通透；因此在某种程度上，冲动及其衍生物就被允许从无意识中一次又一次地浮现出来，而且服从于自我进行选择与拒绝的程序。冲动、幻想与思考如何被选择出来加以压抑，取决于自我接受外部客体的标准的能力的增加。这种能力联系着超我内部更大的综合与自我对超我的进一步同化。

超我结构上的改变是逐渐发生的，而且从始至终都联系着俄狄浦斯的发展。这些改变在潜伏期开始时促成了俄狄浦斯情结的衰退。换句话说，力比多组织化的进展与自我在此阶段能够达到的各种调

---

[1] 参见：《关于某些分裂机制的注释》。

适,都是跟与内化父母有关的迫害焦虑与抑郁焦虑的缓解连在一起的。这意味着在内部世界中产生了更大的安全性。

根据焦虑的变迁来看,潜伏期开始时的典型改变可以被总结如下:与父母的关系更加安全;内摄的父母更加接近于真实父母的形象;父母的标准、他们的告诫与禁止被接受下来,因此对俄狄浦斯欲望的压抑是更加有效的。这一切都代表着超我发展的高峰,而这是在生命最初几年中所延伸的过程的结果。

结　论

我已经详细讨论了克服抑郁位置(以生命第一年的下半年为特征)最初的几个步骤。我们已知在最早的阶段中,当迫害焦虑占优势时,婴儿的客体具有原始与迫害的性质,它们会吞噬、撕裂、毒害、淹没,等等。也就是说,各种口腔、尿道与肛门的欲望与幻想,既被投射到内化的客体上,也被投射到外部的客体上。随着力比多组织化的进展与焦虑的缓解,这些客体的形象在婴儿心中也在逐步地改变。

他与其内部与外部世界的关系同时改善了,这些关系之间的相互依赖状态,意味着内摄与投射过程发生了一些改变。这些改变是减轻迫害焦虑与抑郁焦虑的基本因素。这一切都导致了自我具有更大的能力去同化超我,并因而提高了自我的强度。

当达到稳定的时候,有些基本的因素就发生了改变。在这一点上我并不关心自我的进展——如我试图说明的那样,自我的进展在每一步上都紧密联系着情绪的发展与焦虑的缓解——我想要强调的是无意识过程中的改变。我认为,如果我们将这些改变联系于焦虑的起源,那么它们就会变得更容易理解。在此我要重提我的论点,即破坏冲动(死本能)是引起焦虑的首要因素[1];贪婪因为抱怨与憎恨

---

[1] 参见:《关于焦虑与罪恶感的理论》(本书)。

(也就是破坏本能的表现)而升高，而这些表现又反过来为迫害焦虑所加强。在发展过程中，当焦虑降低并被更加安全地抵御之时，怨恨与贪婪就减弱了，而这从根本上导致了矛盾情感的减少。根据本能来表达这一点：当幼儿神经症自然发展时，也就是当迫害焦虑与抑郁焦虑都被减弱与缓解时，融合生本能与死本能（也就是在力比多与攻击之间）的平衡就在某些方式上改变了。这意味着，在无意识的过程中，即在超我的结构中，以及在自我的无意识与意识部分的领域的结构中，发生了一些重要的改变。

我们已经知道在不同的力比多位置之间，在前行与退行之间的摆荡波是童年期最初几年的特征。它们与产生于婴儿早期的迫害焦虑及抑郁焦虑的变迁是密不可分的。因此这些焦虑不仅是固着与退行中的基本因素，而且还长久地影响着发展过程。

正常发展的一个前提在于，在退行与前行之间的相互作用中，可以维持住原来已经达到的进展的基本方面。换句话说，整合与综合的过程并未受到根本与永久性的干扰。如果焦虑逐渐被缓解，前行必然会超越退行；因此在幼儿神经症的过程中，心理稳定性的基础便得以建立。

注　释

注释一

玛格雷·丽宝儿曾报告了对500名婴儿的观察（《婴儿经验与人格发展的关系》，1944），并表达了她的看法，其中有一些观点补充了我在儿童精神分析上所获得的结论。

因而，关于生命初期婴儿与母亲的关系，她强调说婴儿对"被母亲照料"的需要超越了吮吸带来的满足。例如，在第631页，她说道：

"儿童人格的许多品质与凝聚性，都取决于在情绪上对母亲的依恋。这种依恋，或者用精神分析的话说，对母亲的贯注，由从母亲那里获得的满足经验中逐渐发生。我们已经研究了这一发展性依恋的本质，它是如此的难以理解，但是其中一些细节却具有极其重要的价值。主要促成其形成的是三种感官体验：触觉、动觉（或是对身体位置的感觉）与听觉，几乎所有婴儿行为的观察者都提到了这些感觉能力的发展，但是未曾强调它们对于母亲与婴儿之间个人关系的重要性。"

她在几个不同地方都强调了这种个人关系对于儿童身体发展的重要性，例如，在第630页，她说：

"——在对婴儿的个人照料与处理上的那些最琐碎的不规律性，例如与母亲接触太少、身体接触太少，更换保姆或者改变常规等，经常会导致婴儿一些诸如脸色苍白、呼吸不规则、喂食困难这样的紊乱。对于先天体质上敏感或缺乏组织的婴儿来说，这些紊乱如果太过频繁，便可能会永久性地改变器质性与精神性的发展，而且威胁到生命的例子也不少见。"

在另一段文字中，作者将这些紊乱概括如下（第630页）：

"由于婴儿的大脑与神经系统尚未发育完成，他无时不处于功能解组的潜在危险之中。外部的危险是与母亲突然分离，母亲在直觉上或认识上必须要保持这种功能的平衡。实际的忽视或者爱的缺失，都可能具有同样的灾难性；内部的危险似乎是紧张的升高，这种紧张来自生物需要，以及有机体无法维持其内部能量或者代谢平衡与反射的兴奋性。其中对氧气的需要极为迫切，因为婴儿的呼吸机制尚未发展妥当，不足以应付因快速的前脑发展而升高的内部需要。"

根据丽宝儿的观察，这些功能紊乱可能等同于威胁生命的危险，可被解释为死本能的一种表达；而根据弗洛伊德的看法，死本能首先是指向有机体自身的（《超越快乐原则》）。我曾主张：这种危险由于激起了被灭绝的恐惧与对死亡的恐惧，是导致焦虑的首要原因。丽宝儿的观察所阐明的事实在于：生物、生理以及心理的因素在婴儿出生的一开始就是密切相关的；我想进一步得出一个结论，母亲对婴儿持续的与关爱的照顾，强化了婴儿与母亲的力比多关系（而这种关系对于"体质敏感或缺乏组织"的婴儿来说，甚至是攸关生存的），从而支撑着生本能对死本能的抗争。我在本文与《焦虑与罪恶感的理论》（本卷）中充分地讨论了这一点。

丽宝儿医生的结论中，另外一个与我的结论相契合的问题，与她所描述的大约发生在第三个月的改变有关。这些改变可以被看作我所描述的在抑郁位置开始的情绪生活特征的生理对应物。她说：

"在此之前，呼吸、消化与血液循环的器质性活动开始表现出相当的稳定性，表示自主神经系统已经掌控了其独特的功能。我们从解剖学的研究知道，胎儿的循环系统通常是在此时被阻断的——大约在此时，典型的成人脑波模式开始在脑电波图上显示——而它们可能隐含着一种比较成熟的大脑活动形式。观察显示，情绪反应的发作（虽然没有被很好地区分出来，但是明显地表现出正向与负向的方向）涉及了整个运动系统——眼睛聚焦良好，能够跟随着母亲的移动；耳朵运作良好，能够区别母亲的声音。母亲的声音或影像产生了正向的情绪反应，在以前主要的反应只能靠接触来获得；而且现在包含了适当的微笑，甚至是真正的喜悦反应。"

我认为，这些改变与分裂过程的减弱，与自我整合和客体关系的进展（特别是与婴儿将母亲作为一个完整的人来感知与内摄的能力）是息息相关的。我所描述的这一切，都发生在三到六个月进入抑郁位置的时候。

注释二

如果自我与超我关系中的这些基本调适，在早期发展中没有充分发生的话，那么精神分析程序的基本任务之一就在于使病人能够回溯性地完成它们。只有通过分析最早的发展阶段（以及稍后的阶段），并且通过对正向移情与负向移情的彻底分析，才有可能达成这样的任务。在波动起伏的移情情境中，最初形成超我发展与客体关系的外部与内部形象（好的与坏的），被转移到精神分析师身上。因此，他必定会不时地代表恐怖的形象；而且只有这样，婴儿的迫害焦虑才能被充分地体验、修通且减弱。如果精神分析师倾向于增强正向移情；那么他就避免了在病人心中扮演坏形象的角色，而主要被内摄为好客体。于是，在某些情况下，对好客体的信任可能被强化；但是这样的好处可能很不稳定，因为病人尚未经验在早期阶段中同父母的恐怖与危险方面相联系的恨、焦虑与怀疑。只有通过分析正向移情与负向移情，精神分析师才能够交替地以好客体和坏客体的角色显现，时而被爱，时而被恨，时而被赞美，时而被惧怕。病人因而能够修通并缓解早期的焦虑情境。好形象与坏形象之间的分裂减少了，它们越来越多地被综合在一起，也就是说攻击性为力比多所缓和。换句话说，迫害焦虑与抑郁焦虑在其根源上被减弱了。

注释三

亚伯拉罕提到力比多在口腔水平上的固着，是抑郁症的基本病因学因素之一。他用一个特别的病例来描述这种固着："在其抑郁位置中，他会受不了对母亲乳房的渴望，这样的渴望是难以言喻的强烈，并且相异于任何其他的事情；如果当个体长大后，力比多仍然继续固着在这一点上，那么就实现了发生重度抑郁症的一个最重要的条件。"

亚伯拉罕的结论，为我们阐明了抑郁症与正常哀悼之间的联系，他用两个病例的摘要片段证实了他的结论。这实际上是最早接受完整分析的两个躁狂抑郁症个案（这是精神分析发展中一次新的冒险），在那个时候以前，很少有发表出来的临床资料来支持弗洛伊德关于抑郁症的发现。如亚伯拉罕所言："弗洛伊德概要描述了发生在抑郁症病人的身上的心理性欲过程。他能从对抑郁病人的偶尔治疗中获得关于这些过程的一种直觉性想法；但是迄今为止，精神分析文献中并没有多少临床资料被发表出来支持这个理论"（亚伯拉罕文选，第458页）。

但是，即使只是由这少数几个病例，亚伯拉罕已经理解到：在童年期（5岁时）就已经有过真正的抑郁症状态了，他说他倾向于讲"随着男孩俄狄浦斯情结而来的一种'原初感情倒错'"，并对这一描述得出了如下结论："我们称作抑郁症的只是这种心理状态"（同上，第469页）。

桑多尔·拉多在他的论文《抑郁症问题》（1928）中，更进一步地认为：抑郁症的根源可见于正在吮吸的婴儿的饥饿处境。他说："被威胁失去爱的情境（弗洛伊德），特别是正在吮吸的婴儿的饥饿处境中，可以发现抑郁气质中最深层的固着点。"拉多提及弗洛伊德的陈述：自我在躁狂状态中再次与超我结合为一体，他推论道："这个过程是精神内部体验（那种发生在吮吸母亲乳房时与母亲融合的经验）的忠实重复。"不过拉多并未将这点结论应用在婴儿的情绪生活上，他只提到抑郁症的病因。

注释四

我在这两个段落中概述的生命最初六个月的样貌，隐含着对我在《儿童精神分析》中提出的某些概念的修正。我在该书中将来自各种来源的攻击冲动的汇流,描述为"最大施虐阶段"。我仍然认为,攻击冲动在迫害焦虑盛行的阶段中达到高峰。或者换句话说,迫害焦虑是由破坏本能激起的,并且不断地受到破坏冲动在客体上的投射所滋养;因为迫害焦虑的本质就在于它增强了恨与对客体的攻击。这个客体在感觉上是迫害性的,而这又反过来增强了迫害的感觉。

在《儿童精神分析》出版不久之后,我完成了抑郁位置概念的建构。依我现在所见,在三到六个月大时,随着客体关系的进展,破坏冲动与迫害焦虑都减弱了,抑郁位置便发生了。因此,虽然我关于迫害焦虑与施虐盛行之间密切联系的看法没有改变过,但是在日期方面我必须有所改动:以前,我提出施虐达到高峰的阶段大约在第一年中期;现在我认为这个阶段跨越生命的最初三个月,并且对应着本章第一节中描述的偏执-分裂位置。如果我们要假定攻击性在小婴儿身上的总量是因人而异的,那么我认为这个总量在刚出生时,不会比在食人冲动、尿道冲动、肛门冲动与幻想强烈运作的阶段要少。如果只根据量来考虑(然而,这种观点并没有考虑到决定两种本能之运作的其他各种因素);那么就可以说,当攻击性的更多来源被开发,并且有可能表现出更多攻击性的时候,就会发生一个分配的过程。越来越多的能力倾向(身体的与心理的)逐渐开始运作是发展所固有的,而来自各种来源的冲动与幻想,彼此交织重叠、相互作用、彼此增强,这样的事实也可以被视为表现了整合与综合的进展。此外,攻击性冲动与幻想的汇流,与力比多性质的口腔、尿道与肛门幻想的汇流相对应。这意味着力比多与攻击性之间的抗争被实现在了一个更加宽广的领域上。正如我在我的《儿童精神分析》中说的(第150页):

"我们所熟知的那些组织化阶段的出现,我认为不仅对应着力比多在其与破坏本能的抗争中赢得并且建立的位置,而且由于这两种成分永远互相对立,又互相结合;因此也对应着在它们之间逐渐增强的调适。"

婴儿进入抑郁位置的能力，与在内部建立完整客体的能力，意味着他已不再像早期阶段那样，强烈地受到破坏冲动与迫害焦虑所支配。不断增加的整合导致其焦虑的性质发生了一些改变，因为当客体关系中的爱与恨变得更加综合时，如我们所见，就会引起强烈的精神痛苦——即引起抑郁感与罪恶感。恨在某种程度上为爱所缓解，而爱的情感在某种程度上则受到恨的影响，结果是婴儿对于其客体的情绪在性质上改变了。同时，整合与客体关系中的进展，使自我能够发展出一些更有效的方法来处理破坏冲动以及它们所引发的焦虑。然而，我们不可以忽视以下事实：施虐冲动（特别是由于它们在不同的区域运作）是婴儿在此阶段所产生的冲突中的最强烈因素，因为抑郁位置的本质包含了婴儿的焦虑——唯恐他所爱的客体会因他的施虐性而受伤或是被破坏。

生命第一年中的情绪与心理过程（重复发生直到五或六岁）可以根据攻击性与力比多斗争的成败来界定；而抑郁位置的修通，意味着在此斗争中（在每一次心理或身体之危机中再来一次）自我能够发展适当的方法来处理并缓解迫害焦虑与抑郁焦虑——从根本上减少并阻止朝向所爱客体的攻击。

我选择"位置"这个词用在偏执与抑郁的阶段上，是因为这些成组的焦虑与防御虽然最初是发生在最早的阶段中；但并不局限于这些阶段，而是会发生且再现于童年期的头几年，或是发生在日后的某些环境中。

第七章 论婴儿行为观察

（1952）

一

前几章提出的理论性结论都是得自于儿童精神分析工作[1]，我们应该会期待这样的结论能够借由第一年的婴儿行为观察来加以证明。不过，这种确定的证据有它的局限；因为如我所知道的，不论是婴儿还是成人，无意识的过程只部分地显露在行为上。将这点保留处铭记在心，我们便能够在对婴儿的研究中，让精神分析的发现得到某些确认。

由于我们对早期无意识过程有了更多的认识，先前未曾注意到的或仍然如谜一般的很多婴儿行为的细节，便变得更加易于理解与有意义了。换句话说，我们在这个特殊领域中的观察能力变得更加敏锐了。毋庸置疑，我们对小婴儿的研究，由于他们不能言语而受到了阻碍；但是我们可以借由语言之外的其他方式，获得许多早期情绪发展的细节。如果想要理解小婴儿，我们不仅需要更多的知识；而且还需要与他有充分的共情——基于我们的无意识与他的无意识而进行的紧密接触。

现在我要根据各种近期论文所提出的理论性结论，来思考婴儿行为的一些细节。由于我在此将不考虑存在于各种基本态度之间的许多变异，我的描述必然是过度简化的；而且，所有我将提出来作为

---

[1] 成人的分析如果进行到心理的深层，也能提供一些类似的材料，以及关于发展的早期及后期阶段的可信证据。

进一步发展的推论，必须符合以下的考量：从出生开始并且在发展的每一阶段，外部的因素都影响着结果；甚至就成人而言，态度与性格可能会受到环境与情境的有利或不利影响，而这在更大的程度上也适用于儿童。因此，通过将我从精神分析经验中获得的结论与婴儿研究联系起来，我只是在提出可能的或者说是大概的发展路线。

新生儿遭受着由分娩过程与丧失子宫内情境而唤起的迫害焦虑。延期的分娩或者难产势必会强化这种焦虑。这一焦虑情境的另一方面在于婴儿必须被迫让他自己去适应整个新的状况。

在某种程度上，这些感觉通过各种带给他温暖、支持与舒适的方法，特别是通过他在接受食物与吮吸乳房时所感到的满足感而得到缓解。这些经验在最初的吮吸体验中达到高潮，而且正如我们可能假设的那样，它们开启了与"好"母亲的关系。这些满足感似乎以某种方式也促成了对丧失的子宫内状态的修复。从最初的哺乳经验开始，失去与重获所爱客体（好乳房）便成了婴儿期情绪生活的一个基本部分。

婴儿与其最初客体（母亲）的关系，以及跟食物的关系，从一开始就是彼此联系在一起的。因此研究对待食物的态度的基本模式，似乎就是理解小婴儿的最佳路径[1]。

最初朝向食物的态度，在完全不贪婪到极度贪婪的范围内变动。因此，在这里我要简短地概括一些我关于贪婪的结论：在前几篇文章中，我曾提出在力比多与攻击冲动之间的相互作用中，贪婪发生在后者被增强的时候，贪婪可能从一开始就因为迫害焦虑而增加。另一方面，如我指出的那样，婴儿最早的喂食抑制也可以归因于迫害焦虑，这意味着迫害焦虑在某些情况下会增加贪婪，而在其他情况下则会抑制它。由于贪婪在指向乳房的最初欲望中是固有的东西，它强烈地影响着婴儿与母亲的关系以及一般的客体关系。

---

[1] 关于口腔特质对性格形成的基本重要性，参见：亚伯拉罕《力比多生殖水平上的性格形成》（1925）。

二

　　显而易见，婴儿对于吮吸的态度甚至在生命的头几天中也存在着相当大的差异[1]，而且这种差异随着时间推进也会变得越来越明显。当然，我们必须将母亲喂食与照顾婴儿的每个细节纳入充分的考虑。我们可以观察到，起初对食物抱持希望的态度可能由于一些不利的哺乳条件而受到干扰，但是吮吸方面的困难有时可以通过母亲的爱与耐心来缓解[2]。有些孩子虽然很好喂养，他们在很早的阶段就表现出了对母亲的爱与对母亲发展出兴趣的明显迹象，这种态度包含着客体关系中的一些基本元素。我见过只有三周大的婴儿暂时停止吸奶，并开始玩弄母亲的乳房或是看着她的脸；我也观察到甚至只有两个月大的小婴儿会在喂奶后醒着的时候，躺在母亲的大腿上仰望着她，听她的声音，并且用面部表情来回应这个声音，这犹如母亲与婴儿之间爱的对话。这种行为意味着满足不仅联系着食物本身，也联系着给予食物的客体（母亲）。我认为，客体关系在早期阶段的这些明显迹象，可以很好地预测与他人的进一步关系以及整体的情绪发展。我们可以肯定地说：这些孩子身上的焦虑相对于自我的强度而言并不是过度的，也就是说，自我在某种程度上已经能够经受挫折

---

[1] 迈克尔·巴林特（Michael Balint）根据对100名五天到八个月大的婴儿进行观察，得出这样的结论：吮吸的节奏随着婴儿的不同而改变，每名婴儿都有其自己的节奏变化（见《婴儿早期的个体差异》第57—79页、第81—117页）。

[2] 虽然如此，我们必须谨记，无论这些最初的影响有多么重要，环境的影响在儿童发展的每个阶段上都是极其重要的。即便是最早期良好的抚养效果，也会为日后的一些有害经验在某种程度上所抵消，就像出现于早期生活中的困难可能会因随后的有益影响而有所减少那样。同时，我们还必须记住，有些儿童似乎可以承受一些无法令人满意的外部条件，而不会严重伤害其性格与心理稳定性；而其他的儿童，尽管有着有利的周围环境，一些严重的困难还是会发生且持续存在。

与焦虑并处理它们。同时，我们必须假定，在早期客体关系中显示出来的与生俱来的对爱的能力，只有在焦虑没有过度的情况下才能够自由发展。

从这个角度来思考某些婴儿在生命最初几天的行为是非常有趣的，正如米德尔莫尔在"嗜睡而满足的乳儿"[1]这一标题下所描述的那样。她以如下的字句来说明他们的行为："因为他们的吮吸反射并不是立即被诱发的，他们可以自由地用各种方式来接触乳房。"这些婴儿在第四天之前稳定地进食，而且对乳房非常温柔，"——他们似乎很喜欢舔食与含住乳头，不亚于对吮吸的喜爱；快乐感的分布进展所带来的一项有趣的结果是游戏的习惯。一个嗜睡的孩子在开始进食的时候，更喜欢玩弄乳头，而不是吮吸。在第三周，母亲设法将熟悉的游戏调整到喂食结束的时候；这在哺乳的十个月中持续着，母亲与孩子都很喜欢这样"。由于"嗜睡而满足的乳儿"发展为容易喂养的孩子，并且继续着玩弄乳房的游戏，因此我假设：伴随着这些，与最初客体（乳房）的关系，从一开始就和源自吮吸与食物的满足一样重要。我们还可以再推进一步，可能是因为躯体因素，在某些婴儿身上吮吸反射没有立即被诱发出来，但是我们有很好的理由相信这其中也涉及了心理过程。我要提出来的是，在吮吸的快乐之前对乳房有温柔的接触，在某种程度上可能也是由焦虑引起的。

我在前面的文章中提到过我的这种假设：在生命刚开始时发生的吮吸困难与迫害焦虑是密不可分的。婴儿对乳房的攻击冲动，在其心里倾向于将乳房转变成吸血鬼般的或是会将人吞噬的客体，而且这种焦虑可以抑制贪婪并因此抑制吮吸的欲望。因此我要指出，"嗜睡而满足的乳儿"可能会借由以下的方式来处理这种焦虑：即遏制吮吸的欲望，直到他通过舔食与含住乳房而与其建立一种安全的力比多关系。这可能意味着从出生后开始，一些婴儿就试图通过与乳房

---

[1]《育儿的夫妻》（*The Nursing Couple*）第 49—50 页。

建立一种"好"的关系,来抵制与坏乳房有关的迫害焦虑。那些在这么早的阶段就已经能够明显地转向客体的婴儿,似乎就有着如上文所提出的那种强烈的爱的能力。

让我们从这个角度来考虑米德尔莫尔描述的另一组婴儿。她观察到在七个"活跃而满足的乳儿"里有四个会咬乳头,而且这些婴儿并非"为了要把乳头抓得更牢而咬它,最常咬乳头的两个婴儿是易于接触乳房的。此外,最常咬乳头的活跃的婴儿似乎有点享受啃咬,他们悠闲地咬着乳房,完全不同于不满足的婴儿的那种不安的咀嚼与啃咬——"[1]。这种来自啃咬的快乐的早期表现,可能导致我们得出以下的结论:破坏冲动在这些孩子身上是不受约束的,因此贪婪与想要吮吸的力比多欲望并没有被削弱。不过,即使是这些婴儿也并不如他们可能显现的那般不受约束,因为七个孩子之中有三个用挣扎和尖叫的抗议拒绝了几次稍早之前的喂奶。当出现排泄的时候,有时即使是最温柔的照顾和与乳头的接触,也会令他们尖叫;但是在下一次喂奶时,他们有时也会有意愿吮吸[2]。我觉得这表明贪婪可能受到了焦虑的强化,这与那些"嗜睡而满足的乳儿"形成对比,后者的焦虑导致了贪婪被加以约束。

米德尔莫尔提到了她所观察的七个"嗜睡而满足的婴儿"中,有六个受到母亲非常温柔的照顾,然而有些"不满足的乳儿"会唤起母亲的焦虑并让她失去耐心。这样一种态度势必会增加孩子的焦虑,并进而建立了一种恶性循环。

至于"嗜睡而满足的乳儿",像我之前提出的那样,如果他们与最初客体的关系被用来当作抵制焦虑的基本方法;那么他与母亲关

---

[1] 米德尔莫尔(Middlemore)提出,咬的冲动早在长牙之前就参与了婴儿针对乳头的攻击行为,即使他很少用牙龈来抓住乳房。在这方面(上述引文,第58—59页),她提到了瓦勒,他"谈到兴奋的婴儿生气地噬咬乳房,并带着痛苦的活力对它进行攻击"(见《关于助产术与妇科疾病的操作者百科全书》中《乳房喂养》一节)。

[2] 上述引文,第47—48页。

系中的任何干扰都势必会激起焦虑并导致进食方面的严重困难。母亲的态度对"活跃而满足的乳儿"来说似乎较不重要，但这可能是遭到了误导。在我看来，对于这些婴儿来说，与其说危险存在于喂食的紊乱（尽管即使对于那些非常贪婪的孩子而言，也仍会发生喂食抑制），不如说存在于客体关系的损伤。

结论是，对所有孩子来说，从最初几天开始，母亲耐心、体谅的照顾是最重要的时刻，这因为我们对早期情绪生活的认识不断增加而更加清楚可见。正如我指出的那样："与母亲及外部世界保持良好关系，有助于婴儿克服早期的偏执焦虑，这个事实使我们对于最早期经验的重要性有了新的了解。分析从一开始就强调儿童早期经验的重要性，但是在我看来，只有在我们知道更多关于婴儿早期焦虑的性质与内涵，其实际经验与幻想生活之间持续不断的相互作用时，我们才能充分地理解为什么外部因素是如此的重要。"[1]

在每一步上，迫害焦虑与抑郁焦虑可能由于母亲的态度而减少，或者是因为这个原因而增加。给予帮助的或是迫害的形象在婴儿的无意识中占优势的程度，强烈地受到他与母亲（但是很快地也受到父亲与其他家庭成员）在一起的真实经验的影响。

三

小婴儿与母亲之间的紧密联系，是集中在和母亲乳房的关系上的。尽管，从最早的几天开始，婴儿也对母亲的其他特征（她的声音、面孔、双手）有所反应，快乐与挫折、爱与恨的基本经验是与母亲的乳房密不可分的。跟母亲的这一早期联系，由于乳房被安全地建立于内部世界而受到强化，从根本上影响着所有其他的关系——首先是与父亲的关系，它构成了能与一个人形成任何深度而强烈的依恋

---

[1] 参见：《对躁狂抑郁位置的心理发生学之贡献》（《克莱因文集》第一卷）。

的基础。

对于用奶瓶哺乳的婴儿来说,如果在接近哺乳的情境中使用奶瓶,也就是说,如果与母亲有一个身体的靠近,而且婴儿是以爱的方式被照料与喂养的话;那么奶瓶就可以取代乳房。在这样的条件下,婴儿也许就能在自己内部建立一个客体,这个客体在感觉上是好品质的原初来源。就此意义而言,他摄入了好乳房,这个过程构成了他与母亲有稳固关系的基础。然而,对好乳房(好母亲)的内摄,在喂食母乳与奶瓶喂乳的婴儿之间似乎是不同的。详细讨论这些差异与它们对心理生活的影响超出了本章的框架(见本章末注释一)。

在我对最早期客体关系的描述中,我曾经提到有一些容易喂养的孩子并没有表现出过度的贪婪。有些非常贪婪的婴儿也表现出对人们产生兴趣的早期迹象;然而在这些迹象中,可以看出一种与它们朝向食物的贪婪态度的相似之处。例如,对于他人在场的强烈需要,似乎和渴望得到注意有关;而不是和那个人有关。这些孩子很难忍受孤单,似乎也需要不断地通过食物或注意来获得满足。这可能表明了贪婪受到了焦虑的加强,而且在其内部世界中未能稳固地建立起好客体,也未能与作为外部好客体的母亲建立信任的关系。这样的失败可能预示了未来的困难:例如贪婪而焦虑地需要陪伴,通常伴随着对孤单的恐惧;而且可能导致不稳定与短暂的客体关系,这样的关系可以用"滥交"来加以描述。

四

现在来讨论难以喂养的孩子。进食缓慢通常意味着缺乏享受——即力比多的满足,这一点如果伴随着早期明显的对母亲与他人的兴趣,那么就表明客体关系被部分地用来逃离依附于食物的迫害焦虑。虽然这些孩子可能与他人发展出好的关系;但是在这种对食物的态度中表现出来的过度焦虑,仍然会危及情绪的稳定性。日后可能出现的各种困难之一便是对摄取升华的食物的抑制，即智力发展中的紊乱。

对食物的明显拒绝（与缓慢进食相比）显然是严重障碍的一项指标，虽然对某些儿童来说，这一困难会在纳入新的食物时（例如，奶瓶代替了乳房，或是固体食物代替了液体）有所减轻。

无法享受或是完全拒绝食物，如果结合了客体关系发展上的缺陷，就表明在生命头三个月到四个月期间最为活跃的偏执与分裂的机制是过度的，或是没有受到自我充分地处理。这又反过来表明破坏冲动与迫害焦虑是盛行的，自我防御不充分，以及焦虑的缓解不足。

另外一种缺损的客体关系，是某些过度贪婪的儿童所具有的特征。对这些儿童来说，食物几乎成为唯一的满足来源；而且这些小孩对于他人没有什么兴趣。我断定他们也一样没有成功地修通偏执-分裂位置。

五

小婴儿对挫折的态度是具有启示性的。有些婴儿（包括好喂养的婴儿）在食物延迟来到时，可能会拒绝食物，或是显现出在他和母亲关系上的其他紊乱迹象。表现出享受食物以及爱母亲的婴儿，比较能够忍受食物方面的挫折；随后在他与母亲关系上的紊乱不太严重，而且其影响不会持续这么久。这表明对母亲的信任与对她的爱都相对好地建立了起来。

这些基本的态度也影响着婴儿接受奶瓶喂奶（补充乳房喂养或作为对其的替代）的方式，甚至对很小的婴儿亦然。有些婴儿在刚开始用奶瓶时，会经验到很强烈的愤恨。它们感到失去了原初的好客体，而且是被坏母亲强行剥夺的。这样的感觉不一定会以拒绝新食物来表现；但是迫害焦虑以及被这种经验所激发的不信任感，可能会干扰到与母亲的关系，并因此增加恐惧症性的焦虑，诸如恐惧陌生人（在此早期阶段，新的事物在某种意义上算是一个陌生的物体），或者在日后可能出现对食物方面的困难，或者在接受升华形式的食物（例如知识）时可能产生阻碍，其他婴儿可以较不愤恨地接受新的食物。这意味着对于剥夺的一种更积极的忍受力，与其明显地屈服于它是不同的；而且是源自与母亲有相对稳固的关系，使得婴儿在保持对母亲的爱时，能够接受新的食物（与客体）。

下面的例子说明了一个婴儿接受用奶瓶补充母乳喂养的方式。女婴 A 是个好喂养（且不过分贪婪）的婴儿，而且很快就显出我在上文描述过的那些发展客体关系的指标。这些与食物以及与母亲的好关系，在她摄取食物的轻松方式中表现了出来，且伴随着明显的对此的享受。当她只有几周大的时候，在喂食偶然中断时，她会仰望母亲的脸或是乳房，稍后甚至会在吃奶时友善地注意到其他家人。在第六周晚上喂奶之后因为母乳不够而必须开始用奶瓶，A 毫无困难地接受了奶瓶。不过，在第十周有两个晚上用奶瓶喝奶时，她表现出不情愿的迹象，但是她仍把奶喝完了。在第三个晚上，她完全拒绝了奶瓶，当时似乎没有任何生理或心理的紊乱，睡眠与食欲都正常。她的母亲不想强迫她，在喂奶后将她放在小床里，心想她可能会入睡。但这个孩子饥饿地哭着，母亲并没有把她抱起来，而给了她奶瓶，这时她热切地将奶喝光。同样的事情发生在之后的连续几个晚上。当婴儿在母亲怀里时，她拒绝奶瓶；但是在小床里时，她会立即接受它。几天后，当这个婴儿仍在母亲怀里时就接受了奶瓶，并且立即吮吸了起来。以后用到其他的奶瓶时，没有再发生困难。

我的假设是抑郁焦虑已经在增强，而且在此时导致了婴儿对于喂食母乳之后立即给予奶瓶的反感。这可能表明了抑郁焦虑相对较早地开始[1]，然而这一点与以下事实是相符的：在这个婴儿身上，与母亲的关系发展得很早且很显著；而在拒绝奶瓶之前几周中，这一关

---

[1] 正如前一章所说的，在我看来，抑郁焦虑在生命的最初三个月期间就已经有某种程度的运作了，并且在第一年的四到六个月中达到高峰。

系中的改变是相当显而易见的。我的结论是：因为抑郁焦虑的增加，靠近母亲的乳房及其气味，同时加强了婴儿想要被喂以母乳的欲望，以及由乳房耗竭而导致的挫折。当她躺在小床里的时候，她接受了奶瓶，因为在这一情境下，新的食物与被渴望的乳房是分开的；在此刻，这个乳房已经变成了挫折性且受伤的乳房。这样，她就可能发现比较容易使与母亲的关系免于由挫折而激起的恨意的损害，亦即保持好母亲（好乳房）的完好无损。

我们仍然要解释为什么在几天之后，这个婴儿在母亲的怀里接受了奶瓶；而且此后也不再有用奶瓶的困难。我认为，在这些日子当中，她已经成功地充分处理了她的焦虑，所以能够较不怀怨怼地把替代客体与原初客体一起接受。这也意味着一个早期的步骤，发展出区分食物与母亲的能力。一般来说，可以确定的是，这个区分对于发展具有根本的重要性。

现在我要引用一个例子，在其中与母亲关系的紊乱是在没有立即关联于对食物的挫折的情况下发生的。有一个母亲告诉我，当她的婴儿B五个月大时，曾被放任哭泣得比往常久一些；最后当妈妈回来抱她时，发现她处在一种"瘾症"状态；这个婴儿看起来吓坏了，明显害怕母亲，而且似乎认不得她；一直到过了一段时间之后，她才能完全与妈妈重新接触。有意义的是，这件事情发生在白天，当时孩子是醒的，而且刚喂食过不久。这个孩子平常睡得不错，但有时会毫无明显原因地哭着醒来。我们有充足的根据来假设：上述引起白天哭泣的焦虑也是睡眠紊乱的原因。我的想法是，因为母亲在被渴望的时候并未出现，她就在孩子心中转变成了坏的（迫害的）母亲；而且出于这个缘故，孩子似乎没有认出她，而且感受到了源自她的惊吓。

下面这个例子也同样具有启示性：一个十二周大的女婴C被留在花园里睡觉，她醒来时哭着要妈妈，但是由于刮着大风，她的哭声没有被听到。当妈妈最终过来将她抱起来时，她显然已经哭了好久，脸上布满了泪水；而且她平常的诉苦式哭声已经变成了失控的尖叫。她被带到屋内后仍尖叫不止，母亲怎么安抚她都没有用。最后，虽然离下次喂奶时间还有1小时，妈妈仍为她哺乳，这是以往孩子闹情绪时屡试奏效的特效药（虽然她从未如此持续而激烈地尖叫过）。这个婴儿接受了乳房并且饥渴地吮吸起来；然而，只吸了几口她就拒绝了乳房，并且又开始尖叫。这个情况持续着，一直到她将手指放进嘴巴并且开始吮吸它们时才停止。她时常吮吸手指，而且好几次在哺乳时将手指放入嘴巴里；通常，妈妈只需要温柔地将手指移开，代之以乳头，然后小婴儿就会开始吸奶。然而，这一次她拒绝了乳房，并且又大声地尖叫起来，这个状况持续好几分钟，直到她再吮吸自己手指以后才停下来。母亲让她吸手指头几分钟，同时摇动并安抚她，直到婴儿完全镇静，能够接受乳房，并且吸奶到睡着为止。看起来，对这个婴儿来说，母亲（及其乳房）已经变成坏的、迫害性的，因此不能接受乳房。在一次试图吮吸之后，她发现自己无法再建立与好乳房的关系，转而寻求吮吸自己的手指头，也就是诉诸自体情欲的快乐（弗洛伊德所称）。虽然如此，我要补充的是，这个例子中的自恋性退缩是由她与母亲关系上的紊乱引起的；而婴儿拒绝放弃吮吸自己的手指头，是因为它们比乳房更值得信赖。她借由吸手指头来重建与内部乳房的关系，因而重新获得足够的安全感，能够更新她与外部乳房及母亲的好关系[1]。我想，这两个例子也让我们更加了解早期恐惧症（也就是因为母亲不在而激发的恐惧，弗洛伊德所称）的机制[2]。我要提出的是，发生在生命最初几个月的恐惧症，是由迫害焦虑所导致的，这种焦虑扰乱了婴儿与内化母亲及外部母亲的关系[3]。

下面的例子也说明了好母亲与坏母亲之间的分割，以及与坏母亲有关的强烈（恐惧症性的）焦虑。一名十个月大的男婴 D 被他的祖

---

[1] 参见：海曼的《自体情欲、自恋与最早的客体关系》（*Auto-Erotism, Narcissism and the Earliest Relations to Objects*, 1952, Part2, Sectionb）。

[2] 《抑制、症状与焦虑》第169页、第170页。

[3] 参见：《婴儿情绪生活》与《关于焦虑与罪恶感的理论》（本书）。

母抱到窗边，他充满兴趣地看着街道。当他四处张望的时候，突然在不远处看见了一个陌生访客的脸孔。这是一个老妇人，她已经进入了他们家，而且就站在祖母旁边。他突然紧张起来（焦虑发作），直到祖母将他带出那个房间时才平息下来。我的结论是：在这个时候孩子感觉到"好"祖母消失了，而陌生人代表了"坏"祖母（这个分割的基础在于将母亲分裂为好客体与坏客体）。稍后我会再谈到这个例子。

对早期焦虑的这种解释，也让我们对于陌生人恐惧症（弗洛伊德所称）有了新的认识。在我看来，母亲（或父亲）的迫害方面——主要源于对他们的破坏冲动——被转移到了陌生人身上。

六

我所描述的这种在小婴儿与其母亲关系上的紊乱，在生命的最初三或四个月之间就已经可以观察到了。如果这些紊乱非常频繁而且持久，则可被当作一个指标，说明偏执-分裂位置尚未得到有效的处理。

在这么早的阶段就持续对母亲缺乏兴趣，稍后又加上对一般人以及玩具也漠不关心，就表明了一种更加严重的同类紊乱。这种态度在非难养型的婴儿身上也可以观察到，对于只看表面的观察者来说，这些不大会哭的孩子可能显得"满足"与"好"。而从成人与儿童的分析中，我可以将他们的严重困扰追溯到婴儿期，我获得的结论是许多这类婴儿事实上在心智方面是有病的。他们因为强烈的迫害焦虑与过度使用分裂机制而从外部世界退缩，结果造成抑郁焦虑无法被成功地克服，幻想生活的能力乃至于爱与客体关系的能力都受到抑制；象征形成的过程受到了阻碍，导致了兴趣与升华的抑制。

这种被描述为淡漠的态度，与真正满足的婴儿的行为是截然不同的。后者有时会要求注意力，感到挫折时会哭；对人露出不同的表情来传达他的兴趣以及与他们在一起时的快乐,然而在其他时候也可以快乐自处。这表明他对其内部与外部客体具有安全感,可以忍受母亲暂时不在而不发生焦虑,因为好母亲在他心里是相当稳固的。

七

在其他章节里,我已经从各种角度描述了抑郁位置。现在来思考抑郁焦虑的影响——首先是与恐惧症有关:到目前为止,我只将这些恐惧症与迫害焦虑联系起来,而且用一些例子说明了这个观点。因而我才假定那名五个月大的女婴 B 惧怕母亲,是因为在她心里母亲已经从好的变成坏的,而且这种迫害焦虑也扰乱了她的睡眠。我现在要提出的是,与母亲关系上的紊乱也会被抑郁焦虑所引起。当母亲没有回来时,担心会失去母亲(因为贪婪与攻击冲动已经摧毁了她)的焦虑变得很明显,这种抑郁焦虑与好母亲变成坏母亲的迫害恐惧是密不可分的。

在下面的例子中,抑郁焦虑也会因为婴儿想念母亲而激起。女婴 C 六七周大的时候,已经习惯于傍晚吃奶前在母亲的大腿上玩。当婴儿五个月又一周大时,有一天母亲有访客,因为太忙而无法和小孩玩,不过婴儿却从家人与访客那里得到许多的注意。母亲傍晚喂奶时,像往常那样将她放在床上,很快婴儿就睡着了。两小时后,她醒过来并持续地哭着,她拒绝"被"喝奶(在这个阶段,有时候母乳被当作副食品而用汤匙喂食,通常她会接受)并且继续哭泣,于是母亲放弃了喂她的努力。婴儿玩着妈妈的手指,在她的大腿上满足而安静了大约一个小时,然后在正常喂奶时间喝了晚上奶之后,她很快就睡着了。这种紊乱是最不寻常的,有时候她可能会在喂过傍晚的奶之后醒来,但是只有一次在她生病时(大约两个月前)醒过来并哭泣;而这一次哭泣当时并没有饥饿或是身体不舒服的迹象,那一整天她都是快乐的,而且在这事件之后的那晚也睡得不错。

我想提出来的是，这个婴儿之所以哭泣，是因为她想念与母亲玩的时光。C和母亲有很牢固的人际关系，而且她总是非常享受这个特别的时间。在其他清醒的时候，她相当能自处，但是这个时候她变得躁动不安；而且明显期待母亲和她玩，直到傍晚喂食的时候。如果因为错失这种满足而干扰了她的睡眠，那么就导致我们得出进一步的结论。我们不得不假设：婴儿对于这种在一天中特别的时间、特别的享受是有所记忆的。还有游戏时间对婴儿来说，不仅是强烈满足力比多欲望；而且证明了她与母亲有爱的关系——基本上是安全地拥有好母亲，而这一点带给她入睡前的安全感，伴随着游戏时刻的记忆。她的睡眠受到干扰，不仅是因为她错失了这个力比多的满足，也是因为这个挫折在婴儿身上同时激起了两种焦虑：抑郁焦虑，害怕她会因为自己的攻击冲动而失去了好母亲，结果产生了罪恶感[1]；还有迫害焦虑，害怕妈妈会变成坏的与破坏性的。我的大致结论是：从大约三到四个月开始，这两种形式的焦虑是构成恐惧症的基础。

抑郁位置与某些重要的改变是密不可分的，这些改变可以在小婴儿接近第一年中期时观察到（虽然它们开始得稍微更早一些，而且是逐渐发展的）。在这个阶段，迫害焦虑与抑郁焦虑以各种方式表现出来，例如：烦躁增加、更需要被注意；或是暂时不理妈妈、突然发脾气、对陌生人的恐惧增加；还有平常睡得好的孩子有时候在入睡时啜泣，或是突然哭着醒来，露出明显恐惧与悲伤的表情等。在此阶段，它们的面部表情很显著地改变，愈是有感知的能力，就愈是对人与物有兴趣；而且与人接触的即时反应完全从孩子的外表上反映出来。另一方面，这个阶段可观察到悲伤与痛苦的迹象，这些迹象虽然是短暂的，但是却让面部的情绪表达变得更加丰富（既为更深层的本质，

---

[1] 在稍微大一点的婴儿身上可以很容易地观察到：如果在就寝时间，他们没有被给予一些他们所期待的特殊情感表露，那么他们的睡眠便可能受到干扰，而且，在分离时对爱的需要的加强，与希望被原谅，希望与母亲和解的愿望是紧密联系在一起的。

也有更广的范围)。

八

抑郁位置在断奶时达到高峰。如前文所述，虽然在与客体的关系中，整合以及相对的综合过程的进展引起了抑郁的感觉；但是这些感觉却由于断奶的经验而受到进一步的强化[1]。在此阶段，婴儿就已经经历了较早的丧失体验，例如，当婴儿强烈渴望的乳房（或是奶瓶）没有立即再现的时候，他就觉得它将再也回不来了。不过，这与发生在断奶时的乳房（或奶瓶）的丧失是不一样的，失去最初所爱的客体，在婴儿的感觉中确认了所有的迫害性与抑郁性的焦虑（见本章注释二）。

下面的例子将充当一个说明：婴儿 E 在九个月大时最后一次吃母乳，他对食物的态度没有显示特殊的需要，在此之前，他已经接受了其他食物并有所成长。但是他对母亲的在场以及通常的注意与陪伴的需要增强了。在断奶后一个星期，他在睡眠中啜泣，醒来时带着焦虑与不快的神情，难以安抚。他的母亲只好再次让他吮吸乳房。

---

[1] 伯恩费尔德（S. Bernfeld）在其《婴儿心理学》（1929）中获得了一个重要的结论：断奶与抑郁感是紧密联系的。他描述了婴儿在断奶时的各种行为，从几乎没有什么明显的渴望与悲伤的，到真正冷漠与完全拒绝食物的都有。他还比较了焦虑与躁动不安以及易怒与某种冷漠的状态，这些情绪都可能发生在具有与婴儿类似条件的成人身上。在克服断奶的挫折的种种方法中，他提到了力比多经由投射与压抑而从令人失望的客体那里撤回。他将"压抑"这个术语界定为是从成人的发展状态中借来的。但是，他又总结说："——其基本的性质存在于这些过程中"（就婴儿来说）（第 296 页）。伯恩费尔德提出，断奶是最早的明显导因，病理性的心理发展从中萌发出来，而且婴儿的营养神经症（nutritional neuroses）是神经症易患体质的促成因素。他的结论之一是：因为婴儿借以克服其断奶时的悲伤与丧失感的某些过程是无声地运作的，关于"断奶效应的结论，就必须要取自于一种详细的知识，也就是孩子如何对其世界及其活动进行反应。这些反应是其幻想生活的表达，或至少是其核心"。

他用与平常差不多的时间吸了两边乳房，虽然奶水明显很少，他似乎极为满足、快乐地入睡了；而且自此之后上述的症状显著地减少了。这表明了与失去好客体（乳房）有关的抑郁焦虑会因为乳房的再现而有所缓解。

在断奶的时候，有些婴儿表现出较差的食欲，有些则贪婪升高；而其他的则摇摆于这两种反应之间。这样的改变发生在断奶的每一个步骤上。有些婴儿享受奶瓶胜过哺乳，即使其中部分婴儿在之前也有满意的吮吸母乳经验；对其他婴儿来说，新加入固体食物时食欲会大增，然而也有一些婴儿在这个时候会发生饮食困难，这些困难以这样那样的形式持续存在于童年期的最初几年当中[1]。很多婴儿只能接受某些特定的味道或是固体食物的口感，而排斥其他食物。当我们分析儿童时，会学到很多关于这些"嗜好"的动机，并且辨认出这些动机最深的根源：在于最早期与母亲有关的焦虑。我要借由一个婴儿行为的例子来说明这个结论，这是个五个月大的女婴 F，她一直被喂母乳，但是从一开始也使用奶瓶。她极为愤怒地拒绝母亲给她的固体食物，比如蔬菜。然而当父亲喂养的时候，她却非常平静地接受了它们。两星期后她又接受了母亲给予的新食物。根据可靠的报告，这个孩子现在已经六岁了，和父母及兄弟的关系都良好，但食欲一直不好。

在此我们想到了女婴 A 以及她接受补充性的奶瓶的方式；婴儿 F 也需要一些时间来充分适应新的食物，并从母亲那里将其摄取。

在这篇论文里，从始至终我都在试图说明：对于食物的态度，从根本上是与母亲的关系密不可分的；而且涉及婴儿情绪生活的全部。断奶的经验激发了婴儿最深层的情绪与焦虑，而较为整合的自我则

---

[1] 在其《婴儿的社会发展》（特别是第三章，第二节 Ai）中，苏珊·伊萨克斯举出了一些喂养困难的例子，并讨论了它们与由口腔施虐而产生的焦虑的联系。在温尼科特的《童年期障碍》（特别是第 16 页与第 17 页）中也有一些有趣的观察。

发展出强烈的防御来应付它们。焦虑与防御两者都包含在婴儿对食物的态度中。在此，关于在断奶时对食物态度的种种改变，我必须限制自己做出几点概括：对新食物的许多困难，其根源在于害怕被母亲的坏乳房吞噬、毒害的迫害恐惧。这种恐惧源自婴儿想要吞噬并毒害乳房的幻想[1]。到了稍后的阶段，在原有的迫害焦虑之外又加上了抑郁焦虑（尽管程度有所不同），后者是担心贪婪与攻击冲动会毁灭他所爱的客体。在断奶的过程期间与之后，这种焦虑可能产生的效果是增加或抑制对新食物的欲望[2]。正如我们先前知道的那样，焦虑可以对贪婪产生不同的影响：它可能增强它，或者可能导致对贪婪以及摄取营养的快乐的一些强烈抑制。

断奶时的食欲增加，在某些情况下可以表明，在哺乳期间，乳房坏的（迫害性的）那一面曾超过了好的那一面；此外，担心会危及所爱乳房的抑郁焦虑，是造成抑制食欲的原因之一（也就是说，迫害

---

[1] 我先前提出过，小婴儿那些想要用有毒的（爆炸与燃烧的）排泄物攻击母亲身体的幻想，是他害怕被母亲所毒害的恐惧的根本原因，而且也是妄想症的根源所在，同样，那些想要吞噬母亲（及其乳房）的冲动，就在小婴儿的心里将母亲变成了一个吞噬性的且危险的客体（《俄狄浦斯冲突的早期阶段》《象征形成在自我发展中的重要性》《儿童精神分析》特别是第八章）。弗洛伊德也提到过小女孩害怕被她的母亲所谋杀与毒害的恐惧，他说这种恐惧"可能在日后构成妄想症的核心"（《精神分析新论》，S.E.22，p.120）。他还说："怕被毒害的恐惧也可能与乳房的撤走有关。毒药就是使人生病的营养"（同上，p.122）。在他较早的文章《女性性欲》中，弗洛伊德也提到过女孩在前俄狄浦斯阶段中害怕"被母亲杀害（吞噬？）"，并提出："这种恐惧对应着孩子针对其母亲的一种敌意，这种敌意是由于母亲在训练与身体照料的过程中强加的多方面限制而发展出来的，而投射机制是儿童早年的精神病组织最喜欢的机制"。他还推断道："在这种对母亲的依赖中，我们看到了女人后来发生妄想症的萌芽"。在此背景中，他提到了布伦斯维克（Ruth Mack Brunswick）在1928年报告的个案（《对一例妄想症个案的分析》），在这个个案中，障碍的直接来源在于病人对其姐姐的俄狄浦斯固着（S.E.21，p.227）。

[2] 我们可以在此比较躁狂抑郁病人对食物的态度。如我们所知，有些病人拒绝食物，其他病人则暂时表现出一种贪婪的增加；还有些病人摇摆在这两种反应之间。

焦虑与抑郁焦虑两者以不同比例同时运作）。因此，奶瓶（在某种程度上，在婴儿心里既是脱离原初客体——乳房；又是象征它的）和母亲的乳房比起来，可以较不焦虑、愉快地被接受。然而，有些婴儿未能成功地以奶瓶象征性地替代乳房；而且他们只有在给予固态食物时才会享受进食。

当乳房（或奶瓶）喂奶开始减少的时候，婴儿的食欲经常会降低，这清楚地表明了联系于失去原初所爱客体的抑郁焦虑。但是，我认为迫害焦虑始终是造成不喜欢新食物的原因之一。当婴儿正在接受哺乳时，乳房坏的（吞噬的与有毒的）那一面就会受到他与好乳房的关系的抵制；而这个坏的方面会因断奶带来的剥夺而增强，并且被传递到新的食物上。

如我先前指出的那样，在断奶过程期间，迫害焦虑与抑郁焦虑强烈地影响着婴儿与母亲及食物的关系。然而，在此阶段中，内部和外部各种因素之间错综复杂的相互作用才是具有决定性的。借此我想说的，不仅是对客体与食物态度上的个体差异，更重要的在于是否能成功修通并在某种程度上克服抑郁位置。关键的是在更早阶段中，乳房在内部被建立起来的稳固程度；以及连带着受到剥夺的状态下，可以保持多少对母亲的爱。这些有一部分是由母亲与孩子的关系所决定的。如我曾经提出的，即使是很小的婴儿也可以接受新的食物（奶瓶），而几乎没什么抱怨（例子 A），这种较好的对挫折的内部适应能力（从生命头几天就开始发展），是与区别"母亲与食物"的每一步发展密切相关的。这些基本的态度，特别是在断奶过程中，大致决定了婴儿接受（就字面上最完整的意义来说）原初客体的替代者的能力。在此，再一次可见母亲对婴儿的行为与感觉是至关重要的：爱的关注，以及她投入在婴儿身上的时间有助于婴儿处理其抑郁的感觉。与母亲有好的关系可能在某种程度上抵制了他失去原初所爱客体（乳房）的感觉，因此对抑郁位置的修通有正面的影响。

担心失去好客体的焦虑在断奶期间达到高峰，它也受到其他经验的影响,例如:身体不适、疾病,特别是长牙齿。这些经验必定会再增强婴儿身上的迫害焦虑与抑郁焦虑。换句话说,身体因素不可能完全说明在此阶段中因疾病或长牙所引发的这些情绪困扰。

九

在这些接近出生第一年中期的重要发展中,我们发现客体关系的范围在不断扩大,特别是父亲对小婴儿的重要性在不断增加。我曾在其他背景中表明:除了其他发展因素之外,抑郁的感觉以及害怕失去母亲的恐惧,都会促使婴儿转向父亲。俄狄浦斯情结的早期阶段以及抑郁位置是紧密联系且同时发展的。我只需提及一个例子,就是前面提到的那个小女孩 B。

从大约四个月大的时候开始,她和比她大几岁的哥哥的关系,在她的生命中扮演了一个突出且引人注目的角色。显而易见,这个关系在各个方面都不同于她与母亲的关系。她钦慕哥哥说的与做的每一件事情,并且持续不断地对他示好;她尽其所能地迎合他以博得他的注意,并且对他表现出明显的女性态度。那个时候父亲多是不在的,一直到她十个月大时才更常见到父亲;而且,从这时开始与他发展出非常亲密与爱的关系。这件事基本上与她和哥哥的关系是并行的。在刚满两岁时,她常叫哥哥"爸爸",此时父亲已经成为她的最爱了,当她见到父亲时的欢欣、听到他的脚步声与说话声时的兴高采烈、当他不在时她一再提到他的方式,以及许多对父亲的感觉的表达——这一切只有用恋爱中的状态才能加以描述。母亲清楚地认识到:在此阶段,这个小女孩在某些方面而言,是喜欢父亲更胜过她的。此处我们看到了一个早期俄狄浦斯情境的例子。在这个案例中,俄狄浦斯情境最初是从哥哥那里被经验到的,然后被转移到了父亲身上。

十

正如我在诸多关系中说明的那样，抑郁位置是正常情绪发展的重要部分，不过，孩子处理这些情绪与焦虑的方式，以及他所使用的防御，成为发展是否顺利进行的指标（见本章末注释三）。

害怕失去母亲的恐惧使得与母亲分离（即使是短暂的）是痛苦的。各种游戏的形式提供的既是表达这种焦虑的方式，也是克服这些焦虑的方法：弗洛伊德借由观察一个十八个月大的男孩玩缠线板而得出这样观点[1]。依我所见，孩子借由这个游戏所克服的不仅是丧失的感觉，还有抑郁焦虑[2]。有众多的典型游戏形式与缠线板的游戏类似，苏珊·伊萨克斯（1952）曾提到几个例子，我现在要加上一些在这方面的观察。儿童（有时候甚于六个月大以前）会喜欢把东西从婴儿车丢出来，乐此不疲；而且会期待这些东西回到身边。我在一个最近刚开始学会爬的十个月大的婴儿 G 身上，观察到了这种游戏更进一步的发展。他毫不厌倦地将玩具丢开，然后爬过去把它抓回来。我被告知：他在大约两个月之前开始玩这个游戏，当时他是在尝试往前移动。婴儿 E 在六至七个月之间，有一次当他躺在婴儿车里、抬起脚的时候，他注意到一个他刚丢开的玩具滚了回来，他把这发展为一种游戏。

在第五或第六个月时，已经有许多婴儿对"找人游戏"有愉快的反应（见本章末注释四），我见过只有七个月大的婴儿活跃地玩这个游戏：把毯子拉起来盖住头、再放下来。婴儿 B 的母亲把这个游戏当作就寝时间的习惯活动，因此让孩子在快乐的心情下入睡，似乎这种经验的"重复"是帮助婴儿克服其丧失与哀伤感觉的重要因素。我发现对小婴儿有很大的帮助与安慰效果的另外一种典型游戏，是

---

[1] 《超越快乐原则》（1920）。参见：第三章，其中有关于这个游戏的描述。

[2] 在《在设置情境中对婴儿的观察》（*The Observation of Infants in a Set Situation*）中，温尼科特详细讨论了缠线板游戏。

在睡觉时挥着手说"拜拜",慢慢离开房间。在母亲离开房间时,使用"拜拜"和挥手,之后说"又回来啦""很快就回来"或是类似的词,这样的方式通常证实具有帮助与安慰的效果。我知道有些婴儿最先学到的词是"回来"或是"再一次"。

回到女婴 B,"拜拜"是她最初学会的几个词之一。我时常注意到当她母亲快要离开房间的时候,孩子的眼睛会闪过一丝哀伤的神情,看起来几乎要哭的样子,但是当母亲对她挥手说"拜拜"时,她看似就得到了安慰并且可以继续她的游戏。当她在十到十一个月大的时候,我见到她在练习挥手的姿态。我的感觉是:这样的行为不只变成兴趣的来源,也是安慰的来源。

婴儿逐渐增长感知与了解周遭事物的能力,不仅增加了他处理与掌控这些事物的自信,而且还增加了他对外部世界的信任。婴儿对外部现实的反复经验,成为克服其迫害焦虑与抑郁焦虑的重要方式。在我看来,这就是"现实检验",而且是一种见于成人心理过程的基础。这个过程就是弗洛伊德曾经描述的哀悼工作的一部分[1]。

当一个婴儿能够坐起来或站立在婴儿车里的时候,他可以看人们,而且在某种意义上跟他们靠近;当他可以爬与行走时,靠近他人的程度就更大了。这样的成就不仅意味着婴儿更有能力随自己的意志靠近客体,而且也意味着婴儿更独立于客体。例如,女婴 B(大约十一个月大时)非常享受在过道不停地爬上爬下几个小时,非常自得其乐;但是她时不时地会爬进母亲所在的房间(门是开着的),看看她,或是想要跟她说话,然后再爬回过道。

站立、爬行与行走在心理方面所具有的巨大重要性已被某些精神分析论者描述过了。我在此强调的则是,所有这些成就都被婴儿用来当作重新获得失去的客体,以及找寻新客体以替代失去客体的方法。这一切都有助于婴儿克服其抑郁位置。言语的发展——始于

---

[1]《哀悼与抑郁症》(1917)。

声音的模仿——是使孩子靠近他所爱之人并使他能够找到新客体的另外一项重大成就。当获得一种新的满足时,与早先情境有关的挫折与怨怼便有所减弱,这又带来更多的安全感。另外一个获得进展的要素,是来自婴儿尝试着要控制其客体以及其外部与内部世界;发展的每一步也是自我用来当作应对焦虑的防御,在此阶段主要是针对抑郁焦虑。这有助于一个可以经常被观察到的事实,随同发展上的进展,例如学会行走与说话,孩子变得更快乐且更活泼。

从另一个角度来说,自我在克服抑郁位置方面的努力,促进了一些兴趣与活动,这不仅发生在生命的第一年当中,而且持续到童年期的最初几年[1]。

下面的例子说明了我对于早期情绪生活的一些结论,男婴 D 在三个月大时,表现出与其玩具(珠子、木环、摇铃)非常强烈而个人的关系。他专注地看着它们,反复碰触它们,把它们放进嘴里,听着它们发生的声响。当这些玩具不在他想要的位置时,他就生气地对它们尖叫;当它们被放回该放的位置时,他感到高兴而又喜欢它们了。他的母亲在他四个月大时评论道:他运用他的玩具处理掉了许多愤怒;另一方面,在他感觉痛苦的时候,它们也是一种抚慰。有时候,他看到这些玩具时便会停止哭泣,而且在睡前它们也有安抚的作用。

在五个月大时,他可以清楚地分辨父亲、母亲与看护者,这一点准确地表现在他能辨识他们的神态,以及他期待和每一位所玩的特定游戏上:他的人际关系在这个阶段已经非常明显了。他也对他的奶瓶发展出了一种非常特别的态度,例如,当空的奶瓶立在他旁边的桌子上时,他对它发出声音、抚摸它,并且不时吮吸着奶嘴。从他的表情可以推测,他正对着奶瓶表现出和对他所爱的人一样的

---

[1] 如我在上一篇文章中指出的那样,尽管抑郁感觉的关键经验与应对它们的防御是在生命第一年期间产生的,孩子却需要花费很多年来克服他的迫害焦虑与抑郁焦虑。它们在幼儿神经症的过程中受到一次又一次的激活与克服。但是这些焦虑从未被根除,因此持续一生都有可能再次复苏,虽然程度较弱一些。

行为。在九个月大时，他被观察到钟情地看着奶瓶、对它说话，而且明显地等待着回应。由于这个男孩从来就不是好喂养型的，而且没有表现过任何贪婪，事实上是在摄取食物时没有任何特别的快乐；因此他与奶瓶的关系就更为有趣了。他几乎从一开始就对母乳喂养有一些困难，由于母亲没有奶水，因此在几周大时，完全改为用奶瓶喂奶，他的食欲一直到第二年才增加，而甚至在那时候，他的食欲大部分得仰赖他分享食物给父母的快乐感。这提醒我们一个事实：在九个月大的时候，他对奶瓶的主要兴趣似乎是在于其近似于人的性质，而不只是与其中所含的食物有关。

十个月大时他变得非常喜欢发声陀螺（译者注：一种状如陀螺、会旋转并发出嗡嗡声响的玩具），起初他被其红色的圆头所吸引，便立即吮吸了起来，这么做引发了他很大的兴趣；因为它会旋转起来并且发出声响。他很快就放弃吮吸它，但是仍旧对红色的圆头保持兴趣。在他十五个月大时发生了一件事情，当他在玩另外一个他也很喜欢的发声陀螺时，它掉在地板上，裂成了两半。这个孩子对这件事的反应非常惊人，他哭了起来，无法接受安抚，并且不愿再回到发生该事件的房间。最后母亲终于成功地带他回来，给他看那个陀螺已经被修好了，他拒绝看它，而且跑出房间（甚至到了第二天，他还是不想靠近放置那个发声陀螺的玩具柜）。此外，在该事件之后几个小时，他拒绝喝他的茶。不过，稍后他的母亲拾起他的玩具狗说："多可爱的小狗狗啊。"男孩振奋起来，他拿起那只狗，带着它四处展示，期待他们说："好狗狗。"显然，他认同于那只玩具狗，因此对狗狗显示的情感，使他从对发声陀螺给他造成伤害之中恢复信心。

重要的是，在更早的阶段上，这个孩子对破碎的东西就已经表现出直言不讳的焦虑。例如，在大约八个月大时，当他不小心摔碎一个玻璃杯（还有一次是一个杯子）时，他哭了起来。不久以后，他会因为看到破碎的东西而特别困扰，不论是谁弄碎的，以致他的母亲必须立即将它们移出他的视线。

他在这些事件所感到的痛苦，都表明了迫害焦虑与抑郁焦虑的存在。如果我们将他在八个月大时的行为与这件后来发生的发声陀螺事件联系起来的话，这一点就很清楚了。我的结论是：奶瓶与发声陀螺都象征性地代表了母亲的乳房（我们应当记得，他在十个月大时对待发声陀螺的行为就像在九个月大时对待奶瓶的行为一样），当发声陀螺分裂为两半时，对他来说就意味着母亲的乳房与身体的破坏。这就可以解释他对弄坏发声陀螺的焦虑、罪恶感以及哀伤的情绪。

我已将弄坏的玩具与破碎的杯子和奶瓶联系了起来，但是有一个更早期的关联需要一提。正如我们看到的那样，有时候孩子会对他的玩具表现出极大的愤怒，他用非常个人的方式来处理这种愤怒。我要提出的是，他在稍后阶段被观察到的焦虑与罪恶感，都可以追溯到他对玩具所表达的攻击上，特别是当无法取得这些玩具的时候。而与其母亲乳房的关系，还有一个更早的联系，就是这个乳房未能满足他就被撤回了。相应地，对于破碎的杯子或是玻璃杯的焦虑也是罪恶感的表达，而这种罪恶感关乎的是他首先针对母亲乳房的愤怒与破坏冲动。因此，通过象征形成，这个孩子将他的兴趣移置到了一系列的客体上[1]，从乳房到玩具：奶瓶—玻璃杯—杯子—发声陀螺，并将人际关系与诸如愤怒、怨恨、迫害焦虑与抑郁焦虑以及罪恶感等情绪转移到了这些客体上。

在前文中我曾描述了这个孩子与陌生人有关的焦虑，并且透过那个例子来说明母亲的形象（在此是祖母的形象）分裂为好的母亲与坏的母亲；对坏母亲的恐惧以及对好母亲的爱是非常明显的，这些都有力地表现在他的人际关系中。我认为人际关系的这两个层面参与了他对破碎事物的态度。

他在弄坏发声陀螺的事件中表现出了迫害焦虑与抑郁焦虑的混合，拒绝进入那个房间，稍后甚至不愿靠近玩具柜，这两种焦虑的

---

[1] 关于象征形成对于心理生活的重要性，参见：伊萨克斯（Isaacs，1952），还有我的文章《早期分析》与《象征形成在自我发展中的重要性》。

混合表明害怕这个客体因为受到伤害而变成一个危险客体的恐惧（迫害焦虑）。然而，毫无疑问，有一些强烈的抑郁感觉也在这个时候运作着。当（代表他的）小狗狗是"可爱的"，也就是好的，而且仍然是为他的父母所爱的，他就因而获得了安慰。此时所有这些焦虑就得到了缓解。

结　　论

我们对于体质因素以及其相互作用的知识仍是不完整的，在本书的篇章里我曾触及一些因素，我现在要将它们概括出来。自我固有的忍受焦虑的能力，可能因出生时自我凝聚性之多寡而定，这又反过来决定了分裂机制活动的多寡，以及相应的整合能力的多寡。其他从产后生活的一开始即存在的因素是爱的能力、贪婪的强度，以及应对贪婪的防御。

我认为这些相互关联的因素，是生本能与死本能之间某些融合状态的表达，这些状态基本上影响了一些动力过程。借由这些过程，破坏冲动受到力比多的抵制与缓和，这些过程是塑造婴儿无意识生活的重要时刻。从产后生活的一开始，体质因素就与外部因素是紧密联系的。这些外部因素开始于初生的经验与早期被照顾与被喂养的情境。况且，我们有足够的根据来假设：从早期开始，母亲的无意识态度就强有力地影响着婴儿的无意识过程。

因此，我们必然会得出这样一种结论：体质因素不能与环境因素分开而单独考虑，反之亦然；它们共同形成了早期的幻想、焦虑与防御，这些虽然会落入某些典型的模式，却有无穷的变化。这就是个人的心理与人格从中萌生的土壤。

我已经尽力表明：借由仔细的婴儿观察，我们能够知悉他们的情绪生活，并且预测其未来的心理发展。这些观察，在上述界限内，某种程度上支持了我对于发展最早阶段的发现：这些发现是在儿童与成人的精神分析过程中获得的，因为我能够将他们的焦虑与防御追溯至婴儿期。我们可以回想：弗洛伊德在其成人病患的无意识中发现了俄狄浦斯情结，导致了一种更加开明的儿童观察；而这些观察又反过来充分地证明了他的理论性结论。在过去数十年中，俄狄浦斯情结固有的冲突已经广为人知。其所带来的结果是增加了人们对儿童情绪困难的了解；但是这主要适用于处于发展较后期的孩子，小婴儿的心理生活对大部分的成年人来说仍是个谜。我大胆提出，由于受到从儿童精神分析中得出的越来越多的关于早期心理过程的知识所促进，一种更加仔细的婴儿观察，必然在不久的将来为了解婴儿的情绪生活带来更多的洞见。

我在本书的几章与先前的著作中提出的论点是，小婴儿过度的迫害焦虑与抑郁焦虑，在心理障碍的精神发生学中具有关键的重要性。在当前这篇文章中，我已经反复地指出，一个善解人意的母亲可以借由她的态度来减少其婴儿的冲突，并因而在某种程度上帮助婴儿更有效地应对他的焦虑。因此，更充分、更广泛地认识小婴儿的焦虑与情绪需要，将会减少婴儿期的痛苦，并由此为日后的生活奠定更多快乐与稳定性的基础。

注　释

注释一

　　关于这个问题有一个基本的方面是我想提及的。我的精神分析工作致使我得出了以下的结论：新生儿无意识地感觉到存在着一个具有独特好品质的客体，从中可以获得最大的满足；而这个客体就是母亲的乳房。此外我相信这种无意识的知识，意味着与母亲乳房的关系以及拥有乳房的感觉，甚至在那些非喂母乳的孩子身上也会发展出来。这就解释了上文提到的一个事实：以奶瓶喂食的孩子也会在其好坏两个方面内摄母亲的乳房。这些婴儿在内部世界稳固建立好乳房的能力有多强，取决于许多内部与外部因素，其中与生俱来的爱的能力扮演着一个关键的角色。

　　从产后生活的一开始即存在着一种关于乳房的无意识知识，并且体验到对乳房的感觉，这一事实只能作为一种种系发生的遗传来设想。

　　现在来思考个体发生的因素在这些过程中所扮演的角色。我们有充分的理由假设：婴儿的那些与口腔的感官密切相关的冲动，将他直接导向了母亲的乳房，因为其第一个本能欲望的客体就是乳头，而且其目标是要吮吸乳头。这就意味着奶瓶的奶嘴不能完全取代被欲望的乳头，奶瓶也无法取代被欲望的母亲乳房的气味、温暖与柔软。因此，尽管婴儿可能容易接受并且享受奶瓶喂奶（特别是如果可以建立一种近似乳房哺乳的情境），他可能仍然会感觉到没有得到最大的满足，结果便是体验到对能提供这种满足的那个特殊客体的深切渴望。

　　对无法获得的理想客体的欲望，是心理生活中的一个普遍特征；因为它来自孩子在发展过程中经历的种种挫折，这些挫折在必须放弃俄狄浦斯客体的时候达到高峰。挫折与怨恨的感觉导致了幻想性的退行，并且经常回溯性地聚焦在与母亲乳房之间关系中受到剥夺的痛苦上,这种情境甚至会发生在曾经有满足的乳房哺乳的人身上。然而,我在许多分析中都发现,对没有过乳房哺乳经验的人来说,他们对于"无法获得的客体"的渴望,其品质显示了特殊的强度与性质:这种渴望如此的根深蒂固,以至于其起源在婴儿最初的哺乳经验与最初的客体关系中就明显可见。这些情绪的强度随着个体的差异而改变,而且对心理发展有不同的影响。例如,对有些人而言,乳房被剥夺的感觉可能是促成强烈怨恨及不安全感的原因,对客体关系和人格发展来说具有各种不同的暗示含义;对其他人来说,对于一个独特的客体(虽然他们不知道它是什么,但是感觉到它存在于某处)的渴望,可能强烈地激发出升华的路线,例如追寻一个理想,或是对个人成就的高标准。

我现在要将这些观察与弗洛伊德的一段话做个比较。在谈到婴儿与母亲的乳房以及与母亲的关系的根本重要性时,弗洛伊德说道:"种系发生的基础远远凌驾于偶然的个人经验之上,因此孩子是否真的吮吸到乳房,或者是用奶瓶养大而从未享受过母亲照料的温柔,这两者之间并没有什么差别。他的发展在这两种情况下都采取了同一条道路,或许在后者的情况下,他在日后的渴望会更大。"(《精神分析纲要》第56页)

弗洛伊德在此赋予了种系发生因素如此绝对的重要性,以至于婴儿实际的哺乳经验变得相对不重要了,这远远超出了我的经验带给我的结论。然而,在我加重的那句话中,弗洛伊德似乎考虑到了这样的可能性:错失了乳房哺乳的经验被感觉为一种剥夺,否则我们便无法解释对母亲乳房的渴望为什么"会更大"。

注释二

我已经清楚地阐明,在婴儿对母亲的对比情绪的综合中表现出来的整合过程,以及随后将客体的好坏两个方面聚集在一起的过程,构成了抑郁焦虑与抑郁位置的基础,这意味着这些过程从一开始就和客体有关。在断奶的经验中,感到失去的是最初所爱的客体,因此与客体有关的迫害焦虑与抑郁焦虑都有所增强。于是,断奶的开始便成为婴儿生活中的主要危机,他的冲突在断奶的最后阶段中达到了另一个高峰。进行断奶的方式,每一个细节都影响着婴儿抑郁焦虑的强度,都可能增强或减弱其修通抑郁位置的能力。因此,最好是小心而缓慢地断奶,因为骤然断奶由于突然增强了他的焦虑,可能会损害其情绪的发展。在这里有许多重要的问题需要探讨,例如在生命最初几周或甚至数月,以奶瓶代替乳房喂奶的影响是什么?我们有理由假设,这个情境与开始于大约五个月大的正常断奶是不一样的。这是否意味着,因为在头三个月中迫害焦虑居于优势,这种形式的焦虑由于早期断奶而有所增加?还是说这种经验在婴儿身上产生了抑郁焦虑的更早开始?这两种后果以何者为主,可能部分地取决于外部因素,例如何时真正开始断奶,以及母亲处理这个情境的方式;另一部分则是取决于内部因素,这些内部因素大致可归纳为固有的爱与整合能力的强度,而这又反过来意味着在生命开始时自我固有的强度。如我反复主张的,这些因素构成了婴儿安全地建立好客体的基础,即使从来没有乳房哺乳的经验,也可以达到某种程度。

另外一个问题适用于晚期断奶(常见于原始人以及某些特定的文明社群)的影响,我没有足够的资料来回答这个问题。不过,从我的观察与精神分析的经验来判断,我可以说在大约第一年的中期是开始断奶的最佳时机;因为婴儿在此阶段正经历抑郁位置,断奶会在某些方面帮助其修通无法避免的抑郁感觉。在这个过程里,他受到了在此阶段发展而扩大范围的客体关系、兴趣、升华以及防御的支持。

至于断奶的完成——也就是完全从吮吸改为用杯子喝,比较难于对其最佳时机做一个一般性的建议。在这个问题上,个别孩子的需要(在这个阶段比较容易借由观察来判断)应该被当作决定的标准。

对某些婴儿来说,在断奶的过程中有更进一步的阶段需要加以考虑，也就是放弃吮吸大拇指或是手指头。有些婴儿因为来自母亲或保姆的压力而放弃它；但是，根据我的观察，即使婴儿看起来是自己放弃吮吸手指头（同样，此时外在的影响不能被完全抹杀），仍然不可避免地会带来典型断奶期的冲突、焦虑以及抑郁的感觉，有些婴儿甚至会失去食欲。

断奶的问题与更普遍的挫折问题是连在一起的，挫折如果不是过度的（在此我们应当记得，某种程度的挫折是无可避免的），甚至可以帮助孩子处理其抑郁的感觉；因为克服挫折的经验会强化自我，而且也是支持婴儿处理抑郁的哀悼工作的一部分。更确切地说，母亲的再现一次又一次地证明了她没有被摧毁，也没有变成坏母亲，这意味着婴儿的攻击并未导致他所害怕的结果。因此，在挫折的伤害性与助益性效果之间，存在着一个极具个体差异的、细致的平衡状态。这个平衡状态是由各种内部与外部因素决定的。

注释三

我的论点在于偏执-分裂位置与抑郁位置都是正常发展的一部分。我的经验导致我得出如下的结论：如果婴儿早期的迫害焦虑与抑郁焦虑相对于自我逐步处理焦虑的能力是过多的，就可能会导致儿童的病理性发展。在前一章中，我曾经描述了与母亲（好母亲与坏母亲）关系上的分割——这是自我尚未充分整合的特征，还有分裂的机制。在正常情况下，与母亲关系的波动以及暂时的退缩状态——由于受到分裂过程的影响——是难以估量的；因为在这个阶段，它们和自我不成熟的状态有密切的关联。不过，当发展的进行并不尽如人意时，我们就可以得到这种失败的某些指标。在这一章里，我已提到某些典型的困难，它们表明偏执-分裂位置尚未被很好地修通；尽管这个描绘在许多地方有所不同，但是所有这些例子都具有一项重要的共同特征：客体关系发展上的紊乱，在生命最初的三个月到四个月时就已经可以被观察到了。

我要再说一次，有些困难属于通过抑郁位置的正常过程，诸如烦躁、易怒、睡眠困扰、需要较多注意、改变对母亲与食物的态度，如果这些困扰过多而且持续过久，就可能指示修通抑郁位置的失败，而且可能变成日后躁狂抑郁症的基础。不过，修通抑郁位置的失败也可能导致一个不同的结果：诸如退缩、不理母亲与其他人等这些症状，就可能稳定发展为常态，而不只是过度或局部的现象。如果再加上婴儿变得更为情感淡漠，无法发展更广泛的兴趣并接受替代物——这些通常与抑郁症状同时存在，而且部分是克服抑郁位置的方式；那么我们可以推测抑郁位置并没有成功地得到修通，而且发生了对前一个位置——偏执-分裂位置——的退行，我们必须赋予这个"退行"极大的重要性。

再重复一次我在稍早的著述中所表达的结论：迫害焦虑与抑郁焦虑如果过度，就可能会导致童年期的严重心理疾病与心理缺陷。这两种形式的焦虑，也为成年生活中的妄想症、精神分裂症以及躁狂抑郁症提供了固着点。

注释四

弗洛伊德提到婴儿与母亲玩"消失出现"游戏（译按：妈妈捂住自己脸然后再把脸露出来）时的快乐（弗洛伊德没有说他指的是婴儿期的哪一个阶段，但是从这个游戏的性质来看，我们或许可以假设他提到的婴儿是在第一年的中期或后期，或许更大一些）。关于这一点，他说婴儿"无法分辨暂时的不在与永久的丧失，只要婴儿看不见他的母亲，就会表现得像是永远不会再见到她似的；有必要重复相反的安慰体验,让婴儿了解到母亲在消失之后通常会重新出现"（S.E.20, p.169）。

至于进一步的结论，在这一点上存在着同样的观点差异，就像在稍早提到的对缠线板游戏的解释那样。根据弗洛伊德的说法，小婴儿在思念其母亲时所体验到的焦虑产生了"……一个创伤情境，如果婴儿在当时正好感觉到必须由母亲来满足的需要，如果这个需要在当时不存在的话；它就会转变成一个危险情境。因此，焦虑的最初决定因子是自我自行引入的，也就是失去对客体的感知（相当于失去客体本身）。此时还没有失去爱的问题。后来，经验教会孩子：客体可以是在场的，但却是对孩子感到生气的。然后，失去来自客体的爱便成为一个更持久的新危险，也成为焦虑的决定因子"（同上，第170页）。在我看来，我曾在不同的文章中提到并在此摘要阐述的观点是：小婴儿体验到对其母亲的爱，也体验到对其母亲的恨；当婴儿思念她并且其需要没有得到满足时，她的不在就被感觉为是婴儿的破坏冲动所造成的后果，因此发生了迫害焦虑（害怕好母亲可能变成了生气的迫害的母亲），以及哀悼、罪恶感与焦虑（害怕所爱的母亲会被他的攻击所摧毁）。这些焦虑，构成了抑郁位置，且会被一次又一次的克服，例如，通过一种安慰性质的游戏。

　　在思考过关于小婴儿的情绪生活与焦虑之见解的若干不同处之后，我想把注意焦点放在与上述引文中处于同一段落的文字上，弗洛伊德在此处似乎限定了他对于哀悼主题的结论。他说道："——与一个客体的分离何时会产生焦虑？何时产生哀悼？何时可能只产生痛苦？我马上要说的是，这些问题绝不可能得到答案。我们必须满足于做出一些区分，并预示一些可能性"（同上，第169页）。

第八章 精神分析的游戏技术：其历史与重要性

（1955）

一

在提供一篇主要涉及游戏技术的文章以作为这本书[1]的引言时，我受到了以下考虑的鼓励：我跟儿童与成人的工作，以及我对精神分析理论整体的贡献，从根本上是源自与孩子工作时发展出来的游戏技术。借此我想说的并不是我后来的工作是对游戏技术的直接应用，但是我在早期发展、无意识过程以及能够触及无意识的解释的本质中获得的见解，已经在我对于较大孩子及成人的工作上有了深远的影响。

因此，我将要简短概述我的工作从精神分析游戏技术发展出来的步骤，但是我并不会对我的发现给出一个完整的论述。在1919年，当我开始我的第一个个案时，已经有人做过一些针对儿童的精神分析工作，特别是胡贺慕斯医师（Dr. Hug-Hellmuth, 1921）。不过，她没有从事过六岁以下儿童的精神分析。尽管她使用绘画，偶尔以游戏作为媒介；但是她并未将游戏发展成一种特殊的技术。

在我刚开始工作的时候，我有一个既定的原则：分析师应当非常节制地给予解释。除了少数的例外，精神分析师们尚未探索过无意识的那些较深层次；对儿童来说，这种探索被认为具有潜在的危险，

---

[1]《精神分析的新方向》。

此谨慎的观点反映在这样一个事实当中，即在当时以及之后的几年中，精神分析被认为只适用于潜伏期开始的儿童[1]。

我的第一名病人是一个五岁大的男孩，在我最早出版的论文中[2]，我用弗立兹这个名字称呼他。在开始的时候，我以为只要影响母亲的态度就足够了。我曾建议她应该鼓励孩子自由地与她讨论许多未能说出口的问题，这些问题明显存在于他内心深处，而且阻碍了他的智力发展，这么做有了好的效果，但是他的神经症并未被充分缓解。很快，我就决定应该要对他进行精神分析。这么做时，我偏离了某些既定的原则，因为在孩子呈现给我的材料中，我解释了我认为最急迫的部分，并且发现我的兴趣专注在他的焦虑以及对抗这些焦虑的防御上。这种新的方法很快使我面临了一些严重的问题，我在分析这名病人时，所遭遇到的焦虑是非常急剧的，而且虽然我观察到焦虑一再因为我的解释而缓解，使我确信我工作的方向是对的；但是有时候我会因为他那些被带到表面上的新的焦虑的强度而感到不安。在这个时候，我向卡尔·亚伯拉罕医师请教，他回复说：既然到目前为止，我的解释经常带来舒缓的效果，而且分析明显有进展，他不认为需要改变处理的方式。我受到他的支持所鼓舞，在之后的几天里，孩子的焦虑从原先的高峰大幅地减弱，达到更进一步的改善。从这个分析所获得的信念，强烈地影响了我全部的精神分析工作。

当时的治疗是在这个孩子的家中进行的，用的是他自己的玩具。这个分析是精神分析游戏技术的开始，因为从一开始，这个孩子主要就是透过游戏来表达他的幻想与焦虑；而且我不断地向他解释游戏的意义，结果是在他的游戏中有越来越多的材料浮现出来。也就

---

[1] 对这一早期方法的描述是在安娜·弗洛伊德的著作《儿童精神分析治疗》（1927）中被给出的。

[2]《儿童的发展》（1923）、《学校在儿童力比多发展中的角色》（1924）与《早期分析》（1926）。

第八章 精神分析的游戏技术：其历史与重要性

是说，基本上我已经在这个病人身上使用了解释的方法，而这个方法成为我的技术特色。这种处理方法符合精神分析的一项基本原则，也就是"自由联想"。当我解释的不只是孩子的话语，也解释他玩玩具的活动时，我将这个基本的原则应用到孩子的心理上，而孩子的游戏与各种活动（事实上也就是他的整体行为），是他们用来表达成人借由言语所表达内容的方法。整个治疗过程中，我也受到弗洛伊德建立的两个其他信条的指引，从一开始我就将它们视为基本的法则：探索无意识是精神分析程序的主要任务；而分析移情则是达到这个目标的方法。

在1920年与1923年间，我从其他儿童案例获得了更进一步的经验，但是游戏技术发展中确切的一步，是我在1923年治疗一个两岁九个月大的孩子时所做的精神分析。我已经在我的《儿童精神分析》[1]一书中，以莉塔之名提供了这个儿童案例的细节。莉塔的困扰是夜惊及动物恐惧症，她对母亲的态度非常矛盾，同时她黏母亲黏到了无法被单独留下的程度。她有明显的强迫性神经症，而且有时候非常抑郁。她的游戏都受到抑制，无法忍受挫折，这使她越来越难养育。我当时很怀疑该如何处理这个案例，因为分析这么小的孩子，完全是一项新的试验。第一次治疗似乎印证了我的担忧，当莉塔和我被单独留在育婴室时，她就立即表现出了一些我认为是负向移情的迹象：她当时焦虑而沉默，随即要求去外面的花园，我同意了，并且随她同去；但这在她的母亲与保姆看来，却是失败的迹象。在10~15分钟后，当我们回到育婴室时，她们非常惊讶地看到莉塔对我相当和善。对这种转变的解释是：当我们在外头的时候，我曾经解释她的负向移情，这再一次违反了一般的做法。从她说的一些事情，以及她在开放空间里比较不那么害怕的这个事实，我的结论是当她单独与我在房间里的时候，她会特别惧怕我可能对她做的某些事情。我

---

[1] 也见：《论养儿育女》（Rickman主编，1936）与《根据早期焦虑看俄狄浦斯情结》（1945）。

解释了这一点，并提及她在夜里的惊吓，我将她怀疑我是一个具有敌意的陌生人联结到她的恐惧：夜里有坏女人会在她落单时攻击她。在这个解释之后几分钟，当我提议回到育婴室的时候，她立即同意了。如我之前提到的，莉塔在游戏方面的抑制是明显的，她除了强迫性地帮她的洋娃娃穿脱衣服之外，几乎什么都不做。但很快我开始了解在她的强迫症底下隐藏的焦虑，并且解释了它们。这个案例加强了我那正在成长的信念：对儿童进行精神分析的前提，是要了解并且解释那些幻想、感觉、焦虑以及游戏所表达的经验，或者是造成游戏活动被抑制的原因。

　　如同对弗立兹一样，我在这名小孩的家中做分析，并且用她自己的玩具，但是在这仅仅维持数月的治疗过程中，我得到的结论是：不应该在孩子的家中进行精神分析。因为我发现虽然她非常需要帮助，而且她的父母认可了我应该试试精神分析，但她的母亲对我的态度是非常矛盾的，而且整个气氛对治疗具有敌意。更重要的是，我发现移情的情境——也就是精神分析程序中最重要的部分，只有在病人能感觉到治疗室或游戏室（事实上是整个分析）是与其日常家庭生活分开时，才能被建立起来并且加以维持。因为只有在这样的条件下，病人才能克服他对于体验且表达那些不符常规的思想、感觉和欲望的阻抗；对儿童来说，他们感觉这些不符常规的事情是与许多被教导的事情相抵触的。

　　也是在1923年，我在对一名七岁女孩的精神分析中做出了一些更有意义的观察。她的神经症困难显然并不严重，但是她的父母担心她的智力发展已经一段时间了。她虽然相当聪明，但是跟不上其他同年龄的孩子；她不喜欢学校而且有时候会逃学。以前她与母亲的关系是有感情的、信赖的；但自从她开始上学以来就改变了，她变得羞怯而沉默。我对她做了几次治疗都没有什么进展。已经很清楚的是她不喜欢学校，从她胆怯地说出的事情以及其他意见，我已经能够进行一些解释。这些解释衍生了一些材料，但是我的感觉是自己无法用这个方法获得更多进展。有一次我又发现这个孩子没有反应并退缩；我离开她，告诉她我稍后会回来；我到我孩子的婴儿房拿了一些玩具、车子、小人物、几块积木、一辆玩具火车，把它们放进箱子里，再回到病人那里。这个小孩之前不曾画画或是从事其他活动，但她立即对这些小玩具产生了兴趣，并开始玩起来。从这次游戏中，我推断两个玩具小人代表了她自己与一个小男孩（这个小男孩是我之前曾听她提过的一个同学），看起来这两个小人的行为有不为人知之处。其他玩具人偶被认为是在干预与监视，被厌恶地放置在一旁。她玩这两个玩具的方式带来了一些灾难，例如摔倒或撞到车子，这与焦虑升高的迹象一起重复着。这时候我提到她游戏中的细节并解释道：在她与她的朋友之间似乎曾发生过一些性活动；而之前她非常恐惧这一点会被发现，因而不信任其他人。我指出她在游戏时曾经变得焦虑，而且似乎马上就要停止她的游戏。我提醒她，她不喜欢学校可能与她害怕老师会发现她与同学的关系而惩罚她有关；最重要的是她很害怕，而且不信任她母亲，现在她可能对我也有同样的感受。这个解释对孩子的影响是很显著的，她的焦虑与不信任刚开始时升高了，但是很快就转变为明显的释然。她的脸部表情改变了。虽然没有承认或否认我的解释，接着开始制作新的材料，并且变得更自由地玩耍与说话；但这些都显示了她的赞同。她对我的态度也变得更为友善而较少怀疑。当然，与正向移情交替发生的负向移情一再地浮现；但是从这一次治疗以后，分析开始顺利地进展。如我被告知的，同时还有一些好的改变发生在她与家人的关系上，特别是和她母亲的关系。她对学校的排斥减弱了，对学业变得更有兴趣；但是她在学习上的抑制，根源于很深的焦虑，只能在治疗过程中逐渐地消解。

二

我刚刚描述了使用我特别为儿童病人保留在箱子里的玩具（我将玩具装入这个箱子，第一次带到治疗室），证实它们对那个女孩的治疗是非常重要的。这个经验以及其他的经验，有助于我决定哪些玩具最适合精神分析的游戏技术[1]。我发现一件很基本的事，就是要用小的玩具。因为它们的数量与多样性，能够让儿童去表达各种广泛的幻想与经验。重要的是，为了这个目的，这些玩具必须是非机械性的；而且人物的形象也只有颜色与大小的分别，不应该显示任何特定的职业。它们非常简单的形式可以让婴孩根据在游戏中浮现的材料，将其用在许多不同的情境中。他因此能够同时呈现各种经验与幻想，或是实际的情境，这也让我们有可能对于其心理运作获得一个比较连贯、有条理的图景。

与玩具的简单相一致，游戏室的设备也是简单的。它并不包括任何精神分析所不需要的东西[2]。每一个孩子的玩具都被锁放在一个特定的抽屉里，因此他知道只有分析师和自己知道他的玩具与游戏（相当于成人的自由联想）。上文所提到的那个我第一次用来给那名小女孩取玩具的箱子，就变成了个别抽屉的原型；而个别的抽屉则是分析师与病人之间私密与亲密关系的一部分，代表了精神分析的移情情境。

我不建议精神分析的游戏技术必须完全依靠于我特别挑选的游戏材料。不管怎样，儿童通常会自发地带来他们自己的东西，而与

---

[1] 它们主要是：小的木头男人和女人（通常有两种大小）、汽车、独轮手推车、秋千、火车、飞机、动物、树木、砖块房屋、篱笆、纸张、剪刀、刀子、铅笔、粉笔或彩笔、胶水、球和弹珠、橡皮泥和绳子。

[2] 它们是方便清洗的地板、自来水、一张桌子、几把椅子、一张小沙发、几个靠垫和一个抽屉柜。

这些玩具的游戏很自然就进入了分析的工作。但是,我认为由分析师提供的玩具,大致上必须符合我刚才描述过的那种类型,也就是简单而非机械性的小玩具。

不过,玩具不是游戏分析的唯一必需品。许多的儿童活动不时会在洗手台附近进行,洗手台那里应备有一两条小毛巾、杯子与勺子。有时他会画画、写字、涂色、剪纸、修理玩具等;有时则会玩游戏,在其中分派角色给分析师和自己,例如玩商店、医生和病人、学校、母亲与孩子的游戏等。在这种游戏中,儿童时常会扮演成人的角色,不仅表达了他想要倒转角色的愿望,而且还示范出他如何感受父母或是其他权威者对待他的方式,或是应该表现的方式。有时候他会借由扮演父母的角色,对由分析师所代表的孩子施虐,以发泄攻击性与愤怒。不论幻想是借由玩具或是戏剧化来表现,解释的原则都是一样的;因为不论使用什么材料,都必须在技术层面下应用分析的原则[1]。

攻击性以各种方式在儿童的游戏中被表达出来,这种表达要么是直接的,要么是间接的。经常是玩具坏了,或是当孩子更具有攻击性时,才会使用刀子或剪刀攻击桌子或木块;令水和颜料飞溅四处,使治疗变成了战场。让孩子能够释放其攻击性是必要的,但是最重要的是了解为什么在这个特殊时刻的移情情境中,破坏冲动会浮现出来,并且要观察这些破坏冲动在孩子心里发生的后果。例如当孩子弄坏了一个玩具小人之后,罪恶感可能很快会随之而来。这种罪恶感不仅指涉着实际造成的伤害;而且也指涉着该玩具在孩子无意识中代表的人物,例如小弟弟、小妹妹或是父母。因此,解释也必须处理这些更深的层次。有时候从孩子对分析师的行为,我们可以推断出不仅有罪恶感;而且迫害焦虑也是其破坏冲动的后果以及他害怕招致的报复。

---

[1] 上述玩玩具与游戏的例子,可见于《儿童精神分析》(特别是第二章、第三章与第四章)。也见《儿童游戏中的拟人化》(1929)。

我通常能够成功地对孩子传达：我不能忍受他人对我身体的攻击。这样的态度不仅保护了精神分析师，对分析来说也是很重要的。因为如果没有对这种攻击加以约束，容易激发孩子过多的罪恶感与迫害焦虑；这会增加他治疗的困难。有时候我会被问到如何防止身体攻击的发生，我想答案是我非常小心地不去抑制孩子的攻击性幻想。事实上，我给了他机会让他用其他方式将这些幻想付诸行动，包括对我口头攻击。我越是能够及时解释孩子攻击的动机，就越是能够掌控情境。但是对于某些精神病的儿童，有时候却很难保护自己免于他们的攻击。

三

我发现孩子对于他所损坏的玩具的态度是非常具有启示性的。通常他会将这样的一个玩具（比如代表着兄弟姐妹或父母）放置在一边，忽略它一段时间。这就表明他不喜欢这个损坏的客体，由于他有迫害的恐惧——怕被他攻击的人（由玩具所代表）变得具报复性而遭遇危险。这种迫害感可能非常强烈，以至于掩盖了同样因为他所造成的伤害而引发的罪恶感与抑郁感；或者，罪恶感与抑郁也可能非常强烈以至于它们导致了迫害感的再增强。然而，有一天这个孩子可能会在他的抽屉中寻找这个损坏的玩具。这暗示了在那个时候我们已经能够去分析某些重要的防御，由此减弱迫害的感觉，并且使得他们可能体验到罪恶感与进行修复的冲动。当这发生时，我们也能够注意到，孩子与由玩具代表的特定兄弟姐妹之间的关系或是其一般人的关系，都已经发生了改变。这个改变证实了我们的印象：迫害焦虑有所减弱，而且与罪恶感及进行修复的愿望一起，过去曾被过度焦虑所阻碍的爱的情感现在也凸显了出来。对另一个孩子或是同一个小孩在分析的稍后阶段，罪恶感与修复的愿望可能很快会发生在攻击行为之后；而且对于在幻想中已被他伤害的兄弟或姐妹所表现的温柔变得相当明显。这种改变对于性格形成、客体关系以及心理稳定的重要性，是再高估也不为过的。

解释工作的一个基本部分，是必须要亦步亦趋地跟随爱与恨之间的波动。其一方面是快乐与满足；而另一方面则是迫害焦虑与抑郁。这意味着分析师不应该对孩子弄坏玩具表现出不赞同；不过，他也不应该鼓励孩子去表达其攻击性，或是暗示他玩具可以被修复。换句话说，他应该使孩子能够在其情绪与幻想浮现出来时去体验它们。我的技术始终如一的部分，不是使用教育或道德上的影响力；而是完全恪守精神分析的程序，简而言之，包括理解病人的心理，并且向他传达着其中发生了什么。

可以为游戏活动所表达的各种情绪情境是没有任何局限的：例如，挫折与被拒绝的感觉、对父亲或母亲的嫉妒，或是对兄弟和姐妹的嫉妒，伴随着这种嫉妒的攻击性，对拥有玩伴及反对父母的盟友的快乐，对新生婴儿或腹中胎儿的爱恨情感，以及随之发生的焦虑、罪恶感、进行修复的冲动等。我们也在儿童的游戏中，发现日常生活的实际经验与细节的重复，经常与其幻想交织在一起。具有启发性的是：有时候生活中非常重要的真实事件未能进入其游戏或是自由联想中；而且所强调的重点有时都落在了那些明显次要的事件上。但是，这些次要的事件对孩子来说格外重要，因为它们激起了他的情绪与幻想。

四

有许多儿童在游戏方面受到了抑制，这种抑制并不总是完全阻碍他们进行游戏；但是可能很快会中断他们的活动。例如：一个小男孩被带到我这里做单次的面谈（在未来有可能进行分析，但是在当时父母亲要带他一起出国）。我在桌上放了一些玩具，他坐下来之后开始玩。游戏很快地发展成许多意外事件、冲撞、玩具人摔倒，以及他想要再令它们重新站立起来等。在整个过程中，他表现出非常多的焦虑；然而因为当时并未准备要治疗，我没有给予解释。数分钟后，他悄悄地滑下椅子，说道："玩够了。"便走了出去。从我的经验来看，我认为如果这曾是治疗的开端，而且我解释了他在对玩具的行动上所表现的焦虑，以及对我的相应的负向移情；那么我就应该能够充分化解他的焦虑，让他继续游戏。

下一个例子可以帮助我说明导致游戏抑制的某些原因。有一名三岁九个月大的男孩（我曾在《儿童精神分析》中用"彼得"这个名字来描述他）[1]，他非常神经质。其困难在于：他无法游戏、不能忍受任何挫折，羞怯而哀伤、不像男孩子，但有时却具有攻击性且骄傲自大，对家人的态度非常矛盾，特别是对于母亲。他母亲告诉我，彼得在一次暑假之后变得糟糕至极——在假期中，十八个月大的他和父母同房，而且有机会观察到他们的性交。在那个假期，他变得非常难管，睡得很差；而且夜里反复地遗便在床上，他已经好几个月没有那样了。在此之前，他可以自由地玩耍；但是从那个夏天开始，他便停止了游戏；并且对他的玩具变得非常具有破坏性，他对玩具所做的无非是破坏它们。不久之后他的弟弟出生了，这又增加了他的所有这些困难。

在第一次会谈中，彼得开始游戏，他很快就让两匹马撞在一起，而且对不同的玩具重复同样的动作。他还提到他有了一个小弟弟。我对他解释说：马匹与其他互相撞在一起的东西代表着一些人，起初他拒绝这个解释，后来就接受了。他又将马匹撞在一起，说它们要睡觉了，便用积木将它们盖了起来，又说："现在它们死了，我把它们埋了。"他将汽车头尾相接排成一列（在后来的分析中，这种排列方式清楚地象征着他父亲的阴茎），让它们成列行驶；然后突然发起脾气，并在房间里把它们丢得到处都是，说道："我们总是把我们的圣诞礼物弄

---

[1] 这个孩子的分析开始于1924年，是帮助我发展出游戏技术的另一个个案。

得粉碎，我们什么也不要。"因此，摔掉他的玩具在其无意识中代表了摔他父亲的生殖器，在这第一次治疗中，他真的弄坏了几个玩具。

在第二次会谈中，彼得重复了第一次治疗中的某些材料，特别是将汽车、马匹等撞在一起；并且再次提到他的小弟弟。因此，我解释说他在向我显示他的妈妈和爸爸是如何将他们的生殖器撞在一起（当然我是用他自己的词来说生殖器），还有他认为他们这么做导致了小弟弟的出生。这个解释引出了更多的材料，说明了他跟弟弟及父亲非常矛盾的关系。他把一个玩具男人放在了一块积木上，叫这块积木是"床"；他把玩具丢下，说它"死了，完蛋了"。接着他用两个玩具男人（他选择了他已经损坏的玩具）重演了同样的事情。我解释说第一个玩具男人代表了他的父亲，他想把他从母亲的床上丢开，并杀了他；而那两个玩具男人中的一个就是他的父亲，另一个则代表着他自己，他的父亲会对他做同样的事情。他之所以会选择两个损坏人偶的原因在于，他感觉如果他攻击父亲的话，那么父亲和他自己就都会受伤。

这些材料说明了许多重点，对此我只提出其中一两点。因为彼得目睹父母性交的经验，在他的心里造成了很大的冲击；而且唤起了强烈的情绪，例如嫉妒、攻击性与焦虑，这是他在游戏中最早表达出来的东西。毫无疑问，他对此经验不再有任何意识层面的认知，也就是说这个经验被压抑了。只有对这个经验的象征性表达对他才是可能的。我有理由相信，如果我未曾解释那些撞在一起的玩具是一些人的话，他也许不会产生在第二次治疗中所出现的材料。此外，要是我在第二次治疗中，未能借由解释他对玩具造成的破坏来向他说明其抑制游戏的某些原因；那么他就很可能像他在日常生活中所做的那样，在破坏玩具之后便停止游戏了。

有些儿童在治疗的开始，可能就像彼得或那位只来面谈一次的小男孩那样无法进行游戏。然而很少见到一个孩子会完全忽视摆在桌上的玩具，即使他不理会这些玩具，他也经常会让分析师洞识到了他不想玩的动机。儿童分析师也可以用其他方法来收集资料并加以解释：任何活动，例如在纸上涂鸦、剪纸，以及任何行为的细节，例如姿势或面部表情的改变，都能够提供关于孩子心中发生了什么事的线索，都有可能联系着分析师从孩子父母那里听到关于其困难的事情。

我已经说了很多解释对于游戏技术的重要性，并且举了一些例子来说明它们的内容。这将我带向了一个我常被人问及的问题：小孩子在智力上能够理解这样的解释吗？我和同事们的经验是这样的：如果解释与材料中的明显部分有关联，那它们就会被充分地理解。当然，儿童分析师必须尽可能简练而清楚地给出他的解释；在这么做时也应该运用孩子自己的表达。只要他将呈现给他的材料的基本点转移成简单的话语，他就触及了那些在当时最起作用的情绪与焦虑：孩子在意识上与智力上的了解，通常都是一个"事后"的过程。对于一个儿童分析的新手来说，许多有趣且令人讶异的经验之一便在于，即使在非常幼小的孩子身上，也能发现获得洞识的能力；而且这种能力通常远比成人来得好。在某种程度上，这一点可以由以下的事实来加以解释：无意识与意识之间的联系在小孩子身上比在成年人身上更为紧密，而且婴儿期的压抑相比较而言不那么强烈。我也相信婴儿的智力能力经常被低估了，事实上他们了解的比被认定的更多。

我现在借由一个儿童对我的解释的反应，来说明我刚才提出的论点。彼得（我对其分析给出了一些细节）曾强烈地反对我这样的解释：被他从"床"上摔下来的那个"死了，完蛋了"的玩具男人代表着他的父亲（解释对所爱的人的死亡愿望，在儿童与成人身上都会唤起极大的阻抗）。在第三次治疗中，彼得又带来了类似的材料，但是现在他接受了我的解释，并深思地说道："要是我是爸爸，有人想把我丢到床后面去，让我死掉，让我完蛋，我会怎么想呢？"这表明他不仅修通、理解、接受了我的解释；而且还认识到了更多。他理解了自己对父亲的攻击感觉是造成他害怕父亲的原因；还有，他将自己的冲动投射在了父亲身上。

游戏技术的要点之一始终都是移情的分析。如我们所知，病人在对分析师的移情中重复了早期的情绪与冲突。我的经验是：通过在我们的移情解释中，将他的幻想与焦虑追溯到其起源的地方，也就是婴儿期以及他与最初客体的关系上，我们就能够从根本上帮助到病人。因为通过重新体验早期的情绪与幻想，并且了解它们与其原初客体的关系；病人就能够在根源上修改这些关系，因此有效地减少他的焦虑。

五

回顾我最初几年的工作，我想挑出一些事实来加以讨论。在本文的一开始我就提到，在分析我最早的儿童病例时，我发现我的兴趣都集中在其焦虑与应对它们的防御上，我对焦虑的强调带领我更深入地进入了孩子的无意识与幻想生活中。这种特殊的强调背离了精神分析的观点，即解释不应该走得太深，而且不应该被经常给予。我坚持我的这种方法；尽管它涉及技术上的根本改变。这种方法将我带进了新的领域；因为它开启了对婴儿早期的幻想、焦虑与防御的理解。这些在当时大多仍然是尚未加以探索的部分；当我开始将我的临床发现做理论阐述时，我觉得这一点变得清楚了。

在对莉塔的分析中，令我惊讶的种种现象之一便在于她的超我非常严厉。我曾在《儿童精神分析》一书中描述过莉塔如何惯于扮演严厉与惩罚的母亲，这个母亲对待（由洋娃娃或我自己所代表的）孩子非常残酷。此外，她对其母亲的矛盾情感，她极度需要受到惩罚的状态，她的罪恶感以及夜惊，都让我认识到在这个两岁九个月大的孩子身上——而且非常清楚地回到了更早的年龄——一个严厉而冷酷的超我在运作着。这个发现在其他儿童的分析中得到了证实，我得到的结论是：超我发生于较弗洛伊德所假设的更早的阶段。换句话说，我发现他所构想的超我，其实是延续好几年发展的最终产物。

更进一步观察的结果是：我认识到超我是某种被孩子感觉为以具体的方式内在运作的东西；它包含了各种从其经验与幻想中建立起来的形象，而且源自他内化（内摄）其父母的那些阶段。

这些观察在分析小女孩时带来了一个发现，即首要女性焦虑情境：母亲在感觉上是原初的迫害者，她作为外部与内化的客体，攻击孩子的身体并从孩子身上拿走她想象的孩子。这些焦虑是从女孩幻想对母亲身体的攻击中产生出来的，其目的在于抢夺其内容，即粪便、父亲的阴茎以及孩子，并导致了害怕受到类似攻击的报复。我发现这种迫害焦虑与很深的抑郁及罪恶感结合，或是交替发生着。这些观察继而带领我发现了"进行修复"的倾向在心理生活中所扮演的重要角色；修复在这个意义上，比弗洛伊德对于"强迫性神经症的抵消"与"反向形成"的概念更为宽广。因为它包含了各种过程，借由这些过程，自我感觉自己抵消了在幻想中所造成的伤害，恢复、保存并复活了客体。这种倾向的重要性，就像它与罪恶感息息相关那样；也在于它对所有升华的贡献，以及通过这种方式对心理健康做出了重大贡献。

我在研究对母亲身体的幻想性攻击时，很快就发现了肛门与尿道的施虐冲动。上文中我曾提到，在莉塔的案例（1923）中，我认识到了超我的严厉；而且她的分析极大地帮助我了解到，对母亲的破坏冲动如何成为罪恶感与迫害感的诱因。有许多案例使我更加清楚破坏冲动的肛门与尿道施虐性质，其中之一就是我在1924年分析过的一个三岁零三个月大的女童"楚德"[1]。当她来找我治疗时，她受苦于各种症状，诸如夜惊与大小便失禁等。在其分析的早期，她要求我假装在床上睡觉；然后她会说她要攻击我，要看我的屁股里有没有大便（我发现大便也代表了孩子），她要将它们取出来。在这种攻击之后，她蜷缩在角落，假装她在床上，用抱枕盖住自己（这是要保护她的身体，而且也代表着孩子）。在此同时，她真的尿湿了，而且清楚地

---

[1] 参见：《儿童精神分析》。

显示她非常害怕会受到我的攻击。她对于已内化的危险母亲的焦虑，证实了我最初在莉塔的分析中所获得的结论。这两个分析都是短程的，部分原因是父母们认为已经达到了足够好的进展[1]。

不久之后，我开始确信这些破坏冲动及幻想总是可以被追溯到口腔-肛门冲动与幻想。事实上，莉塔已经非常清楚地显示了这一点。有一次她涂黑了一张纸，然后把它撕碎，把碎纸丢进一杯水中；并将嘴凑上前去，就像要喝下它似的，同时轻声地说了一句"死女人"[2]。这种撕纸与弄脏水的行为，我曾将其理解为表达了攻击并杀害其母亲的幻想；而这样的幻想又引发了怕遭受报复的恐惧。我已经提到过，正是通过楚德这个案例，我才意识到了这些攻击中的特别的肛门与尿道施虐性质。不过在1924年与1925年间所做的其他分析案例中（"露丝"与"彼得"，两者都在《儿童精神分析》中有所描述），我也注意到了口腔施虐冲动在破坏性幻想与相应的焦虑中所扮演的基本角色。因此在儿童分析中所找到的资料，充分地证实了亚伯拉罕的发现[3]。因为这些分析比莉塔和楚德的分析持续得更久[4]，它们给我提供了更进一步的观察范围，让我对口腔期的欲望和焦虑在正常与异常的心理发展中所扮演的基本角色，获得了更完整的洞见[5]。

正如我之前提到的那样，我已经在莉塔与楚德那里认识到了对一个受到攻击并因此而恐怖吓人的母亲的内化——也就是严厉的超我。在1924年与1926年间，我分析过一个病得很重的孩子[6]。通过对

---

[1] 莉塔有83次会谈，楚德有82次会谈。

[2] 参见：《根据早期焦虑看俄狄浦斯情结》（1935），《克莱因文集》第一卷，第404页。

[3] 参见：《根据心理障碍来看力比多发展的简短历史》（1924）。

[4] 露丝有190次会谈，彼得有278次会谈。

[5] 对亚伯拉罕的发现的根本重要性的不断确信也是我自己在他那里接受的分析的结果。我的分析开始于1924年，在14个月后因为他的疾病和死亡而被迫中断。

[6] 这个孩子以"厄娜"为名被描述在《儿童精神分析》的第三章。

她的分析，我得知了许多这种内化的特殊细节，也得知了许多构成妄想症与躁狂抑郁症焦虑的基础的幻想与冲动。由于我了解她内摄过程的口腔与肛门性质，以及它们所产生的内部迫害情境；我也越来越注意到内部迫害如何借由投射的方式来影响其与外部客体的关系。其羡慕与恨的强度完全显示了它源自与母亲乳房的口腔施虐关系，而且与其俄狄浦斯情结的开始交织在一起。在1927年第十届国际精神分析大会上，厄娜的案例对奠定我所报告的许多结论之基础有很大的帮助[1]，特别是以下这个观点：在口腔施虐冲动与幻想达到高峰时建立起来的早期超我，构成了精神病的基础。两年之后，我将这个观点加以扩展，强调了口腔施虐对于精神分裂症的重要性[2]。

与我到目前为止所描述的那些分析相一致，我也能在一些男童身上进行一些关于焦虑情境的有趣观察。对男孩与男人所做的分析，都充分证实了弗洛伊德的观点，即阉割焦虑是男性首要的焦虑。但是我认识到由于早年对母亲的认同（这个女性位置引入了俄狄浦斯情结的早期阶段），对身体内部遭受攻击的焦虑在男人和女人身上都是极其重要的。这种焦虑以各种方式影响并塑造了他们的阉割恐惧。

源自在幻想中对母亲身体及她假定包含的父亲的攻击而产生的焦虑，在两性身上都被证实是构成幽闭恐惧症的基础（包括害怕被拘禁或是埋葬在母亲身体里面的恐惧）。举例来说，这些焦虑与阉割恐惧的联系，可见于失去阴茎或是将其摧毁在母亲内部的幻想；而这些幻想可能会导致阳痿。

我发现有关攻击母亲身体以及被外部与内部客体所攻击的恐惧，都具有一种特殊的性质与强度，这暗示出它们的精神病的性质。在探索儿童与内化客体的关系时，各种内部迫害的情境及其精神病性质的内容变得清楚了。此外，我也认识到对被报复的恐惧，源自个体自身的攻击性。这致使我提出，自我的最初防御针对的是由破坏

---

[1] 参见：《俄狄浦斯冲突的早期阶段》（1928）。
[2] 参见：《象征形成在自我发展中的重要性》（1930）。

性冲动与幻想所唤起的焦虑。当这些精神病性质的焦虑被追溯至其起源时,我便一次又一次地发现它们是来自口腔施虐的。我还认识到了与母亲的口腔施虐关系,以及内化那由于被吞噬而具有"吞噬性"的乳房,创造了所有内部迫害者的原型;而且,一方面是内化受伤并因此而可怕的乳房;另一方面是内化满足的、有帮助的乳房,这两者形成了超我的核心。另一个结论是:尽管口腔焦虑首先发生,但是来自所有来源的施虐幻想与欲望在非常早期的发展阶段上都有运作,并且重叠在口腔焦虑之上[1]。

我在上文所描述的婴儿期焦虑的重要性,也会在病情严重的成人分析中表现出来,其中有些是边缘型精神病的个案[2]。

---

[1] 这些结论和其他结论都涵盖在我已经提到的两篇文章中,即《俄狄浦斯冲突的早期阶段》与《象征形成在自我发展中的重要性》。也见:《儿童游戏中的拟人化》(1929)。

[2] 大概是在对一个只来找我一个月的妄想型精神分裂症男人的分析中,我了解到精神病性焦虑的内容,以及需要解释这些焦虑的迫切性。在1922年,一个准备度假的同事要我帮他照料他的一名精神分裂症患者一个月。从第一次治疗开始,我就发现我必须不让这个病人在任何时间中保持沉默。我觉得他的沉默隐含着危险,每当这样的情况发生,我就会解释他对我的怀疑,例如:我和他的叔叔密谋要让他再次受到禁制(他最近才刚刚解除禁制)——这些材料是他曾在其他场合口头表达过的。每当我以这种方式来解释他的沉默,将其联系于前面的材料,这个病人便会坐起来,以一种威胁的语气问我:"你想把我送回疗养院,是吗?"但是他很快就安静下来,并开始更加自由地言说。这向我表明了我的路线是正确的,应该继续去解释他的那些怀疑与迫害的感觉。在某种程度上,对我的正向移情与负向移情都发生了;但是有一些时候,当他对女人的恐惧非常强烈的出现时,他请求我告诉他一个他可以转介过去的男性分析师的名字。我告诉他了一个男性分析师的名字,但是他却从未联系过这个同事。在那个月期间,我每天都看见这个病人。那位要我照顾他的分析师回来时发现有一些进展,并希望我继续这个分析。我拒绝了,因为我非常清楚,在没有任何保护或其他适当安排下治疗一个妄想症患者是具有危险的。在我对他进行分析的那段时间中,他经常在我的房子对面站好几个小时,仰望我的窗户,尽管只有少数几次他按了门铃要求见我。我可以提一下,在一小段时间之后,他又受到了禁制。虽然我在当时并没有从这一经验中绘制出任何理论性的结论,但是我相信这个分析的片段也许促成了我后来对婴儿期焦虑的精神病性质的洞见以及我的技术发展。

还有一些别的经验帮助我获得了进一步的结论。比较我在厄娜（无疑是妄想症）与一些病情较轻（只能被称为神经症）的儿童身上所发现的幻想与焦虑，我相信精神病性（妄想症与抑郁症）的焦虑构成了幼儿神经症的基础。在成人神经症患者的分析中，我也做过一些类似的观察。所有这些不同的探索路线导致了如下的假设：在某种程度上，精神病性质的焦虑是正常婴儿期发展的一部分，并在幼儿神经症过程中获得表达与修通[1]。不过，为了要揭开这些婴儿期的焦虑，分析必须进入无意识的较深层次，这对成人与儿童来说都是适用的[2]。

本文的引言已经指出，我的注意从一开始就集中在儿童的焦虑上，而且我发现透过解释焦虑的内容可以减轻这些焦虑。为了做到这一点，必须充分使用游戏的象征性语言，我认为这是儿童表达方式的基本部分。如我们已经知道的，积木、小人、车子不只代表着孩子自身感兴趣的东西；而且在他们玩这些玩具的时候，它们总是具有各种象征的意义。这些意义和他的幻想、愿望及经验是密切相关的，这种古老的表达方式也是我们所熟悉的梦中的语言。我发现通过类似于弗洛伊德解释梦的方法来研究儿童的游戏，能够触及儿童的无意识。但是我们必须考虑每个儿童使用象征的方式与其特定的情绪与焦虑，以及与在分析中呈现的整个情境之间的关联；仅仅概括性地转译象征是毫无意义的。

由于我肯定了象征的重要性，随着时间的推移，致使我获得了关于象征形成过程的理论性结论。对游戏的分析已经说明，象征不仅使儿童能够转移兴趣，而且也能将幻想、焦虑与罪恶感转移到物

---

[1] 如我们所知，弗洛伊德发现了在正常人与神经症患者之间没有任何结构性的差异，而这一发现在理解一般的心理过程中是最具重要性的。精神病性质的焦虑在婴儿期是无所不在的，并且构成了幼儿神经症的基础，我的这个假设是对弗洛伊德发现的延伸。

[2] 我在上一段中提出的结论，可以在《儿童精神分析》中找到完整的阐述。

体而不是人身上[1]。因此在游戏中可以体验到很大的释放，对儿童来说，这是游戏如此重要的因素之一。例如我之前提到的彼得，当我解释他破坏一个玩具人偶是代表对弟弟的攻击时，他对我指出：他不会对真正的弟弟做出这样的事情，他只会对玩具弟弟做这种事。我的解释当然使他清楚他想攻击的是真正的弟弟。不过，这个例子说明只有借由象征性的手段，他才能够在分析中表达他的破坏倾向。

我也获得了这样的观点：在儿童身上，严重地抑制象征的形成与使用，以及抑制潜意识幻想生活的发展，都是严重紊乱的迹象[2]。我认为这种抑制及其所导致的与外部世界同现实关系上的紊乱，都是精神分裂症的特征[3]。

我要稍加一提的是，从临床与理论的观点来看，我发现我同时分析成人与儿童是很有价值的。我因而能观察到婴儿的幻想与焦虑在成人身上仍在运作，而且能够评估幼儿未来的发展可能会如何。通过比较病情严重的儿童、神经症儿童与正常的儿童，并将精神病性质的婴儿期焦虑认作成人神经症的病因，我获得了上述的结论[4]。

六

在对成人与儿童的分析中，将其冲动、幻想与焦虑追溯到它们的起源，也就是追溯到其对母亲乳房的感觉（即使对未曾接受乳房哺乳的儿童亦然）；我发现客体关系几乎是从出生就开始了，并发生于第一次哺乳的经验，而且心理生活的各个方面都与客体关系密切相

---

[1] 就此而论，参见：厄内斯特·琼斯博士的重要论文《象征主义的理论》（1916）。

[2] 《象征形成在自我发展中的重要性》（1930）。

[3] 这个结论已经影响了对精神分裂患者沟通模式的理解，也在精神分裂症的治疗中占有一席之地。

[4] 除了共同的特征，我无法在此处理存在于正常人、神经症患者与精神病患者之间的基本差异。

关。我也发现儿童对外部世界的经验（很快即包括了他跟父亲及其他家庭成员的矛盾关系），始终受到儿童所建构的内部世界的影响，而且前者又反过来影响着后者；另外，由于内摄与投射从生命一开始就共同运作，外部情境与内部情境始终都是互相依存的。

在婴儿心里，母亲首先是作为彼此分离的好乳房与坏乳房出现的；而且，在几个月内，随着逐渐的自我整合，冲突的方面开始被综合在一起。这些观察都帮助我了解了分裂过程与将好坏形象分开的重要性[1]，以及这些过程对自我发展的影响。自我综合了客体的好坏（被爱与被恨的）两个方面，结果便导致抑郁焦虑的发生；从这个经验中获得的结论，接着又将我带到抑郁位置的概念（抑郁位置在第一年的中期左右达到高峰）；在此之前是偏执位置，这个位置跨越最初的三到四个月，并且以迫害焦虑与分裂过程为典型特征[2]。后来在1946年[3]，当我重新阐述我对生命最初三或四个月的见解时，我称这个阶段为（依费尔贝恩所提议的）[4]"偏执－分裂位置"；而且在建构完成其意义的时候，我试图将我对分裂、投射、迫害与理想化的发现统合起来。

我和儿童在一起的工作，以及我从中获得的理论性结论，越来越影响着我对成人所用的技术。"起源于婴儿期心理的无意识，必须要在成人阶段加以探索"，这一直是精神分析的教义。我对儿童的经验，在这个方向上已经将我带向比以往更深的地方，也形成了一种技术，使得触及这些层次成为可能。特别是我的游戏技术，已经帮助我看出哪一种材料是当下最需要加以解释的，以及最容易向病人

---

[1]《儿童游戏中的拟人化》（1929）。

[2]《对躁狂抑郁位置的心理发生学之贡献》（1935）。

[3]《关于某些分裂机制的注释》（1946）。

[4] 费尔贝恩，《再修订之精神病与神经症的精神病理学》（1941）。

传达解释的方式；我可将这方面的一些知识运用在成人的分析中[1]。正如前文指出的那样，这不意味着用于儿童的技术与用在成人的方法是一样的。在分析成人时，虽然我们往回追溯到最早的阶段，但非常重要的是要考虑成人的自我，就像在儿童的分析中，我们要注意到婴儿自我当时所处的发展阶段。

更充分地了解最早的发展阶段，以及幻想、焦虑与防御在婴儿情绪生活中的角色，同样也说明了成人精神病的固着点。结果便开启了借由精神分析治疗精神病患者的新方向。这个领域，特别是对精神分裂症病患的精神分析，需要很多进一步的探讨，而某些精神分析师（他们的工作在本书中有所体现）在这个方向上进行的工作，似乎肯定了我们对未来的希望。

---

[1] 游戏技术也影响了在其他领域中与儿童的工作，例如在儿童指导与教育中。由于苏珊·伊萨克斯在马丁家庭学校的研究，教育方法的发展在英国获得了一些新的进展。她关于这方面工作的书被人们广泛阅读，并且对本国的教育技术产生了持续的影响，特别是在涉及小孩子的地方。她的方法强烈地受到她对儿童精神分析特别是游戏技术有深入认识的影响；而且精神分析对儿童的理解对英国的教育发展有所贡献，也主要是由于她的缘故。

第九章　嫉羡和感恩 [1]

（1957）

多年以来，我都一直感兴趣于人们所熟知的两种态度——嫉羡（envy[2]）与感恩——的最早来源。我得出了一个结论：从根源上逐渐侵蚀爱的情感与感恩，嫉羡在这方面是最强有力的因素；因为它影响着所有关系中最早的关系，也就是跟母亲的关系。此种关系对个体整个情绪生活的基本重要性，在很多精神分析作品中都得到了证实。而我认为，通过进一步探索可能在此早期阶段进行干扰的一个特殊因素，我对关于婴儿发展和人格形成的那些发现，增添了些许具有重要意义的东西。

我认为嫉羡是破坏冲动的一种口腔施虐性和肛门施虐性的表达，从生命初始就运作着；而且它有着一种体质的基础。这些结论与卡尔·亚伯拉罕的著作共有着一些重要因素，不过也隐含着一些差异。亚伯拉罕发现嫉羡是一种口腔特征，但是他假定嫉羡和敌对都在一个稍后的时期中运作，而根据他的假设这构成了第二个口腔施虐阶

---

[1] 我想要对我的朋友劳拉·布鲁克（Lola Brook）表达我深深的感激，她跟我一起进行本书（《嫉羡和感恩》）的整个准备工作，我的很多其他文章也是如此。她对我的著作有着一种罕见的理解，并且在每个阶段都帮助我进行内容的阐释与评鉴。我还要感谢艾略特·雅克医生（Dr Elliott Jaques），当这本书还是手稿时，他就提出了很多有价值的建议，并帮助我搜寻证据。我还要感激朱迪丝·费怡小姐（Judith Fay），她在做索引时承担了许多烦琐的工作。

[2] 嫉羡（envy）一词所表达的含义在汉语中没有准确恰当的对应词汇，此处沿用中国台湾学者的译法，译为"嫉羡"包含羡慕、嫉妒和恨的意思在里面。——译者注

段。正是在这个地方,我的见解与他的不同。亚伯拉罕并未提到感恩,但是他将慷慨描述为一种口腔特征。他将那些肛门要素看作嫉羡中的一个重要成分,并且强调它们是由口腔施虐冲动而来的衍生物。

一个更进一步的基本共同点在于,亚伯拉罕假定在口腔冲动的强度中有一个体质要素;他将其联系于躁狂抑郁症的病因学。

最关键的是,亚伯拉罕和我自己的作品,都更加全面且更加深入地使破坏冲动的重要性显示了出来。在他写于1924年的《通过心理障碍考察力比多发展简史》一文中,虽然《超越快乐原则》在四年前就已出版,但亚伯拉罕并没有提到弗洛伊德关于生本能和死本能的假设。然而,在他的书中,亚伯拉罕探究了破坏冲动的根源,并且与先前所做的相比,更明确地将这种理解应用到了心理紊乱的病因学上。在我看来,虽然他并未使用弗洛伊德关于生死本能的概念,但是他的临床工作,特别是在对最初接受分析的躁狂抑郁患者的分析,却是基于那个方向上的洞见。我要假定说,亚伯拉罕的早逝,阻止了他认识到他本人这些发现的充分内涵,以及它们与弗洛伊德的两种本能的发现的基本联系。

当我要出版《嫉羡和感恩》时,正是亚伯拉罕逝世后三十年,亚伯拉罕的发现的特别重要性因我的作品而得到越来越多的肯定;于我而言,这是一个极大的满足。

一

在此,我打算就婴儿最早的情绪生活做进一步的建议,同时就成年期的心理健康推导出一些结论。探索病人的过去、他的童年期乃至他的无意识,是理解其成年期人格的前提所在,这本来就在弗洛伊德的发现之中。弗洛伊德在成年人身上发现了俄狄浦斯情结,从这类材料中,他不仅重建了俄狄浦斯情结的细节,而且还推导出俄狄浦斯情结的时间。亚柏拉罕的发现在相当程度上补充了这种已经成为精神分析法的特征取向。我们也应该记住，根据弗洛伊德的说法，心智的意识部分是从无意识发展出来的。因此，我遵循了当下在精神分析中为大家所熟悉的一种程序，追溯我首先在儿童分析中并随后在成人分析中发现的婴儿早期的材料。对小孩子的观察很快就证实了弗洛伊德的发现。我相信我对婴孩的早期阶段（生命最初几年）的一些结论，也同样可以借由观察在某种程度上得到证实。从我们的病人呈现给我们的材料中重建有关这些早期阶段的细节和资料，这种做法的正当性——其实是必要性——在下面一段弗洛伊德的话中做出了最令人信服的描述：

"我们所寻找的是病人遗忘岁月的一幅图景，这幅图景应当是同样可信的；而且在所有基本方面上也应该是完整的……他（精神分析师）的建构工作（或曰重建工作更好一些），在很大程度上类似于考古学家在挖掘一些遭到破坏和掩埋的住所或者古建筑。这两个过程事实上是一样的；但是分析师是在较好的条件下工作，也拥有更多任其处置的材料；因为他在处理的不是一些遭到破坏的东西，而是一些仍然鲜活的东西——或许另有原因。正如考古学家从那些依旧矗立的地基中建立起建筑物的墙，从地层的凹陷中确定圆柱的数量和位置，并且从发现于瓦砾堆的遗址中重建壁画的装潢与图绘；分析师也是这样进行工作的，他从病人记忆的碎片和联想中，从分析的主体的行为中来进行自己的推论。这两者都拥有一种毫无争议的权利，即依靠补充和结合幸存下来的残留物来进行重建。此外，他们都容易碰到很多相同的困难和错误来源。……就像我们说过的那样，相比于考古学家，分析师是在更有利的条件下工作的；因为他有任其处置的材料，而在考古学家的挖掘中没有这类材料的对应物，比如说追溯到婴儿期反应的重复，这一切都是由与这些重复有关的移情指示出来的。在分析的领域，所有本质都被保存了下来，即使是那些看似完全被遗忘的事情也以某种方式并在某个地方呈现出来。这些事情只是被埋藏了起来，导致主体一度无法触及。实际上，如我们所知,我们可以质疑,是否任何精神结构都会真的遭到全面的破坏。这仅仅取决于分析的技术,即我们是否要成功地揭露出那些被完全隐藏的事情。"[1]

经验教导我,充分成长的人格之复杂性,只能借由我们对婴儿的心智获得的洞识,并追踪其进入后期生活的发展来理解。也就是说,分析的道路是从成年期回溯到婴儿期,再经由一些中间阶段返回到成年期。这种循环往复的来回运动,根据的是普遍的移情情境。

在我的全部作品中,我都给婴儿最初的客体关系(跟母亲的乳房与跟母亲的关系)赋予了根本的重要性,并且得出结论:如果这个被内摄的原初客体带着相对的安全而植根于自我,那么这就为一种令人满意的发展奠定了基础。这种联结牵涉到一些先天的因素。在口腔冲动的主导下,乳房被本能地感觉为食物的来源;因此在一个更深的意义上则是生命本身的来源。如果一切顺利的话,这种在心理和身体上亲近令人满足的乳房,就在某种程度上恢复了一度丧失的出生前与母亲的统一性以及伴随其中的安全感。这在很大程度上取决于婴儿充分贯注于乳房或其象征代表(奶瓶)的能力。如此一来,母亲就变成了一个被爱的客体。最有可能解释是,婴儿在出生前状态拥有母亲业已形成的部分,促成了他天生的感觉:在他之外存在着某种东西会给他提供一切他需要的和欲求的东西。好乳房被纳入,变成自我的一部分;而最初在母亲体内的婴儿,现在则将母亲拥有在自己体内。

毫无疑问,出生前状态隐含着一种统一性与安全性的感觉。这种状态在多大程度上不受干扰,必须取决于母亲的心理和身体条件;也可能取决于某些在未出生的婴儿身上仍然未经探明的因素。因此,我们也可以将对出生前状态的普遍渴望看作对理想化的驱动力的一种表达。如果以理想化的角度来研究这种渴望,我们就会发现,其来源之一是由出生唤起的强烈迫害焦虑。我们可以推测,这种最初的焦虑形

---

[1]《分析中的建构》(1937)。

式可以延伸至未出生婴儿的不快乐经验。这种不快乐的经验与子宫内的安全感一起，预示着跟母亲的双重关系：好乳房与坏乳房。

外部环境在婴儿与乳房的初始关系中扮演着至关重要的角色。如果出生遇到困难，特别是如果它导致了诸如缺氧这样的并发症，那么婴儿就会在适应外部世界上出现紊乱，而跟乳房的关系就会开始于极其不利的条件。在这种情况下，婴儿体验新的满足来源的能力便被削弱，结果他就无法充分地内化一个真正好的原初客体。此外，不管孩子是否得到适当的喂养与照料；不管母亲是否充分地享受照顾孩子；或是感到焦虑，在喂养上有心理障碍——这些因素都影响到婴儿带着享受来接纳乳汁和内化好乳房的能力。

乳房造成的挫折要素，必定会进入婴儿跟它的最早关系中；因为即使是一种快乐的喂养情境，也无法完全取代出生前跟母亲的统一性。同样，婴儿渴望一个取之不尽并永远在场的乳房，绝不仅仅是源于对食物的渴望和力比多欲望。因为即便在最早的阶段，想得到母爱之持续证据的冲动，也都从根本上起源于焦虑。生本能与死本能之间的挣扎，以及接踵而至的自体和客体被破坏冲动消灭的威胁，都是在婴儿与其母亲的初始关系中的基本因素。因为他的欲望意味着乳房乃至母亲应该去掉这些攻击冲动和迫害焦虑的痛苦。

连同快乐的经验一起，不可避免的委屈增强了爱恨之间与生俱来的冲突；事实上，这种冲突基本在于生死本能之间，并导致了存在一个好乳房和一个坏乳房的感觉。结果，早期的情绪生活在某种意义上就以失去和重新获得好客体为特征。说到爱恨之间与生俱来的冲突，我意指在某些程度上，爱和破坏冲动的能力都是体质性的；虽然它们在强度上有个体差异，且从一开始与外部条件相互作用。

我反复地提出以下假设：原初的好客体、母亲的乳房、形成了自我的核心，对婴儿成长有至关重要的贡献；我也常常描述婴儿是如何感觉到他具体地内化了乳房和它所给予的乳汁的。同样，在他的心里，在乳房与母亲的其他部分或方面之间也总是存在着一些不确定的联系。

我不去假定乳房对婴儿而言只是一个身体性的客体。婴儿的本能欲望及其无意识幻想，都给乳房贯注了一些品质，这些品质远远超过它所提供的实际营养[1]。

在我们对病人的分析中，我们发现乳房在其好的一面是母性的善良、无穷无尽的耐心和慷慨的原型；也是创造性的原型。正是这些幻想和本能需要极大地丰富了原初客体，使它仍旧是希望、信任和相信美好的基础。

本书处理的是根植于口欲性的最早客体关系和内化过程的一个特殊方面，我指的是嫉羡在感恩能力和幸福的发展上的影响。嫉羡是婴儿难以建造其好客体的原因之一；因为他觉得他遭到剥夺的满足被使他挫折的乳房独占了[2]。

我们必须在嫉羡、嫉妒和贪婪之间做出区分。嫉羡是一种愤怒的感觉，即感到另一个人占有并享受着某种可欲望的东西——嫉羡的冲动便在于抢走它或是损毁它。此外，嫉羡意味着主体只跟一个人有关系，并且追溯到最早与母亲的排他关系。嫉妒是以嫉羡为基

---

[1] 这一切都被婴儿以比语言所能表达的更加原始的方式来感受。当这些前语言的情绪和幻想在移情情境中被唤醒时，它们就表现为我所谓的"感觉中的记忆"；并且在分析师的帮助下，它们被重建并被付诸言词。以同样的方式，当我们在重构并描述属于早期发展阶段的其他现象时，也必须使用言词。事实上，如果没有从我们的意识领域借来言词，我们就无法将无意识的语言翻译成意识。

[2] 在我的很多作品中：《儿童精神分析》《俄狄浦斯情结的早期阶段》，还有《婴儿的情绪生活》，我都提到了由口腔、尿道和肛门施虐性来源而产生的嫉羡，发生在俄狄浦斯情结的最早阶段期间，并将它联系于想要损毁母亲的所有物的欲望，特别是她在婴儿的幻想中容纳的父亲的阴茎。早在我的论文《一例六岁女孩的强迫性神经症》中（这篇文章宣读于1924年，但当时并未出版，后来它出现在《儿童精神分析》中）就已经提过，嫉羡与对母亲身体的口腔、尿道和肛门施虐性攻击息息相关，扮演着一个突出的角色。但是我没有将这种嫉羡特别地联系于抢走并损毁母亲乳房的欲望，尽管我当时已经非常接近于得出这些结论。在我的文章《论认同》(1955)中，我讨论过嫉羡在投射性认同中是一个非常重要的因素。再回到我的《儿童精神分析》一书，我提出不仅口腔施虐而且尿道施虐乃至肛门施虐都倾向在非常小的婴儿身上运作。

础的，但是却涉及一种跟至少两个人的关系，它主要关涉的是主体感到自己应得的爱被他的对手从他那里夺走了，或是处在被夺走的危险之中。而在日常生活中常见的嫉妒观念，是一个男人或女人感到被别的什么人剥夺了所爱之人。

贪婪是一种冲动性的、贪得无厌的强烈欲望，远超出主体的需要和客体能够且愿意给予的东西。在无意识的层面上，贪婪的目标主要在于完全掏空、吸干、吞噬乳房，或换言之，其目标在于破坏性的内摄；而嫉羡则不仅试图以这种方式来抢夺，而且还试图把坏东西（主要是坏的排泄物和自体坏的部分）放入母亲体内，并首先是把这些东西放入她的乳房，以便毁坏她、摧毁她。在最深层的意义上，这意味着摧毁她的创造性。这一过程源自尿道施虐和肛门施虐的冲动，我在别的地方[1]将其定义为一种始于生命之初的投射性认同的破坏性一面[2]。尽管贪婪和嫉羡是如此紧密地联系在一起的，以至于无法画出一条严格的分割线；但是两者之间的一个基本差异却相应地在于：贪婪主要联系着内摄，而嫉羡则联系着投射。

根据《简明牛津词典》，嫉妒（jealousy）的意思是别人拿走了或被给予了照理说本应属于个体的"好东西"。在这个背景下，我基本上会将"好东西"解释为被别人夺走的好乳房、母亲、所爱之人。根据格拉布（Grabb）的《英文同义词》："……嫉妒恐惧的是失去它所拥有的东西，嫉羡则是因为看到另一个人拥有自己想要的东西而痛苦。……嫉羡之人厌恶看到别人享受。他只有在别人的悲剧中才觉得自在。因此，所有想要满足一个嫉羡之人的努力都是无济于事的"。

---

[1]《关于某些分裂机制的注释》。

[2] 艾略特·雅克医生使我注意到了"嫉羡"（envy）在拉丁文"invidia"中的语源学词根，这个词来自动词"invideo"：斜目而视、恶意地或怀恨地窥视、投以邪恶的目光、羡慕或悭吝什么东西。对这个词的最早使用被给出在西塞罗（Cicero）的措辞中，关于它的翻译是："由其邪恶的眼睛招致不幸"。这证实了我在强调嫉羡的投射性特征时，就嫉羡与贪婪做出的区分。

根据格拉布的说法，嫉妒是"根据客体而来的一种崇高或卑鄙的激情。在前一种情况下，它是因恐惧而尖锐化的竞争。在后一种情况下，它是由恐惧激起的贪欲。嫉羡始终是一种卑劣的激情，导致了那些最坏的激情"。

对嫉妒的一般态度不同于对嫉羡的态度。事实上，在某些国家（特别是在法国），由嫉妒推动的谋杀的判决较轻。这种差异的原因，可见于这样一种普遍的感觉：谋杀情敌，可能隐含着谋杀者对不忠之人的爱。根据上面的讨论，这意味着存在着对"好东西"的爱，而且所爱的客体不会像在嫉羡中那样被毁坏或损毁。

莎士比亚笔下的奥赛罗，在他的嫉妒中摧毁了他所爱的客体，而在我看来，这就是格拉布将其描述为一种"嫉妒的卑鄙的激情"的典型特征——由恐惧激起的贪婪。嫉妒作为心智的一种内在品质，对此的一个重要参考出现在这部戏剧中：

可是嫉妒的灵魂是不会因此而满足的，

他们甚至不是出于什么原因而嫉妒，

只是为了嫉妒而嫉妒，

那是一个凭空而来，自生自长的怪物。

我们可以说，真正的嫉羡之人是贪得无厌的，他永远得不到满足；因为他的嫉羡源于内部，因此始终在寻找一个客体来聚焦。这也表明了嫉妒、贪婪和嫉羡之间的密切联系。

莎士比亚似乎并不总是在嫉羡与嫉妒之间做出区分；以我在此将其定义的那个意义上说，《奥赛罗》中的下面几行话，充分说明了嫉羡的重要性：

哦！当心我的嫉妒之主，

那是一个绿眼的妖魔，

总是嘲弄它以此为生的肉……

这让人想起一句谚语："咬噬喂养自己的手"，这句话跟咬噬、摧毁、损伤乳房，几乎是同义的。

二

  我的工作使我认识到：第一个受到嫉羡的客体是喂养的乳房[1]；因为婴儿感觉它占有一切他欲望的东西，乳房流出无限的乳汁和爱，它保留这些以满足自身。这种感觉加上他的怨恨感，结果就是与母亲之间产生一种紊乱的关系。如果嫉羡是过度的，在我看来，这就表明偏执狂和分裂症的特征异常强烈；而这样的婴儿可以看作患了病的。

  在这一节中，我自始至终都在言及对母亲乳房的原初嫉羡，而这应该与其后来的形式（这个形式在女孩想要取代她母亲的欲望中和在男孩的女性位置中都是固有的）区分开来。在后来的形式中，嫉羡不再聚焦于乳房；而是聚焦于母亲接受了父亲的阴茎，有婴儿在她体内、可以生下婴儿和喂养婴儿。

  我常常将对母亲乳房的施虐攻击描述为是由破坏冲动所决定的。在此我希望补充一点：嫉羡给予了这些攻击特别的推动力。这意味着当我写到贪婪地掏空乳房和母亲的身体、破坏她的婴儿以及把坏的排泄物放入母亲体内[2]时，也就描绘出了我后来将其认作"嫉羡的损毁客体"的那些事情。

  如果我们考虑到剥夺增加了贪婪和迫害焦虑，考虑到在婴儿心里有一种幻想，幻想乳房是取之不尽的；而这个乳房是他欲求至极的，那么就可以理解嫉羡是如何产生的，即使婴儿被不适当地喂养。婴儿的感觉似乎是这样的：当乳房剥夺他时，乳房就变成坏的；因

---

[1] 乔安·黎维尔（Joan Riviere）在她的《嫉妒作为一种防御机制》（1932）一文中，将女人身上的嫉羡追溯到了婴儿期的欲望：想要抢夺母亲的乳房并损毁它们。根据她的发现，嫉妒的根源在于这种原初嫉羡。她的文章包含了说明这些观点的有趣材料。

[2] 参见：我的《儿童精神分析》，这些观念散见于此书的一些段落中。

为它将与好乳房相联系的乳汁、爱和照顾全都留给了自己。他怨恨、嫉羡那个乳房,觉得它是吝啬的,是不情愿给予的。

令人满足的乳房同样受到嫉羡,这或许是更容易理解的。乳汁来到时伴随的极度放松,虽然婴儿感到被它所满足,却也造成了嫉羡;因为这份礼物似乎是某种得不到的东西。

我们可以发现这种原始的嫉羡在移情的情境中被唤醒。例如:分析师恰当地给出一个解释,为病人带来释放,并产生由绝望到希望与信任的心境改变。就某些病人而言,或者就同一个病人在不同时间而言,这个有益的解释很快就会变成破坏性批评的对象。于是他不再觉得那是他曾经接受并将其体验为一种丰富的好东西。他的批评会依附在一些微不足道的小事上,例如:应该早点给出这个解释;解释太长了,扰乱了他的联想;解释太短了,他还没充分地理解。这个嫉羡的病人不愿意肯定精神分析师工作的成功,如果他觉得精神分析师及其提供的帮助因为他嫉羡的批评而受到损坏和贬低,他就无法充分地将精神分析师作为一个好客体内摄进来,也无法带着真正的信服接受他的解释,并消化吸收这些解释。正如我们通常在较少嫉羡的病人身上看到的那样,真正的信服意味着对收到一份礼物的感恩。因为贬低别人给予的帮助是有罪恶感的,所以嫉羡的病人也会觉得他是不值得经由分析而获益的。

不用说,我们的病人出于各式各样的理由而批评我们,有时是用正当的理由。但是当一位病人需要去贬低他将其体验为"有帮助"的分析工作时,这种需要则是嫉羡的表达。如果我们将我们在较早阶段遇到的情绪情境回溯到一个原初的情境,那么我们就会在移情中发现嫉羡的根源。破坏性的批评在偏执狂病人身上是特别明显的,即使分析师给了他们一些缓解,他们也仍然沉溺于贬低分析师工作的施虐快乐中。在这些病人身上,嫉羡性的批评是相当公开的;而在其他病人身上,它可能扮演着一个同样重要的角色,只是没有表达出来,甚至还处于无意识中。就我的经验而言,我们在这些个案中做出的缓慢进展，也同样是和嫉羡相联系的。我们发现他们怀疑且不确定分析继续进行下去的价值。发生的情况往往是：病人将他自己嫉羡和敌意的部分分裂出来，并将他觉得是更能接受的其他方面不断地呈现给分析师。不过这些分裂的部分从根本上影响着分析的过程，只有当分析达到整合并处理人格的整体时，分析最终才可能是有效的。其他病人则试图通过变得混淆来避免批评。这种混淆不仅是一种防御，而且也是表达了不确定性：分析师是否仍然是一个好的形象，或者他及其给予的帮助是否因为病人带有敌意的批评而变坏了。我会将这种不确定性追溯到混淆的感觉上，这些感觉都是最早与母亲乳房的关系发生紊乱的结果之一。由于偏执和分裂机制的强度，加上嫉羡的推动力，婴儿无法成功地分割并区隔爱和恨；因此也无法分开好客体与坏客体，所以他很容易在其他关系中，对何谓好坏感到混淆。

依此方式，除了由弗洛伊德发现并由乔安·黎维尔进一步发现的那些因素之外[1]，嫉羡以及应对它的防御，就在消极治疗反应（也译为"负性治疗反应"）中扮演了一个重要的角色。

在移情的情境中，嫉羡及其引起的态度，干扰了逐渐建立一个好客体的过程。如果在最早的阶段，好的食物和原初的好客体无法被接受和消化吸收；则就会在移情中被重复，分析的过程也会有所损害。

在分析材料的背景中，可以经由修通先前的情境重建病人身为婴儿时针对母亲乳房的那些感觉。例如：婴儿可能会抱怨乳汁来得太快或太慢[2]；或者是在他最渴望乳房时没有给他乳房，因此，当给他提供乳房时，他不再想要它了。他扭过头去，以吸吮他的手指代之。

---

[1] 《对消极治疗反应的分析之贡献》（1936）；弗洛伊德：《自我与本我》。
[2] 婴儿可能事实上得到太少的乳汁，没有在最想要时得到乳汁，或是没有以正确的方式得到它，例如乳汁来得太快或太慢。婴儿被抱持的方式舒适与否，母亲对喂养的态度，她在其中的快乐或是对此的焦虑，给奶瓶还是给乳房——所有这些因素在每个个案中都是极其重要的。

当他接受乳房时，他可能没喝够，或是喂养受到干扰。有些婴儿明显在克服这些抱怨上有极大的困难。而其他的婴儿对这些感觉，即使是基于实际的挫折，也能够很快地克服；乳房会被纳入，且充分享受喂奶的过程。我们在分析中发现，根据病人被告知的事情，他们小时候很满意地享用他们的食物，对于我刚才描述过的态度没有表现出任何明显的迹象。他们分裂开了他们的抱怨、嫉羡与憎恨；无论如何，这形成了他们性格发展的一部分。这些过程在移情情境中变得相当清楚。想要取悦母亲的原初愿望、渴望被爱，还有使自己免于其自身的破坏冲动的后果的迫切需要，这些都可以在分析中被发现。它们构成了病人与分析师合作的基础，其嫉羡与憎恨被分裂开来；但是却形成了消极治疗反应的一部分。

我常常提及婴儿对取之不尽的、永远在场的乳房的欲望。但是正如在上一节提到的那样，他欲望的并不仅仅是食物，他还想要免于破坏冲动和迫害焦虑。母亲是全能的，而且防止一切内源性和外源性的痛苦和邪恶都取决于她，这种感觉也可见于成人的分析。顺便一提，我要说相比于根据时间表喂养的那种相当严格的方式，在哺育孩子方面，最近几年发生了一些非常令人可喜的改变；但是因为母亲无法消除他的破坏冲动与迫害焦虑，这些改变也不能完全防止婴儿的困难。另外还要考虑到一点，母亲的态度若过于焦虑，只要婴儿一哭就立即给他提供食物，这对婴儿是没有帮助的。他会感觉到母亲的焦虑，而增加他自己的焦虑。我也遇到一些成人抱怨他们不被允许哭个够，让他们错失了表达焦虑和哀伤（从而得到释放）的可能性，以致攻击冲动和抑郁焦虑都无法充分地找到一个出口。亚伯拉罕提到了非常有趣的一点：过度的挫折和过分的溺爱都是构成躁狂抑郁疾病潜在基础的因素[1]。因为只要不是过度的，挫折也能刺激婴儿对外部世界的适应和现实感的发展。事实上，在一定量的

---

[1]《力比多发展简史》（1924）。

挫折之后，随之而来的满足可以让婴儿觉得他有能力应对自己的焦虑。我还发现，婴儿未经实现的欲望——这在某种程度上是无法实现的——也是促成他升华和创造活动的一个重要贡献因素。如果在婴儿身上没有冲突——我们在此可以想象一下这样一种假设的状态，那么就会剥夺他人格的丰富性和强化自我的一个重要因素。因为冲突，还有克服冲突的需要，都是创造性中的一个基本要素。

嫉羡损毁了原初的好客体，并为对乳房的施虐性攻击给予了一些额外的推动力，从这个论点中产生了一些进一步的结论。受到如此攻击的乳房丧失了其价值，被咬噬和被尿液及粪便毒化；它已经变坏了。过度的嫉羡增加了这类攻击的"强度"及其"持续期间"。因此，婴儿要重新获得失去的好客体变得更加困难；而对乳房的施虐性攻击，如果较少地由嫉羡所决定，则会更快地度过。因此在婴儿心里，就不会如此强烈、持续地摧毁客体的美好：乳房回来了；可以享用它了。这种感觉证明了乳房没有受到伤害，它还是好的[1]。

嫉羡会毁坏享受能力，这个事实在某种程度上解释了嫉羡为何如此持久[2]。因为正是嫉羡所引起的"享受"和"感恩"缓和了破坏冲动、嫉羡和贪婪。从另一个角度来看：贪婪、嫉羡和迫害焦虑彼此密不可分，无可避免地也彼此增长。嫉羡所造成的伤害感觉与由此而来的巨大焦虑，以及所导致对美好客体的不确定性，这些都影响了贪婪和破坏冲动的增长。每当客体终究被感觉为好的，就会产生更贪婪的欲望想要将其纳入，这一点也适用于食物。我们在分析中发现，当病人对其客体、分析师及分析的价值感到怀疑时，他就会紧

---

[1] 对婴儿的观察向我们表明了某些这类潜在的无意识态度。如我在上面说的，一些曾经带着盛怒哭喊的婴儿，在他们开始被喂食之后便很快显得十分快乐。这意味着他们暂时失去又重新获得了他们的好客体。对于其他婴儿，持续的抱怨和焦虑——尽管它们在喂食的一瞬间有所减少——还是可以被细心的观察者收集到。

[2] 显然，剥夺、不满足的喂养以及不适宜的环境都会使嫉羡加剧，因为它们扰乱了充分的满足，创造了一种恶性循环。

紧抓住任何可以释放其焦虑的解释，并且倾向于延长会谈时间；因为他想要尽可能地将此时他觉得好的东西纳入（有些人是如此惧怕自己的贪婪，以致他们特别敏锐地准时离开）。

对拥有好客体的怀疑，以及相应的对自身好感觉的不确定，也同样促成了贪婪和未加区分的认同。这样的人很容易受到影响，因为他们无法信任他们自己的判断。

有的婴儿，由于他的嫉羡，无法安全地建立起一个内部的好客体。与这样的婴儿相比，一个对爱和感恩有很强能力的孩子，则与好客体有一种根深蒂固的关系；而且因为没有从根本上受到伤害，他可以经受得住暂时的嫉羡、憎恨与抱怨状态；即便是在那些被爱并得到良好照顾的孩子身上，也会出现这些状态。因而，当这些消极状态转瞬即逝，好客体便会一次又一次地失而复得。就建立好客体和铺设稳定性与强大自我的基础而言，这是一个基本的因素。在发展的过程中，与母亲乳房的关系变成了忠实于人、奉献于价值和事业的基础，因而某些最初体验到的对原初客体的爱也被承担了起来。

爱的能力的一个主要衍生物便是感恩的感觉。在与好客体建立关系的过程中，感恩是基本的，而且感恩还构成了对他人与自身的美好感到欣赏与感激的基础。感恩的根源在于产生自婴儿期最早阶段的情绪和态度，当时对婴儿而言，母亲是单一和唯一的客体。我曾经将这种早期联结[1]当作所有后来与所爱之人的关系的基础。虽然这种和母亲的排他关系，在持续时间和强度上会因人而异；但是我相信，在某种程度上，它存在于大部分人之中。它在多大程度上不受干扰，部分地取决于外部环境。但是潜藏在它下面的内部因素似乎是天生的，尤其是爱的能力。破坏冲动，特别是强烈的嫉羡，可能会在某一早期阶段干扰跟母亲的这种特殊联结。如果强烈的嫉羡进行哺育的乳房，充分的满足就会受到妨碍。正如我已经描述过的，因为它是嫉羡的特征，

---

[1]《婴儿的情绪生活》（1952）。

意味着婴儿想要抢夺客体拥有的东西并毁坏它。

只有当爱的能力得到充分的发展，婴儿才能够体验到完全的享受；而正是享受奠定了感恩的基础。弗洛伊德曾将婴儿接受哺乳时的幸福描述成性满足的原型[1]。在我看来，这些经验不仅构成了性满足的基础，而且也是日后所有幸福快乐的基础。它们使个体与他人融为一体的感觉成为可能，这种统一性意味着得到充分的理解；而这种理解对于每一种幸福快乐的恋爱关系或友谊而言，都是非常重要的。在最好的状况下，这样一种理解不需要用言词来表达，这就证明它源自在前语言阶段与母亲最早的亲密关系。可以充分享受跟乳房的最初关系。这种能力构成了从各种不同来源体验到快乐的基础。

如果在接受哺乳时，频繁体验到不受干扰的享受，那么对好乳房的内摄就会伴随着相对的安全性。对乳房的充分满足，意味着婴儿觉得他从其所爱客体那里收到了一份独一无二的礼物。他想要保留住这份礼物，这是感恩的基础。感恩紧密联系着对好形象的信任。这首先包括的是接受并吸收所爱原初客体（不只是作为食物的来源）的能力，而贪婪和嫉羡没有太多的干涉，因为贪婪的内化会扰乱与客体的关系。个体感到他在控制、耗竭客体，因此是在伤害客体；然而在与内部和外部客体的良好关系中，起主导作用的则是想要保存它、使它幸免于难的愿望。我在其他相关作品[2]中描述过这一过程。该过程构成了信任好乳房的基础，而这样的信任则源自婴儿将力比多投注于第一个外部客体的能力。如此一来，一个好的客体被建立了起来[3]，这个客体爱着并保护着自体，并且也受到自体的爱和保护，这是一个人信任自身美好的基础。

对乳房的满足感越是经常被体验到并被完全接受下来，就越是

---

[1]《性学三论》。

[2]《论婴儿行为观察》（1952）。

[3] 参见：唐纳德·温尼科特的"虚幻乳房"（illusory breast）概念以及他的观点：客体起初都是由自体创造出来的（《精神病与儿童照顾》，1953）。

会经常感觉到享受和感恩,以及随之想要返回快乐的愿望。这种重复发生的体验使得最深层次的感恩成为可能;并且在进行修复的能力和所有的升华中,扮演着重要的角色。透过投射和内摄的过程,透过内在财富的给予和重新内摄,一种自我的丰富和深化产生了。如此一来,对有益的内部客体的拥有就一次又一次地被重新建立起来,感恩也能够充分地开始运转。

感恩与慷慨有着紧密的联系。内在财富源自对好客体的吸收,以致个体变得能够与他人分享其礼物。这使得内摄一个更加友善的外部世界成为可能,一种丰富的感觉也随之发生。即使事实上,慷慨经常得不到充分的感激,但这并不必然会削弱给予的能力;相反,对于有些人而言,这种内在财富和力量的感觉没有充分建立起来,他们在几次慷慨之后,往往非常夸张地需要感激和感恩;随之而来的结果就是被耗尽和被抢夺的迫害焦虑。

强烈嫉羡进行哺育的乳房,妨碍了完全享受的能力,并因而逐渐削弱了感恩的发展。有一些非常恰当的心理原因,说明为何嫉羡被列入"七宗罪"之中。我甚至认为,嫉羡在无意识的感觉上是七宗罪中最严重的一宗,因为它毁坏、伤害了作为生命来源的好客体。这个观点和乔叟在《教区牧师的故事》中描述的观点是一致的:"可以肯定地说,嫉羡是最坏的罪;因为所有其他的罪,都只是违反一项美德的罪,然而嫉羡却违反了所有的美德和所有的美好"。伤害并摧毁原初客体的感觉,损害了个体对其后来关系的真诚的信任,也使他怀疑自己爱的能力和自己的美好。

我们常常会遇到一些感恩的表达。这些感恩主要是由罪恶感推动的,而较少是因为爱的能力。我认为,在最深的层次上区分这些罪恶感和感恩,是非常重要的。但是这并不意味着某些罪恶感的元素没有介入最真诚的感恩的感觉。

我的观察向我表明,性格的重大改变(这些改变近似地呈现为性格恶化)更有可能发生在这样一些人身上:他们没有安全地建立其最初的客体，也不能维持对它的感恩。当在这些人身上，迫害焦虑由于内部或外部的原因而有所增加时，他们就完全丧失了其原初的好客体，或者更确切地说，丧失了其替代物，可能是人也可能是价值。位于这种改变之下的过程，是返回到早期的分裂机制和崩解的退行。因为这是一个程度问题，这样一种崩解尽管最终会强烈地影响性格，但是并不必然地导致明显的疾病。渴求权力和名望，或者需要不惜任何代价地平息迫害者，这些在我心里都属于性格改变的方面。

我在一些个案中看到，当对一个人的嫉羡升起时，来自其最早来源的嫉羡感就受到了激活。因为这些原发的感觉有一种全能的特性，这反映在当前对一个替代形象体验到的嫉羡感伤，因此促成了由嫉羡激起的情绪，还有沮丧和罪恶感。似乎很有可能，这种由平常经验激活的最早嫉羡，在每个人而言都是常见的，但是这种感觉以及全能破坏感的程度与强度，却都是因人而异的。这个因素经证明，可能在对嫉羡的分析中有着极大的重要性；因为只有当它可以向下触及其较深层的来源时，分析才有可能起到充分的效果。

毫无疑问，在每个个体身上，终其一生，挫折与不快乐的环境都会唤起一些嫉羡和憎恨；但是这些情绪的强度和个体应对它们的方式，却有着相当大的差异。这就是为什么享受的能力——这种能力与接受美好事物的感恩的感觉有密切关系——在人们之间会有极大差异的主要原因之一。

三

为了澄清我的论点，似乎就需要提及我关于早期自我的一些见解。我相信自我从产后生活的一开始就存在，尽管是以一种初级的形式，而且大部分缺乏凝聚性。在最早的阶段，自我就已经执行着一些重要的功能，也许，这种早期自我近似于弗洛伊德假定的自我的无意识部分。虽然他并没有假定说自我从一开始就存在，但是他赋予有机体一种功能，这个功能依我之见只能由自我来执行。在我看来，由内部死本能引起的灭绝的威胁——在这一点上我跟弗洛伊德的观点是不同的[1]——是最原始的焦虑，而服务于生本能的自我——甚至可能是经由生本能的召唤而运作的——在某种程度上把那种威胁转向了外界。弗洛伊德给有机体赋予了这种应对死本能的基本防御，而我却将这个过程看作自我的首要活动。

自我还有一些其他的主要活动。在我看来，这些活动源自一种紧急的需要，以处理生死本能之间的挣扎。这些活动的功能之一便是逐渐的整合，这种整合源于生本能，表现在爱的能力中。相反的倾向就是自我分裂自体及其客体。这种倾向的出现，部分是因为在出生时自我在很大程度上缺乏凝聚；还有一部分是因为它构成了一种应对原始焦虑的防御，并因此成为一种保存自我的方法。多年来，我都给一个特殊的分裂过程赋予了极大的重要性：乳房分裂成一个好客体和一个坏客体。我将这个分裂当作爱恨之间的内在冲突与随之而来的焦虑的一种表达。然而，与这种分裂共同存在的，似乎还有各种不同的分裂过程，只是在最近几年，我们才更清楚地理解了其中的某些过程。例如，我发现和贪婪、狼吞虎咽地内化客体（首先是乳房）同时发生的，是自我在不同的程度上碎裂了自体及其客体，并且以这种方式来疏解破坏冲动和内部的迫害焦虑。这个过程在强度上有所差异，并且或多或少地决定着个体的正常性，它是发生在偏执-分裂位置期间的防御之一；而我认为偏执-分裂位置在正常情况下跨越了生命最初的三到四个月[2]。我并不是说在此期间婴儿无法充分地享受他的食物、与母亲的关系以及身体舒适与安康的常见状态。但是只要焦虑升起，它就偏于带有一种偏执狂的性质；

---

[1] 弗洛伊德声称："无意识似乎不含有什么可以给生命灭绝概念提供任何内容的东西"。《抑制、症状与焦虑》(S. E. 20, 129)。

[2] 参见：我的《关于某些分裂机制的注释》，还有赫尔伯特·罗森费尔德的《对一例带有人格解体的精神分裂状态的分析》(1947)。

而对焦虑的防御以及所使用的机制，则主要都是分裂症性的。在以抑郁位置为特征的时期中，如做适当变更，这也同样适用于婴儿的情绪生活。

回到分裂过程，我将其视作小婴儿相对稳定的先决条件，在头几个月期间，他都明显地将好客体与坏客体隔离开来，并因而以一种根本的方式来保存好客体。这同样也意味着自我的安全性有所提高。不过，只有在具备足够的爱的能力和相对强壮的自我时，这种原初分裂才会成功。因此，我的假设是：爱的能力既推动了整合的倾向，也促成了被爱的与被恨的客体之间成功的原初分裂。这听起来是悖论性的。但是正如我所言，因为整合是以一个根深蒂固的好客体为基础的，这个好客体构成了自我的核心，因此一定量的分裂对整合而言是不可或缺的，因为它保存了好客体，后来自我才能综合它的这两个方面。过度的嫉羡是破坏冲动的一种表达，它妨碍了好乳房与坏乳房之间的原初分裂，因此无法充分地实现好客体的建立。因为后来的好坏分化在各个环节上都受到了干扰，于是就没有给一个充分发展并经过整合的成人人格奠定下基础。这种发展的紊乱是由于过度的嫉羡，它在最早的阶段又是源自普遍的偏执与分裂机制。根据我的假设，这些机制构成了精神分裂症的基础。

在对早期分裂过程的探索中，如何区分好客体与理想化客体是非常重要的。虽然我们无法明确地做出这样的区分，但是在客体的这两个方面之间有一种很深的分裂。这就表明被区隔的不是好客体和坏客体，而是一个理想化的客体和一个极端的坏客体。如此深层和明确的割裂，揭示出破坏冲动、嫉羡和迫害焦虑都非常强烈；而理想化则主要充当着一种应对这些情绪的防御。

如果好客体是根深蒂固的，那么这种分裂就从根本上带有了一种不同的性质，而且也使非常重要的自我整合和客体综合的过程得以运作。因而，在某种程度上可以出现一种爱对恨的缓和，从而抑郁位置也可以得到修通。作为结果，对一个完整的好客体的认同就被更加安全地建立了起来，而这也会借给自我力量，使它能够在保存其同一性的同时也拥有其自身的美好的感觉。自我变得较不易于不加区分地认同于各式各样的客体，这个过程是脆弱自我的一个特征。此外，完全认同于好客体，伴随着自体拥有其自身的美好的感觉。当事情出问题的时候，过度的投射性认同——自体分裂开来的部分借助投射性认同被投射到客体之中——便导致了自体与客体间的一种强烈混淆，这个客体此时也代表着自体[1]。与此紧密联系的是自我的弱化，以及客体关系的严重紊乱。

比起那些受破坏冲动和迫害焦虑主导的婴儿，爱的能力强盛的婴儿觉得较不需要理想化，过度的理想化就表示迫害是主要的冲动力量。正如许多年前我在与小孩子的工作中发现的那样，理想化是迫害焦虑的一种必然结果，是应对迫害焦虑的防御；而理想的乳房则是吞噬性的乳房的对应物。

与好客体相比，理想化的客体在自我中是较少整合的；因为它主要源于迫害焦虑，而较少源于爱的能力。我还发现理想化源于一种与生俱来的感觉，即存在着一个极端的好乳房，这种感觉导致了婴儿渴望好客体并渴望爱它的能力[2]。这似乎是生命本身的一个条件，也就是说，是生本能的一种表达。因为对好客体的需要是普遍的，所以理想化客体和好客体之间的区分不能被看作绝对的。

有些人通过将好客体理想化来处理他们拥有好客体的无能（这种无能感源自过度的嫉羡）。这种最初的理想化是不稳固的，因为对好客体所体验到的嫉羡，势必会扩展到其理想化的层面。对进一步客体的理想化和对它们的认同也是一样，都是不稳定而未加分辨的。

---

[1] 在先前的作品中，我已经处理过这个过程的重要性，在此我只想强调，这个过程在我看来似乎是偏执-分裂位置中的一个基本机制。

[2] 我已经提到过理想化产前情境的内在需要。理想化的另一个常见领域在于母婴关系。特别是那些在这种关系中体验不到充分幸福的人，就会回溯性地将这种关系理想化。

在这些不加分辨的认同中，贪婪是一个重要的因素，因为想要从每个地方得到最好的东西，这种需要妨碍了选择和分辨的能力。这种无能也与在跟原初客体的关系中出现的好坏之间的混淆密切相关。

当人们能够带着相对的安全性而建立好客体的时候，即使好客体有缺点，他们也能够保留对它的爱；而对另一些人而言，理想化则是他们恋爱关系和友谊的特征。这种关系倾向于破裂，于是一个爱的客体往往可能不得不换成另一个，因为没有客体可以全然地符合期望。先前理想化的人通常会被感觉为迫害者（这表明理想化的起源是迫害感的对应物），主体嫉羡和批评的态度被投射到他身上。极其重要的是，在内部世界中也运作着相似的过程。内部世界以这种方式动作就特别包含了一些危险的客体。这一切都导致了关系中的不稳定性。这是自我虚弱的另一个面，我在先前与未加区分的认同的关系中已经提到了这一点。

即使在一种安全的母子关系之中，也很容易产生与好客体有关的怀疑。这不仅是由于婴儿非常依赖母亲，也是因为他的贪婪及其破坏冲动会胜过他重复出现的焦虑——这种焦虑是抑郁位置中的一个重要因素。然而，在生命的任何阶段上，在焦虑的压力之下，对好客体的信仰与信任都可能受到动摇。但是怀疑、沮丧和迫害这类状态的"强度"和"持续时间"，则决定着自我能否重新整合它自己，能否安全地恢复其好客体[1]。正如我们可以在日常生活中观察到的那样，对存在美好事物的希望与信任，帮助人们度过了重大的逆境，并有效地抵制了迫害。

---

[1] 在这方面，我要提及的是我的《哀悼及其与躁狂抑郁状态的关系》一文。在这篇文章中，我将哀悼的正常修通定义为一种过程。在此期间早期的好客体都得到了重新恢复。我认为这种修通首先发生在婴儿成功处理抑郁位置的时候。

四

过度嫉羡的后果之一,似乎是一种早发的罪恶感。如果在自我尚不能承受罪恶感时就过早地体验到"罪恶感",那么罪恶感就会被感受为迫害,而唤起罪恶感的客体也会转变成迫害者。于是婴儿要么无法修通抑郁焦虑,要么无法修通迫害焦虑,因为它们变得彼此混淆在一起。几个月之后,当抑郁位置出现的时候,更加整合、更加强壮的自我便有更大的能力来承受罪恶感的痛苦,并发展相应的防御,主要是进行修复的倾向。

在最早阶段(在偏执-分裂位置期间),过早的罪恶感会增加迫害与崩解,这个事实带来的后果就是抑郁位置的修通同样也失败了[1]。

这种失败在儿童和成年患者身上都能观察到。一旦罪恶感被感觉到,分析师就会变成是迫害者,并在很多理由上遭受指责。在这种情况下,我们发现他们如婴儿一般,在体验罪恶感的同时被导向了迫害焦虑及其相应的防御。这些防御后来作为对分析师的投射和全能的否认而出现。

我的假设是:罪恶感的最深层来源之一,总是联系着对进行哺育的乳房的嫉羡,也联系着经由嫉羡的攻击毁坏乳房的美好的感觉。

---

[1] 虽然我没有改变我的观点,认为抑郁位置开始于第一年的四到六个月,并且在大概六个月大时达到顶点;但是我发现,一些婴儿似乎会在生命的头几个月短暂地体验到罪恶感(参见:《关于焦虑和罪恶感的理论》)。这并不意味着已经产生了抑郁位置。我在别的地方曾描述过作为抑郁位置之特征的各种过程和防御,诸如与完整客体的关系、对内部和外部现实有更强的确认、对抑郁的防御(特别是修复的冲动),还有客体关系的扩展,导致了俄狄浦斯情结的早期阶段。谈到在生命最初阶段短暂体验到的罪恶感,我更接近于我在写《儿童精神分析》时所抱持的观点,在书中我曾描述过非常小的婴儿体验到的罪恶感和迫害。在后来定义抑郁位置的时候,我更加明确地或许也是扼要地将罪恶感、抑郁以及相应的防御分隔在一边,而将偏执阶段(我在后来将其称作偏执-分裂位置)放在另一边。

如果原初客体在婴儿早期被相对安全地建立起来，那么婴儿便能够更加成功地应对这些感觉唤起的罪恶感；因为此时的嫉羡是比较短暂的，也不太容易危及与好客体的关系。

过度的嫉羡妨碍了充分的口腔满足，因而刺激了性器欲望及倾向的强化。这意味着婴儿过早地转向了性器的满足，后果就是口腔关系变得性器化，而性器趋向沾染了太多口腔怨怼和焦虑的色彩。我坚持认为，性器的感官和欲望可能从出生起就开始运作了，例如，我们都知道男婴在很早的阶段就会勃起。但是在谈及这些过早出现的感官时，我想说的是性器趋向在正常的口腔欲望全盛的阶段上妨碍了口腔趋向[1]。在这里我们要再度考虑早期混淆的影响，这样的混淆表现在口腔、肛门和性器冲动与幻想的模糊中。在力比多与攻击性的各种来源之间有一些重叠都是正常的，但是当这种重叠造成无法在其适当的发展阶段上充分体验到这些倾向中任何一项主导时，那么后来的性生活和升华就都会受到不利的影响。以逃离口欲性为基础的生殖性是不安全的，因为依附于受损口腔享乐的怀疑和失望，会被延伸到生殖性之中。借由性器趋向来干涉口腔的原初性，会逐渐毁坏性器领域中的满足，也经常是强迫性手淫和滥交的原因。因为原初享乐的缺乏，在性器欲望中引入了一些强制性的要素。正如我在一些病人身上看到的那样，也会因此导致性感官进入所有活动、思维过程和兴趣中。对一些婴儿而言，逃入生殖性也是一种防御，避免怨恨、伤害那令他具有矛盾情感的第一个客体。我发现生殖性的过早开始可能与早期发生的罪恶感有密切关系，是偏执狂与分裂症个案的特征[2]。

---

[1] 我有理由相信，这种过早的性器化通常是强烈精神分裂症或全面发作的精神分裂症的一个特征。参见：比昂（W. Bion）的《关于精神分裂症理论的注释》（1954）与《精神病性与非精神病性人格的区分》（1958）。

[2] 参见：《象征形成在自我发展中的重要性》（1930）和《对躁狂抑郁状态的心理发生学之贡献》（1935），也见于《儿童精神分析》。

当婴儿抵达抑郁位置，而且变得更能面对他的精神现实时，他也能感觉到：客体的"坏"很大程度上是由于他自身的攻击性和继而发生的投射。正如我们在移情情境中所看到的，当抑郁位置在其高峰时，这样的洞识会引发巨大的心理痛苦和罪恶感；但是它也会带来释放和希望的感觉。这又反过来减少了重新结合客体和自体两方面并修通抑郁位置的困难。这种希望的基础在于不断增长的无意识知识，即知道内部与外部客体并不像在其分裂的各方面中所感到的那么坏。经由爱对恨的缓和，客体在婴儿心里变得更好了；不再那么强烈地感觉它在过去被摧毁，而在未来被摧毁的危险也降低了，由于客体没受到伤害，同样在现在和未来也不再感觉它那么容易受到伤害。内部客体获得了一种限制的和自我保存的态度，而它的更大力量则是其超我功能的一个重要方面。

抑郁位置的克服与对内部好客体有更多的信任是密切相关的。在对此进行描述时，我无意表达说这些结果无法得到暂时性的取消。一种内部或外部性质的紧张，易于激起抑郁并引发对自体及客体的不信任。然而，挣脱这种抑郁状态并重新获得个人内部安全感的能力，在我看来是一个发展良好的人格的标准。相反，通过麻木自己的感觉和否认抑郁来处理抑郁，这种常见的方式是一种退行，即退行到在婴儿期的抑郁位置期间所使用的躁狂防御。

在对母亲的乳房体验到的嫉羡与嫉妒的发展之间，有一个直接的联系。嫉妒的基础在于对父亲的怀疑和与父亲的竞争，父亲被指控夺走了母亲及其乳房。这种竞争标志着直接和反向俄狄浦斯情结的早期阶段，它们一般在第一年的四到六个月与抑郁位置同时出现[1]。

俄狄浦斯情结的发展强烈地受到最初和母亲的排他关系之更迭变化的影响。当这样的关系太快地受到干扰，就会过早地进入与父亲的竞争。阴茎在母亲里面或在她乳房里面的幻想，把父亲转变成

---

[1] 我在其他地方（例如，在《婴儿的情绪生活》中）曾指出：抑郁位置获得发展的时期与俄狄浦斯情结的早期阶段有着紧密的联系。

一个有敌意的闯入者。当婴儿尚未享有可提供他充分享受和快乐的早期母子关系，也尚未安全地纳入第一个好客体时，这种幻想会特别强烈。这样的失败一部分是取决于嫉羡强度的。

我在早期的作品中描述了抑郁位置。我指出在该阶段，婴儿逐步整合了爱和恨的情感、综合了母亲的好坏两面，并经历了与罪恶感密切有关的哀悼状态。他也开始对外部世界有更多的了解，认识到他无法把母亲留给自己来独享。婴儿是否能找到协助，对抗在与第二个客体（父亲）或周遭其他人建立关系过程中的哀伤，在很大程度上取决于他对失去唯一独特客体所体验到的情绪。这种关系如果很好地建立，则失去母亲的恐惧就不那么强烈；而且也更多地具有分享母亲的能力，于是他也可以体验到更多对其竞争者的爱。这一切都意味着，他能够令人满意地修通抑郁位置；这又反过来取决于对原初客体没有过度的嫉羡。

如我们所知，嫉妒是内在于俄狄浦斯情境的；而且伴随着恨和死亡的愿望。然而，正常而言，获得可以被爱的新客体（父亲和兄弟姐妹），以及发展中的自我取自于外部世界的其他修复，在某种程度上减缓了嫉妒和怨恨。如果偏执和分裂机制非常强烈，那么嫉妒（最终是嫉羡）就仍然未得到减缓。俄狄浦斯情结的发展从根本上受到所有这些因素的影响。

俄狄浦斯情结最早阶段的这些特征，包括母亲的乳房和母亲容纳了父亲的阴茎，或父亲容纳了母亲的幻想。这是"结合父母形象"的基础，我曾在先前的作品中阐述过这种幻想的重要性[1]。结合父母形象影响着婴儿分辨父母并与父母分别建立好关系的能力，这种影响受到嫉羡的强度及其俄狄浦斯式嫉妒的强度所左右。怀疑父母总

---

[1]《儿童精神分析》（特别是第八章）与《婴儿的情绪生活》。我曾在那里指出，这些幻想构成了俄狄浦斯情结早期阶段的正常部分。但是我现在要补充的是，俄狄浦斯情结的整个发展强烈地受到嫉羡的强度所影响，而嫉羡的强度决定着结合父母形象的强度。

是由彼此获得性满足，这种怀疑增强了他们总是结合在一起的幻想，这些幻想有着不同的来源。如果这些焦虑强烈地运作，并因而受到不适当的延长，结果就可能是在于父母双方的关系中有一种持续的紊乱。病情严重的个体无法解开与父母双亲彼此关系的纠结，因为在病人心中，它们是纠缠不清地相互联系在一起的。这样的状况在严重的混淆状态中扮演着重要的角色。

如果嫉羡不是过度的，那么在俄狄浦斯情境中，嫉妒就变成是一种修通嫉羡的方式。当体验到嫉妒时，敌对感并非完全针对原初客体，而是针对竞争者（父亲或兄弟姐妹），他们引入了一个分配的元素。不过，当这些关系发展起来时，它们就引发了爱的情感，变成了满足的一个新的来源。此外，从口腔欲望到性器欲望的改变，降低了母亲作为口腔享乐给予者的重要性（如我们所知，嫉羡的客体大部分都是口腔的）。就男孩而言，大量的恨被转向到父亲身上，他因为拥有母亲而受到嫉羡，这就是典型的俄狄浦斯式嫉妒；就女孩而言对父亲性器的欲望使她能够找到另一个被爱的客体。因此，嫉妒在某种程度上就取代了嫉羡，母亲变成主要的对手，女孩欲望着替代母亲的位置，欲望着拥有和照顾所爱的父亲给予母亲的婴儿。在此角色中对母亲的认同，使一种更广泛的升华成为可能。同样需要考虑的是：凭借嫉妒来修通嫉羡，这种修通同时也是一种应对嫉羡的重要防御。与摧毁第一个好客体的原初嫉羡相比，嫉妒在感觉上是比较容易接受的；而且也引起较少的罪恶感。

在分析中我们常常可以看到嫉妒和嫉羡之间的紧密联系，例如，有个病人对一位男士感到非常嫉妒，他认为我与那位男士有亲密的个人接触。下一步则是感觉我无论在什么情况下的私生活中可能都是相当无趣和无聊的。然后，突然之间整个分析在他看来似乎都是无聊的。在这例个案中，病人自己将这解释为一种防御，致使我们认识到对分析师的贬低是嫉羡情绪高涨的一种结果。

野心是另一项对引发嫉羡起到高度作用的因素。这通常首先联系着在俄狄浦斯情境中的敌对与竞争。但是如果过度，它就会很清楚地显示出其根源是对原初客体的嫉羡。对被破坏性的嫉羡所伤害的客体进行修复的冲动，与一种重新再现的嫉羡是冲突的。这种冲突往往会造成一个人无法实现自己的野心。

弗洛伊德发现了女人身上的阴茎嫉羡及其与攻击性冲动的联系。这一发现对理解嫉羡而言是一项基础性的贡献。当阴茎嫉羡和阉割愿望非常强烈时，阴茎这个受到嫉羡的客体就会被摧毁，而拥有它的男人会被剥夺。在《可终止的与不可终止的分析》中，弗洛伊德（1937）曾强调，在女性患者的分析中出现的困难，是由这样一项事实造成的：她们永远无法获得她们所欲望的阴茎。他声称有一位女性患者感到"一种内部的确信；认为分析没用，没有任何事情能帮助她。当我们知道她来做治疗的最强动机，是希望到最后她可以获得一个男性器官，缺乏此男性器官对她而言是如此的痛苦，我们只能同意她是对的"。

我在其他相关作品中讨论过许多促成阴茎嫉羡的因素[1]，在这个背景中，我想要考虑女性的阴茎嫉羡，主要在于其口腔来源。如我们所知，在口腔欲望的支配之下，阴茎被强烈地等同于乳房（亚伯拉罕），而在我的经验中，女人的阴茎嫉羡则可以被追溯到对母亲乳房的嫉羡。我发现，如果在这些线索上来分析女性的阴茎嫉羡，我们就可以看到其根源在于最早与母亲的关系，在于对母亲乳房的根本

---

[1]《通过早期焦虑考察俄狄浦斯情结》（1945），收录于《克莱因文集》第一卷，第418页："阴茎嫉羡与阉割情结在女孩的发展中扮演着一个至关重要的角色。但是它们因其俄狄浦斯欲望的挫折而被大量地增强。尽管小女孩在某个阶段上假定她母亲拥有作为一种男性属性的阴茎，但是这种观念并不像弗洛伊德所认为的那样，在她的发展中扮演着一个那么重要的角色。说她的母亲容纳着父亲那令人钦慕和欲望的阴茎，这种无意识理论在我的经验中构成了许多现象的基础，弗洛伊德将这些现象描述为女孩与阳具母亲的关系。女孩对其父亲阴茎的口腔欲望，混合于她最初得到那个阴茎的生殖欲望。这些生殖欲望隐含着希望得到来自其父亲的孩子，这同样脱胎于'阴茎＝孩子'的等式。内化阴茎并从其父亲那里得到一个孩子的女性欲望，始终先于拥有她自己的阴茎的愿望。"

性嫉羡以及与之连带的破坏感觉。

弗洛伊德已经说明,女孩对其母亲的态度,在她随后与男人的关系中具有相当的重要性。当对母亲乳房的嫉羡强烈地转移到父亲的阴茎上时,结果就可能使她的同性恋态度增强。另一个结果是骤然地离开乳房而转向阴茎,这是因为口腔关系所产生的过度焦虑和冲突。这基本上是一种逃离机制,因此并不会导致与第二个客体有稳定的关系。如果这种逃离主要的动机是对母亲体验到的嫉羡与怨恨,那么这些情绪就会很快地被转移到父亲身上,因此就无法对他建立起一种持续的爱的态度。同时,对母亲嫉羡的关系,表达在一种过度的俄狄浦斯敌对关系中,这种敌对关系与其说是因为对父亲的爱,不如说是因为嫉羡母亲拥有父亲和他的阴茎。对乳房体验到的嫉羡于是就充分地延续到了俄狄浦斯情境之中。父亲(或他的阴茎)变成母亲的一个附属物,基于这些理由,女孩想从母亲那里抢夺父亲。因此,在往后的生活中,她和男人关系的每一次成功,都变成在另一个女人之上的胜利。即使没有明显的竞争者,这一点也是同样适用的,因为敌对关系会导向男人的母亲——正如婆媳关系之间常见的困扰。如果这个男人对女人而言的价值主要是因为征服他就等于是战胜了另一个女人;那么一旦获得成功,她就会很快失去对他的兴趣。对那个女性竞争者的态度因而意味着:"你(代表母亲)有那美妙的乳房,当你扣留而不给我的时候,我就得不到;但我仍然想要从你那里抢走它,因此我从你那里拿走你珍爱的阴茎。"重复战胜一个可恨对手的需要,常常强烈地导致寻找一个又一个的男人。

无论如何,当对母亲的怨恨与嫉羡不那么强烈时,失望和怨恨也可能导致孩子背离母亲;进而对第二个客体(父亲的阴茎与父亲)的理想化,则可能因此而更加成功。这种理想化主要源于对一个好客体的寻找,这样的寻找起初并不成功,因此可能会再度失败;但是如果对父亲的爱在嫉妒情境中居于主导,这样的寻找就不会失败,因为这样一来,这个女人就可以将对母亲的某些怨恨与对父亲的爱以及后来对其他男人的爱结合起来。在这种情况下，对其他女人的友善情绪是可能的，只要她们不过分代表着母亲的替代者。因此跟女性的友谊与同性恋的基础就在于需要找到一个好客体，而不是所逃避的原初客体。因此，说这种人可以拥有好的客体关系，事实上通常都是虚假的（这一点适用于女性，也适用于男性）。对原初客体的潜在嫉羡虽然被分裂出来；但是仍然在起作用，而且很容易扰乱各种关系。

我在很多个案中都发现，在不同程度上出现的性冷淡，都是由于对阴茎有不稳定的态度所致。这种不稳定态度的基础主要在于对原初客体的逃离。充分口腔满足的能力——其根源在于跟母亲的令人满足的关系——是充分体验到性器高潮的基础（弗洛伊德）。

在男性中，对母亲乳房的嫉羡也是一个非常重要的因素。如果这种嫉羡是强烈的，且口腔满足也因此受到损害；那么怨恨和焦虑就会转移到阴道。正常而言，性器的发展使男孩能够保持母亲作为爱的客体；但是口腔关系中的一种深层紊乱，却为针对女人的性器态度上的严重困难开辟了道路。首先跟乳房其次跟阴道有一种紊乱的关系，其后果是多方面的，诸如生殖能力损伤、性器满足的强迫性需要、滥交和同性恋。

关于同性恋的罪恶感的一个来源，似乎在于这样一种感觉，即觉得带着恨意离开了母亲，并通过与父亲及其阴茎结盟而背叛了她。在俄狄浦斯阶段和后来的生活中，背叛所爱的女人这个要素都可能有一些不良的影响，例如在与男性的友谊上出现紊乱，即使这些友情没有明显的同性恋性质。另一方面，我观察到针对所爱女性的罪恶感以及隐含在那种态度中的焦虑，通常都会强化对她的逃离，增强同性恋的倾向。

对乳房的过度嫉羡，很可能延伸至对所有的女性属性中，特别是女人生育小孩的能力。如果发展是成功的，男人会通过跟妻子或情人的良好关系，以及通过成为她为其生育的孩子的父亲，来修复这些尚未实现的女性欲望。这种关系开启了许多经验，例如，认同于他的孩子，因为这个孩子在很多方面修复了早期的嫉羡与挫折，还有感觉他创造的这个孩子抵消了男人对母亲女性特质的早期嫉羡。

在男女两性身上，无论是在拿走异性属性的欲望中，还是在拥有或损毁同性父母的那些属性的欲望中，嫉羡都扮演着一个重要的角色。由此可知，在直接和反向的俄狄浦斯情境中，那种偏执性的嫉妒和敌对，在两性身上——不论他们的发展多么歧义——的基础都在于对原初客体（母亲，或者更确切地说是她的乳房）的过度嫉羡。

"好"乳房喂养并开启了婴儿与母亲的爱的关系，它是生本能的代表[1]；好乳房也同样被感觉为创造力的首次显现。在这种根本的关系中，婴儿不仅得到了他所欲望的满足，而且感觉到他是受到照顾而活下来的。因为饥饿——唤起了对饿死的恐惧，甚至可能是所有身体上和心理上的痛苦——在感觉上，是死亡的威胁。

如果可以维持对一个好的给予生命的内化客体的认同，那么这就会变成一种走向创造的推动力。虽然在表面上这可能表现为觊觎他人获得的名望、财富和权力[2]，但是它真正的目标是创造力。给予并保存生命的能力，在感觉上是最好的礼物，因此创造力变成了嫉羡的最深层原因。

我的精神分析经验表明，嫉羡创造力是干扰创造过程的一个根本要素。毁坏并摧毁美好的初始来源，很快会导向摧毁和攻击母亲容纳的婴儿，并导致好客体变成一个敌意的、批评的和嫉羡的客体。强烈的嫉羡被投射到超我的形象上，于是超我变得格外具有迫害性，干涉思维过程和各种生产活动，最终妨碍了创造性。

针对乳房的嫉羡和破坏的态度，构成了破坏性批评的基础，后者通常被描述为"咬人的"和"有毒的"，创造力尤其会变成这类攻击的对象。因此，斯宾塞在《仙后》中将嫉羡描写成一头穷凶极恶的

---

[1] 参见：《婴儿的情绪生活》与《婴儿的行为》。

[2] 《论认同》（1955）。

饿狼：

他痛恨所有杰出的作品与高尚的德行

……

著名诗人的智慧，他加以修修补补。

他出言不逊，从麻疯的嘴中喷出邪恶的[1]

毒液，撒向世人曾写下的所有作品

建设性的批评另有不同的来源，其目的在于帮助他人和促进其工作，有时候它源于强烈地认同这个正在被讨论的人。母性或父性态度也会参与其中，通常对自己创造力的信心会抵消嫉羡。

嫉羡的一个特殊原因，在于其在他人中的相对缺乏。被嫉羡的人在感觉上拥有着让人打从心底最赞扬和欲望的东西——而这就是一个好客体，也隐含着一种好的性格和健康心智。此外，这个人可以毫无嫉恨地享受他人的创造性工作和快乐，他可以免于嫉羡、怨怼和迫害的折磨。嫉羡是大量不快乐的来源。免于嫉羡的一种相对自由，就在感觉上构成了满意与平和的心理状态——归根结底是一种健康心智。事实上，这也是内部资源和恢复力的基础。有些人即使经历巨大的逆境和心理痛苦之后，仍可以重新获得心灵的平静。这样一种态度（包括感恩过去的快乐，享受当下拥有的东西）表达在宁静之中。于是在老年人身上，他们能去适应年华不再，这使他们可以在年轻人的生命中得到乐趣和兴趣。父母在他们的孩子身上重新再活一次，这个众所周知的事实（如果这不是一种过度的占有和野心转向的表达）阐释了我试图传达的东西。那些觉得自己分享着生命

---

[1] 在乔叟的作品中，我们也发现了大量对这种嫉羡之人的描写，其特点在于背后诽谤与破坏性的批评。他将这种背后诽谤的罪，描写为嫉羡者憎恶见到他人的美好与成就，乐于把他的快乐建立在别人的痛苦之上。这种罪行的特征在于："这个人别有用心地赞扬他的邻居，因为他最后总是说'可是'，接着添上些对此人莫须有的指责。或者，当有好心人说了或做了什么好事，这个背后诽谤者就会恶意地曲解这种好意。当听到别人在称赞某人，他就会说那人的确很好，但又指出还有人比他更好，以此来贬低别人赞扬的人。"

的体验与快乐的人，会更加相信生命的延续性[1]。这类不带有过分辛酸的认命能力，且保有鲜活的享受的能力，都有其在婴儿时期的根源；取决于婴儿在多大程度上能够享受乳房，而不去过度嫉羡母亲拥有乳房。我认为在婴儿期体验到的幸福快乐，以及对好客体的爱（这个好客体丰富了人格）；构成了享受和升华能力的基础，而且到了老年也会感觉得到。歌德说："他是最幸福快乐的人，他可以让人生的终点几乎和开始一样"。我将这个"开始"解释为早期与母亲幸福的关系。终其一生，这样的关系都减轻了怨恨和焦虑，并持续带给老年人支持和满足。一个安全地建立了好客体的婴儿，在其成年的生活中，同样能找到对于丧失和剥夺的修复。嫉羡的人觉得这一切都是他无法获得的东西；因为他永远不可能得到满足，他的嫉羡得到了增强。

五

现在我想用临床材料来阐释我的某些结论[2]。我的第一个例子取自于对一名女性病人的分析，她小时候是喝母乳的；但是现实的周遭环境却不是那么有利，她很确信她的婴儿期和整个喂养过程都是未满足的。她对过去的怨恨，与对现在和未来的无望是连在一起的。她对喂养她的乳房的嫉羡，她在客体关系中继之而来的困难，这些在我要提供的材料之前，都已经得到了广泛的分析。

有一天病人打来电话，说她因为肩膀的疼痛而无法前来治疗；第二天，她打电话告诉我她还是不舒服，但是期待隔天能看到我；第三

---

[1] 一个男孩的评论意味深长地表达了这种对生命延续性的信仰。在他五岁时，母亲怀孕了。他表示说希望这个被期待的婴儿会是一个女孩，还说"那样的话，她就会生宝宝，她的宝宝也会再生宝宝，如此就可以永远延续下去"。

[2] 我意识到在下面的案例中，病人的历史、人格、年龄和外部环境等材料的细节都很有价值。出于谨慎的理由，不可能在此深入地讨论这些细节；所以我只能试着用一些材料的摘要来阐明我的主要论点。

天，她真的来了，却抱怨连连，认为除了她的女佣照顾着她，其他人都漠不关心。她向我形容，有一刻她的疼痛突然增加，伴随而来的是一阵极端寒冷的感觉。她感到一种迫切的需要，想要有人立刻过来并且用衣物盖住她的肩膀，如此一来肩膀才会温暖；但是一旦那样做之后，那个人一定会再度离开。在那片刻，她想到这一定是她婴儿期所感觉到的：当她想要被照顾时却没有人来。

这是病人对他人态度的特征，并且阐明了她最早和乳房的关系：她渴望被照顾，但同时又排斥那个曾经满足她的客体。怀疑收到的礼物，连同她迫切地需要被人关心，这些最终都意味着想要被喂食的欲望，表达了她对乳房的矛盾情感态度。我曾经提到过一些婴儿，他们对挫折的反应是不充分地利用喂养（即使是延迟的喂养）可以提供给他们的满足。我猜测虽然他们没有放弃对于令人满足的乳房的欲望；但是他们却无法享受它，并且因此而排斥它。我所讨论的这个案例阐释了这种态度的某些理由：怀疑她希望收到的礼物，因为这个客体已经被嫉羡和怨恨损坏了，同时还有对每个挫折的深深愤恨。我们也要记住：很多令人失望的经验，毫无疑问都是部分地由于她自己的态度。这些失望的经验促使她觉得所欲求的照顾都是无法让人满足的。这一点也适用于其他明显地嫉羡的成人。

在这次会谈的过程中，病人报告了一个梦：她在一家餐馆里，坐在一张桌子旁，然而没有人来为她服务。她决定排队，自己拿一些东西吃，在她前面有一个女人拿了两三块小蛋糕并带着它们离开了，病人也拿了两三块小蛋糕。从她的联想中，我选择了下面的资料：这个女人似乎非常坚定，她的形象会让病人想起我。我突然对这些蛋糕的名称（实际上是些"小点心"petits fours）感到疑惑，她第一个想到的是"petit fru"，这又让她想到了"小夫人"（petit frau）并从而想到了"克莱因夫人"（Frau Klein）。我解释的要点在于，她对错过分析会谈的抱怨，与婴儿期不满足的喂养与不快乐有关。"两三块"中的两块蛋糕代表着乳房，由于错过了两次分析，她觉得乳房受到了两次剥夺,有"两三块"是因为她不确定她第三天是否能来。病人按照那个"坚定"的女人的样子来拿蛋糕,这个事实既指出了她对分析师的认同,也指出了她把自己的贪婪投射到了她身上。在当前这个背景下,梦的一个方面是最为切题的。带着两三块"小点心"(petits fours)离开的分析师,不仅代表着被拒绝的乳房,而且也代表着要"喂养它自己"(feed it self)的乳房(跟其他材料放在一起来看,这个"坚定"的分析师不仅代表着一个乳房,而且还代表着一个病人认同于其好品质和坏品质的人)。

对乳房的嫉羡因而被加到了挫折上。这种嫉羡引起了痛苦的愤恨,因为母亲被感觉为自私和卑劣的:她喂她自己,爱她自己,而不是她的婴儿。在分析的情境中,她猜想我在她缺席期间很享受、很快活,或者怀疑我把那些时间给了其他我更喜欢的病人。这名病人决定加入的队伍就指涉的是其他更受喜爱的竞争者。

病人对这个梦的分析的反应,是在情绪情境中出现了惊人的改变。比起以前的分析会谈,她现在更生动地体验到了一种幸福与感恩的感觉。她的眼中噙着泪水,这是不寻常的,还说她觉得好像自己现在得到了完全满足的喂养[1],她还想到她的乳房喂食经验和她的婴儿期可能比她假想的要更加快乐。同样,对未来和分析的结果,她也感到有更多的希望。病人更加充分地认识到了自己的一部分,这个部分在其他的关系中绝不是她不知道的。她觉察到她对不同的人有嫉羡和嫉妒,但在还不能在与分析师的关系中充分地承认这一点,因为这太过痛苦,以至于她体验不到她正在嫉羡并毁坏分析师

---

[1] 不仅在儿童身上,而且在成人身上,有关最早的喂养经验期间所感受到的情绪,都可以在移情的情境中全面苏醒过来。例如,一阵饥饿或口渴的感觉非常强烈地浮现在会谈期间,然后在感到解释满足了这些感觉之后就又消失了。我有个病人就受不了这种感觉,他从躺椅上起来,把他的手臂环绕在将我的咨询室隔成两半的拱门截面上。在这样一些会谈结束时,我都反复地听到这样一种表达:"我得到了很好的喂养"。以照顾并喂养婴儿的母亲为其最早的原始形式,好客体被重新获得了。

与分析的成功。在这次会谈中,我提出解释之后,她的嫉羡就减少了,享受和感恩的能力也冒了出来;她能够将分析的会谈体验为一次快乐的喂食。在正向移情与负向移情中,这种情绪的情境一次又一次地得到修通,直到达到一个更加稳定的结果。

正是通过在与分析师的关系中,使她能够逐渐把她自己分裂开的部分集合到一起,让她认识到她最初对她的母亲有多么的嫉羡和怀疑,现在又嫉羡我、怀疑我。如此一来,就出现了快乐的喂养经验,这与感恩的感觉有密切关系。在分析的过程中,嫉羡被减少了,而感恩的感觉则变得愈加频繁与持久。

我的第二个例子取自于一名有强烈抑郁症和分裂特征的女性病人的分析。她受困于长期的抑郁状态。尽管病人一次又一次地表达她对分析工作的怀疑;但是分析还是进行了下去,并且产生了一些进展。我解释了她对分析师、父母和兄弟姐妹的破坏冲动,而分析也成功地使她认识到对母亲身体进行破坏性攻击的特殊幻想。通常在这种洞见之后,抑郁随之而来,但是这种抑郁并没有难以处理的特性。

值得注意的是,在病人治疗的早期,还看不到困难的深度和严重性。在社交上,尽管容易抑郁,她给人的印象仍是一个讨人喜欢的人。她对朋友的修复倾向和助人态度都是相对真诚的。然而,在某个阶段上她的疾病变得明显起来,这部分是由于先前的分析工作,也部分是由于一些外部经验。其间发生过几次失望,但是在其职业生涯中的一次出人意料的成功,却更加凸显了我多年来一直在分析的东西;也就是她与我的强烈敌对;还有她觉得她可以在她自己的领域中跟我平起平坐,或者更确切地说,凌驾在我之上。她跟我都认识到了她针对我的破坏性嫉羡的重要性,通常,当我们达到这些深度层面时,似乎不管那里存在着什么破坏冲动,这些冲动都被感觉为全能的,因此是不可挽回的,是无药可救的。到那时为止,我已经彻底地分析过她的口腔施虐欲望,我们由此也抵达了她对朝向其母亲和我自己的破坏冲动的那部分认识。分析还处理了尿道施虐和肛门施虐欲望，但是在这个方面我觉得我没有多大的进展。她对这些冲动和幻想的理解更多地带有一种理智的特性。在我现在想要讨论的这个特定时期中间，出现了一些有关尿道的材料，强度也有所增加。

关于自己的成功，她很快发展出来一种非常得意的感觉。这种感觉是由一个梦引入的。这个梦显示她战胜了我，潜藏在这背后的是对代表她母亲的我所感到的破坏性嫉羡。在梦里她在空中，坐在一张魔毯上，魔毯停在一棵树顶的上方。她个子够高，可以从一扇窗户看尽一间房间的里面：那里有一头母牛正在大力咀嚼某个东西，那个东西好像是无止境的毛毯长条。同一天晚上，她还做了一个片段的梦，梦中她的内裤湿了。

对这个梦的联想清楚地表明，在树的顶端意味着凌驾于我之上，因为母牛代表着我自己，而她轻蔑地看着我。在分析的早期，她也曾经做过一个梦，梦中的我是以一个缺乏感情的母牛般的女人来代表的，而她是一个小女孩，刚完成了一场出色、成功的演讲。当时我的解释是：她把分析师变成了一个可轻蔑的人，而她，尽管年轻许多，却有一次如此成功的演出。她只部分接受了我的解释，虽然她全然理解小女孩是她自己，而母牛－女人是分析师。这个梦逐渐导致她更强烈地认识到自己对我和她母亲的破坏性攻击和嫉羡性攻击。从那之后，代表我的母牛－女人，在材料中成为一个固定下来的特征，因此在新的梦中，她所看到房间中的母牛很清楚地代表着分析师。她联想到，一条无止境的毛毯代表着一条无止境的词语河流；她突然想到，这些都是我在分析中曾经说过的词语，现在我要把这些都吞下去；那条毛毯是对我杂乱无章和无价值的解释进行的抨击。在这里，我们看到对原初客体全然的贬低，这样的贬低很明显是以母牛来代表的，正如对母亲的怨恨，怨她的喂养没有满足自己。我必须吃下我所有的词语，由此加诸我身上的惩罚，阐明了在分析过程中，她受到深层不信任和怀疑的再三攻击。在我的解释之后，事情变得十分清楚，我的解释代表我是亏待人的分析师，不能被信任，于是在已经被她贬低的分析中,她也同样没有信心。关于她对我的态度,病人是惊讶和震惊的;而在这个梦之前,她有很长一段时间都拒绝承认这种态度的全面影响。

梦中湿的内裤和对它们的联想,表达了她对分析师恶毒的尿道攻击、想要摧毁她的心智力量、把她变成母牛-女人。很快,她又做了另一个梦来说明这特别的一点:她正站在一座楼梯的最下面,往上看着一对年轻的夫妻,他们有些事很不对劲。她往上丢了一个毛线球给他们,她自己形容这是个好魔法。她的联想表明:坏魔法(更特定一点说,是毒药)必然在后来引起使用好魔法的需要。对夫妻的联想使我能够解释当前受到强烈否认的嫉妒情境,并且将我们从现在带回到早期的经验,最终当然是追溯到父母。对分析师(在过去是对母亲)的破坏和嫉羡的感觉,结果成为隐藏在梦中对夫妻的嫉妒和嫉羡。这个很轻的球永远无法被夫妻拿到的事实,意味着她的修复并未成功。在她的抑郁中,关于这种失败的焦虑是一个重要的要素。

这只是材料中的一个摘要,它有说服力地向病人证明了她对分析师及其原初客体有恶毒的嫉羡。她陷入前所未有的深度抑郁中。由她的得意状态而起的这种抑郁,其主要的原因在于她认识到了自己的一个完全分裂开来的部分,那是她到此时为止都无法承认的。正如我早先说到的,帮助她认识到自己的恨和攻击是非常困难的。但是当我们遇到这种破坏力的特殊来源,即她的嫉羡,这便成为损毁并羞辱分析师的推动力;然而,在她心灵的另一部分,分析师却受到她的高度评价,所以她不能忍受以那样的角度看自己。她并不特别夸耀或自负,但是借着分裂过程和躁狂防御的多样变化,她执着于对自己的一种理想化形象。直到分析的那个阶段,她不能再否认,认识到这个事实的后果是她觉得自己既坏又卑劣,她的理想化破碎了,而且不相信自己;同时对过去和现在造成的无可挽回的伤害感到罪恶。她的罪恶感和抑郁集中在对分析师的忘恩负义上,她知道分析师过去帮助过她,现在也正在帮助她。她的罪恶感和抑郁也集中在她轻蔑和怨恨的人身上；最终落在了对她母亲的忘恩负义上，她无意识地将母亲看作由她的嫉羡和破坏冲动所毁伤和损坏的。

对其抑郁的分析导致了情况的改善，但数个月之后，又重新继发了一种深度的抑郁。这是因为病人更加充分地认识到了她在过去针对家人现在又针对分析师的恶意的肛门施虐攻击，并且证实了她自己既病又坏的感觉。这是第一次她可以看到尿道施虐和肛门施虐的特征如何强烈地被分裂。这些都牵涉到病人人格和兴趣的重要部分。在分析抑郁之后，开始走向整合，意味着重新获得这些失去的部分；而必须面对这些部分是造成她抑郁的原因。

下面这个例子是一名我将其形容为相当正常的女性病人。随着分析时间的发展，这位病人越来越觉察到对姐姐和母亲的嫉羡经验。对姐姐的嫉羡由于自己智力上的强烈优越感而受到抵消（有其事实基础），也由于一种对姐姐罹患极端神经症的无意识感觉而受到抵消；对母亲的嫉羡，则因为非常强烈的爱的情感并感激她的美好而受到抵消。

病人报告了一个梦，梦中她一个人在火车的车厢里，还有一个她只能看到背部的女人，正靠在隔间的门上有快要掉出去的危险。病人一只手用力地抓住她的皮带，用另一只手写了一个告示：在这节车厢里有一位医生正在处理一个病人，请勿干扰，她把这个告示贴在了窗户上。

从对这个梦的联想中，我选择了下列这些数据：病人有一种强烈的感觉，她紧紧抓住的那个人是她自己的一部分——疯狂的一部分。在梦中，她相信她不会让那个女人跌出门外，而是应该让她留在车厢中并且得到处理。梦的分析揭露了车厢代表她自己，对只能从背后看到的头发，她联想到的是她的姐姐，进一步的联想使她认识到了她和姐姐关系中的敌对和嫉羡。时间回到病人还是小孩时，已经有人向她姐姐求婚了。接着她提到一件母亲穿的衣服，作为一个小孩，病人感到既爱慕又觊觎。这件衣服可以很清楚地显露出胸部的形状，但在她的幻想之中,她原本嫉羡和毁坏的是母亲的乳房;虽然这些并非从未发生,但变得前所未有地清楚。

这样的认识引起了对她姐姐和母亲的罪恶感增加,进一步修改了她最早期的关系。她对姐姐的缺陷更怜悯了,而且感觉到她对姐姐的爱并不够,她也发现姐姐在童年早期比她现在记得的要更加爱她。

我对这个病人的解释是她觉得必须紧紧抓住自己一个疯狂的、分裂出来的部分,这也和被她内化的神经症的姐姐有关。病人本来有充分的理由觉得自己相当正常,在梦的解释之后,她现在感觉到强烈的惊讶和震惊。这个个案阐明了一个越来越为大家熟悉的结论——即使是正常人身上,也存在着一些偏执与分裂的剩余,这些感觉与机制通常是从自体的其他部分中分裂出来的[1]。

病人觉得她必须紧紧抓住那样的形象,这意味着她也应该更多地帮助姐姐,在某种程度上防止她像梦中那样坠落;这种感觉现在被重新体验在与作为内化客体的姐姐的关系之中。修改她的最早期关系必定会改变她对原初内摄客体的感觉。她的姐姐也代表着她自己疯狂的那一部分,这个事实的结果是她将自己的分裂感与偏执感部分地投射到了姐姐身上。伴随着这种认识,她自我中的分裂减少了。

现在我想要提及一名男病人并报告一个梦,这个梦强烈地影响了他。不仅让他认识到了对分析师和母亲的破坏冲动,也让他认识到在和她们的关系中,嫉羡是一个非常特殊的因素。直到那时,由于强烈的罪恶感,他已经在某种程度上认识到自己的破坏冲动;但是还没有认识到在过去针对母亲现在又针对分析师的创造性的嫉羡感与敌对感。然而他能觉察到自己对其他人的嫉羡,在和父亲的良好关系之中,同时也有敌对和嫉妒的感觉。下面这个梦更有力地洞穿了他对分析师的嫉羡,而阐明了他早期想要拥有母亲的所有女性品质的欲望。

---

[1] 弗洛伊德的《释梦》清楚地表明,这种疯狂的剩余,有一些在梦中得到了表达,因此它们对神志清醒而言是最有价值的防御措施。

在梦中病人在钓鱼,他犹豫着是否该杀了抓到的鱼来吃;但是他决定把鱼放入一个篮子中,让它死去。他装鱼的篮子是一个女人用的洗衣篮,突然之间鱼变成一个很漂亮的婴儿,而婴儿的衣服上面有某些绿色的东西。接着他注意到——这个时候他变得非常关注:婴儿的肠子是脱出来的,因为当他在还是鱼的状态时把鱼钩吞下去了,受到了鱼钩的伤害。对绿色的联想是《国际精神分析丛书》系列书籍的封面,病人评论说在篮子中的鱼代表了我的一本书,这本书显然是他偷走的。然而,更进一步的联想表明,鱼不仅代表了我的书和我的婴儿,也代表着我自己,我吞下鱼钩,意思是我已经吞下了鱼饵,这表达了他的感觉:我给他的评价比他应得的更高;而且我尚未认识到他的自体也同样拥有破坏力相当大的部分,并在与我的关系中起作用。虽然病人无法全然承认他对待鱼、婴儿和我的方式,正意味着出于嫉羡而破坏我和我的作品;但他却是无意识地认识到了这一点。我也解释在此关联中,洗衣篮表达了他成为一个女人、拥有婴儿、剥夺母亲的婴儿的欲望。这个步骤在整合中所带来的影响是一次强烈的抑郁发作,因为他必须面对他的人格中攻击性成分。虽然这在他分析的早期已有了前兆,他现在却体验到一种震惊和对自己的战栗。

第二天夜晚,病人梦到一条梭子鱼,他联想到鲸鱼和鲨鱼;但是在梦中他并未觉得这条梭子鱼是危险的生物,它看起来苍老而疲倦,极为精疲力竭。在它上面是一只吸盘鱼,他立刻认为吸盘鱼并不是在吸食梭子鱼或鲸鱼,而是将自己吸附在其表面上,因此得到保护,免受其他鱼的攻击。病人认识到这个解释是在防御他是吸盘鱼的感觉,而我是那只苍老而精疲力竭的梭子鱼;因为我在前一晚的梦中遭受到恶劣的对待,也因为他觉得我已经被他吸干了,所以会是那样的状态。这使我成为一个受伤害的危险客体。换句话说,折寿抑郁焦虑浮现上来;从梭子鱼联想到鲸鱼和鲨鱼,都显示了迫害的层面;而其苍老和精疲力竭的样貌,则表达了病人因为他正在并曾经对我造成的伤害而感到的罪恶感。

在洞穿这一切之后产生的强烈抑郁持续了好几个星期,几乎没有中断;但是并未妨碍病人的工作与家庭生活。他形容这次抑郁不同于他之前体验过的,是更深层的。表达在身体和心理工作中的修复冲动反而受到抑郁的增强,铺下了通往克服抑郁之路。在分析中,这个时期的结果是非常显而易见的。即使当抑郁在修通之后又升高了,病人也确信他不会再用以前的方式看待自己。这意味着不再是沮丧的感觉;而是对自己有更多的了解,对他人也有更大的包容。分析达到了整合中的重要一步,这一步紧密联系着病人面对自己精神现实的能力。然而,在其分析的历程中,有些时候这种态度无法维持。也就是说,正如在每个个案中的情况那样,修通是一种逐步的过程。

虽然先前他对人的观察和判断十分正常,但是在他治疗的这个阶段之后,结果仍确定会有改善。更进一步的后果,是童年时期对兄弟姐妹的记忆和态度以更大的强度出现,并且返回到与母亲的早期关系中。在我曾提到的抑郁状态期间,如他承认的那样,他在很大程度上失去了对分析的快乐和兴趣,但是当抑郁升高之后,他又完全重新获得了它们。不久后他带来了一个梦,他认为这个梦有一点矮化分析师,但在分析中,结果是它表达了更强烈的贬低。在梦中他必须处理一个不良少年,但是他不满意自己处置的方式。男孩的父亲提议要用车载病人到其要去的地方,他注意到车子开往离他的目的地越来越远的地方。过了一会儿,他谢过这个父亲并下了他的车。但是他并没有迷路,因为他像往常一样,保持着一般的方向感。在路上,他看着一栋相当特别的建筑,他想着,这栋建筑看起来很有趣而且适合作展览,但是如果住在里面则不会愉快。他对此的联想联系着我外貌的某些方面,然后他说到那栋建筑有一对翅膀,并且想起了"把某人放在自己的羽翼下"(take somebody under one's wings,即"庇护某人")的表达。他认识到自己感兴趣的那个不良少年代表着他自己,梦的后续显示他为什么是不良少年:当父亲(代表分析师)载着他越来越远离他的目的地时,为了贬低我,他部分地利用了这样的怀疑。他质疑我是否将他带到了正确的方向上，是否需要分析得如此深入；还有我是否在对他造成伤害。当他提到他还保持着一种方向感，并未感觉迷路时，这意味着对男孩父亲（分析师）的指责的反面：他知道分析对他而言是非常有价值的，是他对我的嫉羡增加了他的怀疑。

他同样理解到，这栋他不会想要进去住的有趣建筑物也代表着分析师。换句话说，他觉得我通过分析他，把他放在我的羽翼下，保护他免于他的冲突和焦虑。在这个梦中对我的怀疑和指责，都被用来作为一种贬低；不仅是和嫉羡有关，而且还联系着对嫉羡的沮丧，联系着因为他的忘恩负义而产生的罪恶感。

这个梦还有另一种解释，这也是由后来的一些梦证实的。这个解释基于下列事实：在分析情境中，我通常代表着父亲，很快又变成母亲，有时候同时代表着父母双方。这个解释是：对父亲把他带到错误方向上的指责，与他早期对父亲的同性恋吸引力有关。在分析期间，这种吸引力经证明与强烈的罪恶感息息相关，因为我能够向病人说明，他对母亲及其乳房强烈分裂出来的嫉羡和怨恨，促成他转向父亲，而他的同性恋欲望，就被感觉为一种针对母亲的敌对联盟。指责父亲将他带往错误的方向，这种指责联系着我们通常在病人身上发现的一种普遍感觉，即觉得自己受到引诱变成了同性恋。在这里，我们看到了个体自身的欲望投射到了父母身上。

对其罪恶感的分析产生了各种各样的效果：他体验到了对父母的一种更深的爱，他也认识到（这两件事实是密切联系的）在他进行修复的需要之中有一个强制性的要素。在幻想中过强地认同于受伤害的客体（最初是母亲），这损害了他充分享受的能力，因此也在某种程度上使他的生命变得贫瘠。很明显，甚至在他最早与母亲的关系中，虽然没有理由怀疑他曾经在吸吮情境中是快乐的，但是因为他对耗竭和剥夺乳房的恐惧，他也无法完全享受乳房。另一方面，妨碍他的享受引起了他的怨恨，并且加强了他的迫害感觉。我在前一节中描述的过程就是一个例子,在罪恶感发展的最早阶段——特别是跟对母亲和分析师的破坏性嫉羡有关的罪恶感,很容易经由这个过程而变成迫害感。透过分析原初嫉羡,通过抑郁焦虑和迫害焦虑的相应较少;他的享受和感恩能力在一个较深的层次上增加了。

我现在应该要提一下另一名男性患者的案例,他的抑郁倾向同样伴随着一种想要修复的强迫需要。他的野心、敌对与嫉羡与他许多好的性格特征同时存在,这些都逐渐经过了分析。不过,那是在病人充分体验到对乳房及其创造性的嫉羡以及想要损毁它的欲望(这些都是严重分裂开来的)的之前几年[1]。在他分析的初期,有一个他自己形容为"荒唐"的梦:他抽着他的烟斗,烟斗里填满了我的论文,那是从我的一本书中撕下来的。关于这个梦,他首先显得非常的惊讶,因为一个人不可能用印刷的纸张来当烟抽。我解释这只是这个梦里的一个小特征,主要的意义是他撕了我的作品,并且正在摧毁它。我也指出,破坏我的论文,把它们当作烟抽掉的动作,隐含着一种肛门施虐的特性。他当时否认了这些攻击,因为伴随着分裂过程的强度,他否认的能力更大。这个梦的另一个方面是迫害感觉的出现;而且和分析有关。先前的解释是病人所愤恨的,这个解释感觉像是某种他必须"放入他的烟斗、把它抽掉"的东西。分析他的梦,帮助病人认识到了对分析师的破坏冲动;同时认识到这些破坏冲动受到前一天出现的嫉妒情境所刺激,这个嫉妒情境集中在这样一种感觉上:他感觉我对别人的评价比对他的评价好。虽然我向他解释过这一点,但是如此获得的洞识并没有导致他理解自己对分析师的嫉羡。然而,我毫不怀疑,此处是为一些后来的材料铺路,在这些后来的材料中,破坏冲动和嫉羡就变得越来越清楚了。

---

[1] 经验向我表明,当分析师充分确信情绪生活的一个新方面的重要性时,他就能够更早地在分析中对其进行解释。如此给它以充分的强调,只要材料允许,他就可以带领病人更快地认识到这种过程,如此一来分析的有效性就有可能提高。

在稍后的阶段中,当和分析师有关的所有感觉被病人完全认清时,分析达到一个高潮。病人报告了一个梦,他再次形容它是"荒唐"的:他快速前进着,好像是在一辆车子中。他站在一个新奇的半圆形机械上,这机械可能是由铁丝构成的,或是某种"原子材料"构成的,当他操作它时,"这东西使我往前走"。突然间,他注意到他站在上面的这个东西摔成了碎片,他非常沮丧。半圆形的东西让他又联想到乳房和阴茎的勃起,意味着他的潜能。对于未善加利用他的分析,以及对我产生破坏冲动的罪恶感进入了这个梦中。在他的抑郁中,他觉得我无法受到保护。这联系到了许多相似的焦虑,甚至有部分是意识的。在战争期间和后来的日子,当他父亲离家时,他无法保护母亲。他对母亲和我的罪恶感,在当时都已经进行过大量的分析,但是最近,他更具体地感觉到他的嫉羡对我具有破坏力。他的罪恶感和不快乐更严重了,因为他一部分的心灵对分析师是感激的。"这东西使我往前走",这句话意味着分析对他而言是多么的重要。在广义上,分析是他潜能的前提,也就是他所有抱负可以成功的前提。

认识到他对我的嫉羡和憎恨,是一种震撼,随之而来的是强烈的抑郁和一种无价值感。我相信,现在我在几个案例中报告的这种震撼,是疗愈自体各部分之分裂这个重要步骤的结果,因此也是在自我整合中进展的一个阶段。

在第二个梦之后的一次会谈中,他对他的野心和嫉羡有了更全面的认识。他谈到他知道自己的限制,就像他说的那样,他并不指望能用夸耀来掩盖自己和他的专业。在这个时刻,并且仍然是在梦的影响下,他理解了自己陈述的方式显示了他的野心和与我嫉羡地比较的强度。在刚开始的惊讶感觉之后,这样的认识就使他全然地信服了。

六

我常常将我处理焦虑的方法描述为我技术的焦点。然而，从一开始，只要遇到焦虑，就一定会伴随对焦虑的防御，如我前面一节中指出的，自我首先并首要的功能就是处理焦虑。我甚至觉得有可能，由内部死本能的威胁而产生的原初焦虑，可以用来解释为什么自我从出生那一刻起就开始活动。自我不断地保护自己免于痛苦与焦虑所引起的紧张，因此从产后生活一开始就运用防御机制。多年来我一直秉持这样的观点，自我或多或少地承受焦虑的能力是一种体质的因素，这个因素强烈地影响着防御的发展。如果自我应对焦虑的能力是不足的，它就会退行地返回更早的防御，甚至受到驱使去过度使用那些在该阶段中恰当的防御。结果是，迫害焦虑和处理它的方法相当强烈，以至于随后对抑郁位置的修通会有所损害。在某些案例中，特别是在精神病类型的个案中，我们从一开始就遭遇到这样一种明显的不可穿透性的防御；于是有时候似乎不可能去分析它们。

现在我将列举一些我曾在工作历程中遇到过的应对嫉羡的防御。前面描述过的一些最早的防御，譬如全能、否认和分裂等，都因嫉羡而受到增强。在前面的一节中，我已经提出，"理想化"不仅充当着一种针对迫害感的防御，而且也是针对嫉羡的防御。在婴儿身上，如果好客体与坏客体之间的正常分裂起初并未成功，这样的失败势必与过度嫉羡有关，通常也会导致一个全能理想化的原初客体和一个非常坏的原初客体之间的分裂。强烈地提升客体及其才能，是一种想要减低嫉羡的企图。然而，如果嫉羡非常强烈，那么它迟早会转而针对原初理想化客体，并针对其他在发展过程中代表它的人。

如我先前提出的，当基本的正常分裂（爱—恨，好客体—坏客体）

并未成功时,在好客体和坏客体之间就会出现"混淆"[1]。我相信这是一切混淆的基础,不论是在严重的混淆状态下,还是在较轻的形式中,例如犹豫不决,即获得结论的困难和清晰思考能力的紊乱。但是混淆也会用于防御:这可见于发展的所有水平。由于对原初形象的替代者感到混淆,不知道是好是坏,于是迫害感,以及因嫉羡而毁坏并攻击原初客体的罪恶感,就在某种程度上被抵消了。当伴随着抑郁位置的严重罪恶感开始增长时,对抗嫉羡的斗争便呈现出另一个特点。即使就那些并不过度嫉羡的人而言,对客体关注,与客体认同以及恐惧客体丧失和对其创造性造成伤害,这些在修通抑郁状态的困难而言都是重要的因素。

为了避免对最重要的、受到嫉羡(并因此遭到憎恨)的客体(乳房)产生敌对感,主体从母亲逃到其他被爱慕和理想化的人,便成为保存乳房的一种手段,因而也意味着是保护母亲的一种方法[2]。我不断地指出,从第一客体(母亲)转向第二客体(父亲)这种方式的实行,具有极大的重要性。如果嫉羡和怨恨居于主导,这些情绪就在某种程度上被转移给父亲或兄弟姐妹,后来又转移给其他人,从此逃跑机制便失败了。

与背弃原初客体紧密联系的是扩散对原初客体的感觉,这在后来的发展阶段上可能会导致滥交。婴儿期客体关系的泛化是一个正常的过程。就与新客体的关系在某种程度上替代了对母亲的爱而并不主要由逃离对她的恨所主导而言,这些新客体都是有益的,它们修复了对独特的第一客体无可避免的丧失感——一种伴随抑郁位置而升起的丧失。于是爱和感恩以不同的程度保留在新的关系之中,虽然这些情绪在某种程度上从对母亲的感觉中被分隔开来。然而,如果情绪的扩散主要被用作一种应对嫉羡和怨恨的防御,那么这样

---

[1] 参见:罗森费尔德《关于慢性精神分裂症中混乱状态的精神病理学之评论》(1950)。

[2] 参见:《婴儿的情绪生活》。

的防御就不会是稳定客体关系的基础,因为它们都受到对第一客体持续的敌意所影响。

应对嫉羡的防御通常会采取"贬低客体"的形式。我已经提过毁坏和贬低在嫉羡中都是固有的。已经被贬低的客体就不再需要被嫉羡了,这很快便适用于理想化的客体,这个客体被贬低了因此不再是被理想化的,这种理想化多么快地垮掉取决于嫉羡的强度。但是在发展的各个水平上,都会用到贬低和忘恩负义,作为应对嫉羡的防御,就某些人而言,这些仍然是其客体关系的特征。我提到过一些病人,他们在移情情境中,受到某个解释的决定性帮助之后,他们会批评它,直到最后它的好处荡然无存。我可以举一个例子:一名病人在一次分析会谈中,对一个外部问题找到了满意的解决之道,而在下一次会谈开始时,他说对我感到很生气:在前一天,我让他去面对这个特殊的问题,挑起他很大的焦虑。他觉得好像被我控诉和贬低,因为在问题被分析之前,他都没有想到解决之道。只有通过反思,他才承认分析真的是有帮助的。

特别针对更为抑郁类型的一种防御,就是贬低自己。有些人无法发展他们的才能,或者无法以一种成功的方式运用它们,而在其他情况下,这种态度只出现在特定的场合——当和一个重要人物的敌对造成危险时。通过贬低他们自身的才能,他们既否认了嫉羡,又因嫉羡而惩罚了自己。然而,在分析中可以看到的是,对自体的贬低又激起了对分析师的嫉羡,特别是因为病人强烈地贬低了自己,他们觉得分析师是更优越的。当然,一个人剥夺自己的成功可能有很多决定因素,这可以适用于我提到的所有态度[1]。但是我发现,因为嫉羡而无法保留好客体,由此产生的罪恶感和不快乐,是这种防御的最深层根源之一。那些相当不稳固地建立其好客体的人,受到焦虑所累,担心好客体会因为竞争和嫉羡的感觉而毁坏并失去,因

---

[1] 参见:弗洛伊德《在精神分析工作中遇到的某些性格类型》(1915)。

此才不得不避免成功与竞争。

另一种应对嫉羡的防御是与贪婪紧密相连的。由于非常贪婪地内化乳房，在婴儿心中，乳房就变得完全为他所拥有并为他所控制。他觉得所有他赋予乳房的美好，都会是自己的，这被用来抵制嫉羡。借以内化实现的这种贪婪包含着失败的种子。如我之前说过的，一个得到很好建立并因此得到吸收的好客体，不仅爱着主体，也被主体所爱。我认为，这是与好客体的关系的特征，但是并不适合用于或者只在很小的程度上适用于理想化的客体。经过强烈、暴力的占有，好客体在感觉上就变成了一个受到破坏的迫害者，且无法充分地预防嫉羡的后继影响；相反，如果体验到对所爱之人的宽容，那么这种宽容也会投射到他人身上，于是这些人就会变成友善的形象。

一种常见的防御方式是用自身的成功、拥有物和好运来挑起别人的嫉羡，因此可以逆转体验到嫉羡的情境。这种方式引起的迫害焦虑会导致它的无效。嫉羡的人特别是嫉羡的内部客体，都被感觉为最坏的迫害者。为什么这种防御会不稳固的另一个原因，从根本上源于抑郁位置。想要让其他人特别是所爱之人产生嫉羡，想要凌驾在他们之上，这样的欲望会引起罪恶感和伤害他们的恐惧。由此唤起的焦虑损害了一个人享受自身的所有物，然后再度增加了嫉羡。

还有另一种不常见的防御，即扼杀爱的情感与相应的对恨的强化，因为比起承受由爱恨和嫉羡融合而产生的罪恶感，这种防御的痛苦会比较少。这种防御不会以恨的方式表现，而是以冷漠的方式呈现。一种连带的防御是从与人的接触中退缩。如我们所知，对独立的需要是一个正常的发展现象，但是为了逃避感恩或逃避因忘恩负义和嫉羡所产生的罪恶感，这种对独立的需要可能会被增强。在分析中我们发现，这种独立在无意识上其实是相当虚假的：个体仍然依赖于他的内部客体。

赫尔伯特·罗森费尔德[1]描述过一种特殊的处理方法,使人格分裂的部分（包括最嫉羡和破坏性的部分）合并在一起,令迈向整合的步伐开始。他表示"行动化"（acting out,或译付诸行动）被用来避免对分裂的抵消,在我看来,"行动化"以这样的方式被用来避免整合,因为接受自体的嫉羡部分唤起了焦虑,它成为一种对抗这种焦虑的防御。

我并非要描述所有对抗嫉羡的防御,因为它们有着无限的多样性。它们与应对破坏冲动、迫害焦虑和抑郁焦虑的防御密切联系在一起,其成功的程度取决于很多外部和内部因素。正如我提到过的,当嫉羡很强烈,并因此重现在所有客体关系中时,对抗它的防御似乎就是不稳固的,那些不是由嫉羡主导,用来对抗破坏冲动的防御则似乎更加有效,虽然它们可能隐含着一些抑制和人格的限制。

当分裂和偏执的特征占优势时,对抗嫉羡的防御就不会成功,因为对主体的攻击会导致迫害感的增加,只能用新一轮的攻击来处理,也就是增强破坏冲动,如此一来就造成了恶性循环,损害了反制嫉羡的能力。这一点特别适用于精神分裂症的个案,而且也在某种程度上解释了治愈他们的困难[2]。

当和一个好客体的关系存在时,结果或多或少会是更加有利的,因为这也意味着抑郁位置得到了部分的修通。抑郁和罪恶感的表达都意味着赦免所爱客体并限制嫉羡的希望。

除了我列举的这些,还有很多其他的防御,都构成了消极治疗反应的一部分。因为这些防御强有力地阻碍了病人纳入分析师必须给予的东西的能力。我在前面提到过对分析师的嫉羡所采取的某些形式。当病人能够体验到感恩时——这意味着此时嫉羡较少——他

---

[1]《对神经症与精神病患者在分析期间的行动化需要之研究》（1955）。

[2] 我的一些同事分析过精神分裂症的个案,他们告诉我说他们现在的重点都落在嫉羡之上。作为一个损毁和破坏性的因素,经证明嫉羡在理解和治疗他们的病人中有着极大的重要性。

便处在一个更好的位置上，可以通过分析而获益，并巩固已经得到的收获。换句话说，在"分裂偏执特征"上居于主导的"抑郁特征"越多，治愈的前景就越好。

进行修复的冲动，还有帮助受到嫉羡的客体的需要，也都是非常重要的反制嫉羡的方式。这最终涉及的是通过调动爱的情感来反制破坏冲动。

既然我已经数次提到混淆，概述一些重要的混淆状态可能是有帮助的。它们通常出现在不同的发展阶段和各式各样的关系里。我反复指出[1]，尿道与肛门（甚至性器）力比多与攻击的欲望从产后生活的一开始就在起作用——虽然是在口腔性的支配之下——而且在几个月之内，跟部分客体的关系也是与跟完整的人的关系重叠在一起的。

我已经讨论那些因素，特别是强烈的偏执-分裂特征和过度的嫉羡，从一开始这些因素就模糊了好乳房与坏乳房之间的区隔，削弱了两者之间成功的分裂，从而加强了婴儿的混淆。我认为在分析中，将我们病人身上的所有混淆状态，甚至是最严重的精神分裂症的混淆状态，追溯到这种在早期区分好坏原初客体的无能，是非常重要的；防御式地使用混淆困惑以对抗嫉羡和破坏冲动，也是必须加以考虑的。

列举一些这类早期困难的后果：罪恶感的过早出现、婴儿无法分别体验罪恶感和迫害感，还有由此引起的迫害焦虑的增加，这些我在上面都已经提到过；我也曾经把注意力放在对父母之间混淆困惑的重要性上，这种混淆是由嫉羡结合父母形象的一种强化产生出来的。我将生殖性的过早出现联系于对口欲性的逃离，这增加了在口腔、肛门和性器趋向及幻想之间的混淆。

促成心灵混淆和困惑状态的其他早期因素，就是投射性认同与内摄性认同，因为它们可能有暂时模糊自体和客体、内部和外部世

---

[1]《儿童精神分析》，第八章。

界之间区分的效果。这种混淆妨碍对精神现实的认识,而精神现实则促成对外部现实的理解和知觉。对纳入心理性食物的不信任与恐惧,可以追溯到对受到嫉羡与毁坏的乳房提供的东西的不信任。如果在最初好食物是与坏食物相混淆的,那么以后的清晰思考和发展价值标准的能力就会有所缺损。所有这些紊乱——在我看来,也与应对焦虑及罪恶感的防御有密切关系,而且是由怨恨和嫉羡所唤起的——都表现在抑制、学习和智力发展上。在这里我并不打算讨论促成这些困难的其他因素。

我刚刚简要概述过的混淆状态,是由(恨的)破坏趋向与(爱的)整合趋向之间的强烈冲突造成的,这些状态在一定程度上都是正常的。正是由于不断地整合,并通过成功地修通抑郁位置(抑郁位置包括了对内部现实的更大澄清),对外部世界的知觉才变得更加现实——这个结果通常发生在出生后第一年的下半年与第二年的开始[1]。这些改变从本质上与投射性认同的减少有着密切关系。投射性认同构成了偏执–分裂机制与焦虑的一部分。

七

现在我将试着简短描述,在分析期间要找出病人进步的特征有哪些困难。只有在分析师长时间和不辞辛劳的工作之后,才可能使病人能够面对原初嫉羡和怨恨。虽然竞争和嫉羡的感觉对大多数人而言都是熟悉的,但是在移情情境中觉察、体会到它们最深和最早的纠葛,则是极端痛苦的,因此对病人而言是难以接受的。在分析俄狄浦斯式的嫉妒和敌意时,我们在男性与女性个案中所发现的阻抗虽然非常强烈,但是强度却不及我们在分析对乳房的嫉羡和怨恨时所遇到的阻抗。帮助病人修通这些深层的冲突和痛苦,是促进其

---

[1] 我曾经提出(参见我1953年的文章):在生命的第二年,强迫机制凸显出来,而自我组织也出现在肛门冲动及幻想的支配之下。

稳定性和整合的最有效方法，因为借由移情的方式，使他可以更安全地建立他的好客体和对好客体的爱，并获得一些对自己的信心。不用说，对这一最早关系的分析，涉及对后期关系的探索，使分析师可以更加全面地来理解病人的成年人格。

在分析的过程中，我们必须有所准备，病人会在改善与倒退之间波动起伏。这会在很多方面表现出来，例如，病人会对分析师的技能体验到感恩和欣赏。很快会让位于嫉羡；而嫉羡又会因为拥有一个好分析师的骄傲而受到抵消。如果骄傲引发了拥有感，可能有一种婴儿化的贪婪会复苏，并可能以下面的话表达出来：我拥有我想要的一切，我拥有一个完全属于我的好妈妈。这类的贪婪和控制的态度，很容易毁坏和好客体的关系并引起罪恶感，罪恶感很快又导致另一种防御，例如：我不想伤害分析师－母亲，我宁愿避免接受她的礼物。在这种情境下，关于拒绝母亲所提供的爱和乳汁的早期罪恶感复苏了，因为分析师的帮助未被接受。病人也会因为剥夺自己的改善和帮助（他自体的好部分）而体验到罪恶感，他责备自己，借着不充分合作而把一个巨大的负担加诸分析师身上。如此一来，他就觉得他在剥削分析师。这些态度又夹杂着迫害焦虑，担心他的防御和情绪、他的思想和所有理想都会被夺走。在一些严重焦虑的状态下，病人心中似乎只存在着一种想法，他正在抢夺或正在被抢夺，而没有其他的选择余地。

正如我曾提出的，即使在病人出现更多领悟的时候，防御也仍然在起作用。每一个更接近整合的步骤，以及由此引发的焦虑，都可能导致早期防御以更大的强度出现，甚至会引发一些新的防御。我们也必须预期到原初嫉羡会一次又一次地出现，因此我们面对的是在情绪情境中重复的起伏波动。举例而言，当病人觉得自己是卑劣的，因此不如分析师，在那个时刻他把美好和耐心归于分析师，对分析师的嫉羡便会很快再度出现。他自己所经历的不快乐、痛苦和冲突，与他所感到的分析师心境平和（其实是他的心智健全）便形成对比，而这是嫉羡的一个特殊原因。

病人无法带着感恩接受一个解释，而在其心里的某些地方他又承认这个解释是有帮助的，这是消极治疗反应的一个方面。在这个标题（消极治疗反应）之下，还有很多其他的困难，我现在要提及其中的几个。我们必须做好准备，只要病人在整合上取得进展，也就是说，当人格中嫉羡的、恨的与被恨的部分与自体的其他部分更紧密地结合在一起时，强烈的焦虑就可能会显现出来，并增加病人对其爱的冲动的不信任。我将"爱的窒息"描述为抑郁位置期间的一种躁狂防御，其根源在于破坏冲动和迫害焦虑的威胁。就成人而言，对所爱之人的依赖唤醒了婴儿的无助，这在感觉上是一种羞辱。但是关于这一点，还有比婴儿期的无助更多的东西：如果孩子担心自己的破坏冲动会将母亲变成一个迫害性的或是受伤的客体，当这样的焦虑太大时，孩子就可能会过度地依赖母亲，而这种过度依赖在移情的情境中会被唤醒。如果个体让步于爱，担心贪婪会破坏客体，这样的焦虑就是窒息爱的冲动的另一个原因。同样，个体也会恐惧，害怕爱会导致太多的责任，害怕客体会提出太多的要求。恨与破坏冲动在起作用，这种无意识的知识可能会让病人在不承认对自己或是对他人的爱时感到更多的真诚。

由于任何焦虑的发生，都会伴随着自我使用所能产生的任何防御，因而分裂过程作为避免体验迫害焦虑与抑郁焦虑的方法，扮演着一个重要的角色。当我们解释这些分裂过程时，病人就更加意识到他自己身上使他恐惧的那个部分，因为他觉得这个部分是破坏冲动的代表。对于一些病人而言，早期分裂过程（总是紧密联系于分裂和偏执特征）在他们身上的主导性较弱，对冲动的"压抑"较强；因此临床图景是不一样的。也就是说，我们因而处理的更多的是神经症类型的病人。他们在某种程度上成功地克服了早期分裂，而且在他们身上，压抑变成了对抗情绪紊乱的主要防御。

长期阻碍分析的另一个困难在于，病人借以黏着在正向移情上的那种固执。这样的现象可能在某种程度上是欺骗性的，因为它以理想化为基础，并掩盖了被分裂开来的恨与嫉羡。其特点在于：口腔焦虑经常被逃避掉，而性器的要素则处于最突出的位置。

　　我曾试图在不同的关系中说明，破坏冲动（死本能的表达）在感觉上首先是针对自我的。面对着这些破坏冲动，即使这是逐渐发生的，当病人将这些冲动作为他自己的一些方面接受下来并整合它们时，他就会觉得自己暴露在破坏之中。也就是说，整合的结果在某些时候会使病人面对一些重大的危险：他的自我可能会被淹没，当确认人格中存在着分裂的、破坏的与恨的部分时，就可能会失去其自体中的理想部分，因为病人的破坏冲动不再受到压抑，分析师可能会变得更具敌意和报复性，因而也会变成一种危险的超我形象。分析师，就他代表着好客体而言，受到破坏的威胁。如果我们还记得，婴儿觉得他的原初客体是美好与生命的来源，并因此是不可取代的；那么我们就可以理解，为何威胁着分析师的危险会造成我们试图使病人抵消分裂、迈向整合时所遭遇的强烈阻抗。他担心自己受到破坏，这种焦虑是情绪困难的主要原因，并且显著地介入了在抑郁位置上出现的种种冲突之中。由于认识到破坏性的嫉羡而产生的罪恶感，可能会暂时导致一种对病人能力的抑制。

　　当全能的甚至自大狂的幻想作为对整合的防御而有所增加时，我们就会遇到一种非常不同的情境。这可能是一个关键阶段，因为病人会在增强其敌意态度和投射中寻求庇护，因而他认为自己比分析师优越，指控分析师对他评价过低。如此一来，他就找到了一些憎恨分析师的理由。分析至今所达成的每件事，他都觉得是自己的功劳。回到早期的情境，作为婴儿，病人可能幻想自己比他的父母更加强大，甚至幻想他或她在某种程度上创造了母亲，给了母亲以生命，并拥有母亲的乳房。于是，是母亲抢走了病人的乳房，而不是病人抢走了她的乳房。投射、全能和迫害在当时都处于最高点。每当病人在学习或工作上的优越感非常强烈时，这些幻想中的一些就会起作用。同样地，还有另一些因素可能会激起对优越的渴望，例如各种来源的野心，特别是罪恶感，这些因素都基本关系到对原初客体或其后的替代者的嫉羡和破坏。因为这类关于抢夺原初客体的罪恶感，可能会导致否认，否认采取的形式是声称其具有完全的独创性，因而排除从客体那里拿走或接受任何事物的可能性。

在上一段中，我强调了在分析中的某些地方出现的困难，这些病人的嫉羡生来就很强。然而，在很多个案中，分析那些深度且严重的紊乱，则是对由过度嫉羡和全能态度而产生的精神病潜在危险的一种防御措施。对于这些个案，不要急于促成整合是非常重要的，因为如果对其人格中的分裂的认识来得太突然，病人就可能在应对它时产生极大的困难[1]。被分裂开来的嫉羡冲动与破坏冲动越强，当病人意识到它们时也就觉得它们越是危险。在分析中，我们应该慢慢地、循序渐进地走向病人对自体分裂的痛苦的洞见。这意味着破坏的方面再三地被分裂开来并重新获得，直到产生较大的整合。结果就是，责任感变得更强，罪恶感和抑郁也被更加充分地体验到。当这些发生时，自我受到加强，破坏冲动的全能连同嫉羡一起被减弱，在分裂过程期间被窒息的爱和感恩的能力也就得到了释放。因此，分裂开来的方面逐渐变得更加容易接受，病人也越来越多地能够压抑朝向所爱客体的破坏冲动，而不是分裂自体。这意味着对分析师的投射（将其变成危险和报复的形象）也有所减弱。分析师反而会发觉更容易帮助病人朝向进一步的整合，也就是说，消极治疗反应正在失去强度。

不论在正向移情还是负向移情中，分析分裂过程及潜在的憎恨与嫉羡，这对分析师和病人而言都提出了一个重大的要求。这种困难的一个后果，是有些分析师倾向于增强正向移情而避免负向移情，

---

[1] 这很像是一个出乎意料地犯下罪行或精神病发作的人，突然意识到了他自体分裂开来的危险部分。在一些为人所知的个案中，这些人会试图被逮捕，以便阻止自己犯下一桩谋杀案。

并且试图通过扮演病人在过去无法安全建立起来的好客体的角色来强化爱的情感。这种程序，在本质上不同于借由帮助病人在自体上达到更好的整合而旨在用爱来缓解恨的技术。我的观察向我证明，那些基于安慰的技术是很少成功的，尤其是它们的效果是很难持续的。在每个人身上其实都有一种根深蒂固的对安慰的需要，这可以追溯到最早与母亲的关系。婴儿不仅指望她来照顾自己的所有需要，而且每当他体验到焦虑时，也渴求她显示一些爱的迹象。在分析情境中，这种对安慰的渴望是一个至关重要的因素，我们不应当低估它在我们的病人身上的重要性，不管是成人或孩子都一样。我们发现，尽管他们意识的（通常是无意识的）目的是接受分析，但是病人从未完全放弃想要从分析师那里得到爱与欣赏并从而得到安慰的欲望。即使病人的合作允许我们对心灵深层、破坏冲动和迫害焦虑进行分析，但是这种合作在某种程度上也可能受到想满足分析师或想被分析师所爱的冲动的影响。觉察到这一点的分析师，就会分析这些愿望的婴儿期根源，否则，分析师认同于他的病人，对安慰的早期需要就可能强烈地影响到分析师的反移情，因此也影响到他的技术。这种认同也很容易引诱分析师去占据母亲的位置并立即屈服于这种提供爱的冲动，以减轻孩子（病人）的焦虑。

在促成走向整合时出现的困难之一，是当病人说："我能理解你正告诉我的事情，但是我感觉不到它"。我们察觉到事实上我们提及了人格的一部分。就所有的意图和目的而论，这一部分的人格，在当时对病人或对分析师而言，都是不可充分企及的。如果我们可以用现在和过去的材料向他说明，他如何且为何一次又一次地将其自体的各部分分裂开来，只有这样，我们帮助病人进行整合的企图才具有说服力。这种证据通常是由在会谈前做的梦来提供的，也可能是从分析情境的整个背景中收集来的。如果对一个分裂现象的解释，以我所描述的方式得到了充分的支持；那么它就可能在下一次会谈中，由病人报告的梦的片段带来的一些更多的材料而得到确证。这类解释的积累结果，可以逐渐地使病人能在整合和领悟上取得进展。

阻碍整合的焦虑，必须在移情情境中得到充分的理解和解释。先前我已指出，如果在分析中重新获得自体分裂开来的各个部分，那么同时对自体和对分析师的威胁就会出现在病人心中。在处理这种焦虑时，当在材料中可以发现爱的冲动时，我们不应该低估爱的冲动，因为最终使病人缓和其怨恨和嫉羡的正是这些冲动。

在一个特定的时刻上，无论病人有多么地觉得解释并未正中要害，这通常都可能是一种阻抗的表达。如果我们从分析的一开始就充分地注意到那些一直重复地将人格中的破坏部分（特别是怨恨与嫉羡）分裂出来的企图；事实上，至少在大多数个案中，我们就可以使病人迈开朝向整合的步伐。只有在分析师一方不辞辛劳、谨慎小心和持续不懈的工作之后，我们才能期待使病人获得一种更加稳定的整合。

现在我要用两个梦来说明分析中的这个时期。

我前面提到的第二名男性病人，在其分析的后期，当他在各个方面都出现较大的整合与改善时，报告了下面这个梦。这个梦表现了因抑郁感的痛苦而造成的整合过程中的起伏波动。他在一幢公寓的楼上，他朋友的朋友 X 从街上叫他，要他一起散步。病人并未加入 X，因为公寓里的一只黑狗可能会跑出去而被车子辗到。他抚摸这只狗，当他望向窗外时，X 已经"走远"了。

一些联想把公寓带进了与我的关系中，黑狗和我的黑猫有关，他用"她"来描述我的黑猫。病人从来都不喜欢 X，他是他的一个老同学，他形容他是个温暾而虚伪的人；X 还时常借钱，尽管他后来会把钱还上，但是他这么做时自认有权利要求这种恩惠。不过，X 后来在他的专业上表现得非常好。

病人认识到"他朋友的朋友"是他自己的一个方面，我解释的要旨是：他越来越能认识到他人格中的一个不愉快的且令人恐惧的部分。"狗－猫"（分析师）面临的危险是会被 X 辗掉（也就是说，受到 X 的伤害），当 X 要求他一起散步时，这象征着趋向整合的一步。在这个阶段，借着联想到尽管 X 有缺点，但后来在他的专业上表现得很好，于是一个充满希望的要素进入了梦中，这也是进步的特征。在这个梦中，这也是他更接近自己的一面，而这一面不再像先前的材料一样，充满了破坏和嫉羡。

病人关心狗-猫的安全，表达了他希望保护分析师，免受他自身的敌意和贪婪倾向的伤害，这是以 X 来代表的，这导致已经部分愈合的分裂暂时扩大了。然而，当 X（他自己被拒绝的部分）"走远"了，这表明他并没有完全消失，整合的过程只是暂时受到干扰。病人的心境在当时处于典型的抑郁，对分析师的罪恶感以及保护她的愿望非常显著。在这一背景下，对整合的恐惧是由这样一种感觉引起的，即觉得分析师必须受到保护，以避免病人被压抑的贪婪和危险的冲动。我确定他仍然在把其人格的一部分分裂开来，但是贪婪和破坏冲动的"压抑"已经变得更加显而易见；因此，解释必须同时处理分裂和压抑。

第一名男性病人也在他分析的后期带来一个梦，这个梦显示了更进一步的整合。他梦到他有一个行为不良的兄弟犯下了一桩严重的罪行：他受到一家人的接待，却抢劫该处的居民并杀了他们。这件事深深地困扰着病人，但是又觉得他必须忠于他的兄弟并拯救他。他们一起逃走，并且发现他们在一条船上。在这里病人联想到了雨果的《悲惨世界》，并提到沙威。他一生都在迫害一个无辜的人，甚至跟踪这个人直到其躲藏的巴黎下水道中。但是沙威最后自杀了，因为他认识到自己一辈子都浪费在歧途上。

病人继续着对这个梦的讲述：他和他的兄弟被一名警察逮捕，这个警察和善地看着他，所以病人希望自己最后不会受到处决；他似乎把他的兄弟交给了命运。

病人立刻认识到：行为不良的兄弟是他自己的一部分，他最近曾用"行为不良"来表达他自己行为中一些很小的问题。在这里我们也应该记得，在前一个梦中他曾提到一个他无法处理的不良少年。

我所提及的迈向整合表现的是为病人为行为不良的兄弟负责，以及与他上了同一条船。我解释道，谋杀并抢劫那些和善地接待他的人的罪行，是他攻击分析师的幻想。我还提到了他经常表达的焦虑，担心他想从我这里得到愈多愈好的贪婪愿望会伤害到我，我将这联系于他与母亲关系中的早期罪恶感。和善的警察代表着分析师，分析师不会严厉地审判他，并且会帮助他摆脱自己坏的部分。此外，我还指出，在整合过程中，重新出现了对分裂（自体的分裂与客体的分裂）的使用，这一点显示在分析师作为双重角色的形象上：既是和善的警察，又是迫害的沙威。沙威在最后结束了自己的生命，病人的"坏"也投射在他身上。虽然病人理解到他对自己人格中行为不良那部分负有责任，但是他仍然在分裂他的自体。因为他是由一个"无辜"的人来代表的；而他遭追捕所进入的下水道，则意味着其肛门和口腔破坏性的深度。

分裂的再现，不仅是由迫害焦虑，而且也是由抑郁焦虑引起的，因为病人觉得他无法带着自己坏的部分来面对分析师（当她以一种和善的角色出现时），而不伤害她。这就是为什么他诉诸联合警察来对抗他自己坏的部分的原因之一，在当时他希望消灭这些坏的部分。

弗洛伊德早期曾接受了在发展上的一些个体差异是因为体质的因素的观点：例如，他在《性格与肛门性欲》（1928）中表达的那样，认为强烈的肛门性欲在许多人身上都是体质性的[1]。亚伯拉罕发现在口腔冲动的强度中有一个天生的要素，他将这个因素联系于躁狂抑郁症的病因，他认为"——真正体质的和与生俱来的，是对口腔性欲的过度加强；同样，在某些家庭中，肛门性欲从一开始就似乎是一个优势的因素"[2]。

---

[1] "从这些迹象中，我们推断，肛门带的性源重要性，在这些人天生的性体质中受到了增强。"

[2] 《力比多发展简史》（1924）。

我先前曾提出，在与原初客体（母亲的乳房）的关系中，贪婪、怨恨和迫害焦虑有一个体质的基础。在此讨论中，我有所补充：嫉羡作为口腔和肛门施虐冲动的一种强力表达，也是体质性的。在我看来，这些体质因素在强度上的变化，与弗洛伊德提出的在生死本能的融合中，任一本能的优势有关。我相信在任一本能的优势与自我的强弱之间有一种联系，我反复提到自我的强度和自我必须处理的焦虑（作为一种体质因素）之间的关联。忍受焦虑、紧张和挫折的困难，是自我刚开始产后生活时的相对虚弱的表现，自我的这种虚弱是相较于它所体验到的强烈破坏冲动与迫害感而言的。这些加诸虚弱自我的强烈焦虑，导致了对诸如否认、分裂和全能等防御的过度使用，这些防御在某种程度上都是最早期发展的特征。为了配合我的论点，我想进一步补充：一个体质上强壮的自我，不会轻易变成嫉羡的牺牲品。它更有能力有效地在好坏之间进行分裂；而我认为这样的分裂是建立好客体的前提。于是自我比较不易受那些导致碎裂的分裂过程（这些过程带有明显的偏执－分裂特征）所影响。

另一个从一开始就影响发展的因素，是婴儿经历过的各种不同的外部经验，这在某种程度上解释了婴儿早期焦虑的发展，在难产和喂食经验不满足的婴儿身上，这些焦虑会特别重大。然而，我所累积的观察使我确信，这些外部经验的冲击，与天生破坏冲动在体质上的强度以及继之而来的偏执焦虑，有比例上的关系。很多婴儿并没有非常不利的经验，然而却患上了严重的喂养困难与睡眠困难，我们可以在他们身上看到严重焦虑的各种迹象，这是外部环境无法充分说明的。

同样众所周知的是，有些婴儿暴露于巨大的剥夺和不利的环境，然而并没有发展出过多的焦虑，这意味着他们的偏执和嫉羡特质并没有占优势。这一点通常是由他们后来的经历而得到证实的。

在分析工作中，我曾经有过很多次机会，将性格形成的源头追溯到先天因素的各种变异。关于出生前的影响因素，我们还有更多要学习的地方，然而再多关于它们的知识，也不会减损天赋要素在决定自我与本能冲动的强度上的重要性。

上述天生因素的存在，指出了精神分析治疗的限制。然而，当我充分认识到这一点时，我的经验教会我：我们无论如何都能在很多个案中产生根本的、正向的改变，即使其体质基础是不利的。

结　语

多年以来，对喂食乳房的——作为增加对原初客体的攻击强度的一个因素——一直是我分析工作中的一部分。然而，只是在不久前，我才特别强调了嫉羡的毁坏和破坏性质。它因此妨碍了与好的外部和内部客体建立一种安全的关系，逐步侵蚀了感恩的感觉；并且在很多方面模糊了好坏之间的区分。

在我描述过的所有这些个案中，与作为内部客体的分析师之间的关系有着根本的重要性，我发觉一般而言这都是真的。当对嫉羡及其后果的焦虑到达顶点，病人在不同程度上感觉受到了分析师的迫害，这时分析师作为一个内部的嫉妒与嫉羡的客体，扰乱了他的工作和生活。当这种情况发生时，好客体就在感觉上丧失了，而与之相伴的内部安全感也丧失了。我的观察向我表明，在生命中的任何阶段，当病人与好客体的关系受到严重干扰——嫉羡在这种紊乱中扮演着一个突出的角色——不仅是内部的安全感和平静遭到妨碍，而且性格也开始恶化。内部迫害客体的优势增强了破坏冲动。然而，如果好客体建立得足够稳固，对它的认同就会强化爱、建设性冲动与感恩的能力。这与我在本文的一开始就提出的假设是相一致的：如果好客体是根深蒂固的，那么暂时的紊乱就可以被承受下来，也就奠定了心理健康、性格形成和成功自我发展的基础。

我在其他相关文章中都描述过最早被内化的迫害客体（报复性的、吞噬性的、歹毒的乳房）的重要性。现在我要假设，婴儿嫉羡的投射，为他对原初及后来的内部迫害的焦虑赋予了一种特殊的复杂性。这个"嫉羡的超我"在感觉上扰乱或消灭了一切旨在修复和创造的企图，它还在感觉上对个体的感恩提出了持续且过分的要求。因为迫害感增添了罪恶感，迫害的内部客体是个体自身嫉羡和破坏冲动的结果，这些嫉羡和破坏冲动原发地毁坏了好客体。借着增加对自体的贬低而满足对惩罚的需要，于是导致了一种恶性循环。

正如我们都知道的，精神分析的终极目标是整合病人的人格：弗洛伊德说自我应存在于本我所在处（where id was, ego shall be），这个结论是指向该方向的指针。分裂的过程出现在最早的发展阶段，如果分裂过程过度，就会形成严重偏执和分裂特征中不可或缺的部分，这些特征可能是精神分裂症的基础。在正常的发展中，在以抑郁位置为特征的时期中，这些分裂和偏执趋向（偏执－分裂位置）会在很大程度上被克服，整合会成功地发展。在那个阶段期间所引入的朝向整合的重要一步，为自我进行压抑的能力做好了准备；而我认为压抑在生命第二年中起着越来越多的作用。

我在《婴儿的情绪生活》中提出，如果早期阶段中的分裂过程不是太强烈，小孩子就可以通过压抑来处理情绪的困难，因此，心智的意识与无意识部分会得到巩固。在最早阶段，分裂与其他防御机制总是凌驾一切。弗洛伊德在《抑制、症状与焦虑》中已经提出过可能有早于压抑的防御方法。尽管压抑对于正常发展而言，有不可或缺的重要意义；但在本篇文章中我将重点放在了原初嫉羡的影响及其与分裂过程的密切联系上。

至于技术，我已经试图说明，借由再三地分析与嫉羡及破坏冲动息息相关的焦虑和防御，便可以取得整合上的进展。我一向都信服弗洛伊德的发现："修通"是分析程序中的主要任务之一，而我处理分裂过程并追溯其根源的过程，使我更加确信这一点。我们进行分析时的困难越深入、越复杂，我们可能遭遇的阻抗就越大，这一点是必须承受而给予足够空间去修通的。

这个必要性的产生，特别与对原初客体的嫉羡有关。病人可能会认识到他们针对其他人的嫉羡、嫉妒与竞争的态度，甚至是想要伤害其才能的愿望；但是只有分析师坚持在移情中分析这些敌意的感觉，从而使病人能够在其最早的关系中重新体验它们，并使自体中的分裂有所较少。

我的经验向我表明，对这些基本的冲动、幻想与情绪分析的失败，是因为痛苦的抑郁焦虑变得更为明显了，这对一些人来说超过了他们对真相的欲望，最终也超过了想要得到帮助的欲望。我相信，如果病人要接受并吸收分析师对于这些心智早期层面的解释；那么病人的合作，就必须基于一个强烈的决心，即想要发现关于他自己的真相。因为如果这些解释足够深入，就会动员自体的一部分；而这部分则被感觉为自我的敌人，或是所爱客体的敌人，因此自体的这一部分被分裂、被拒绝。我发现，经由解释对原初客体的恨与嫉羡而唤起的焦虑，以及被分析师迫害的感觉（因为分析师的工作激起了这些情绪），是比我们所解释的任何其他材料都要令病人更加痛苦的。

这些困难特别适用于那些带有偏执焦虑与分裂机制的病人，因为伴随着由解释而引发的迫害焦虑，他们较少会体验到对分析师的正向移情和信任——从根本上说，他们较无法维持爱的情感。就我们现阶段的知识而言，我倾向于这样的观点：这些病人尽管并不必然是明显的精神病类型；但是在他们身上，成功受到了限制，或是可能无法取得成功。

当分析能达到这样的深度时，嫉羡与对嫉羡的恐惧便有所减少；从而导致对建设性与修复性的力量有更大的信任，实际上是对爱的能力有更大的信任。结果便是对个人自身的限制有更大的包容，客体关系也得到改善，对内部和外部现实也有一种更清醒的知觉。

在整合过程中所获得的洞察，使病人可以在分析过程中认识到，其自体存在着一些潜在危险的部分；但是当爱可以充分地被结合于分裂开来的怨恨和嫉羡时，这些情绪就变得更可忍受而有所减少了，因为它们经由爱而受到了缓和。先前提到的各种焦虑内容也减少了，例如被自体分裂的、破坏性的部分所淹没的危险。这种危险似乎是最大的，因为在幻想中造成的伤害，作为早期过度全能的结果，似乎是不可挽回的。当这些感觉变得更加明朗且被整合到人格中时，担心敌意会摧毁所爱客体的焦虑也降低了。病人在分析期间体验到的痛苦，也借由因整合的进步所带来的改善而逐渐减少，例如重获某些决心、可以做一些他先前无法达成的决定；而一般而言，可以更自由地运用他的天赋才能，这与其修复能力的抑制有所减弱有关。在很多方面，他享受的力量增加，希望重新出现，尽管仍旧与抑郁交替着。我发现创造性是与更安全地建立好客体的能力成比例增长的，这在成功的个案中是对嫉羡和破坏性进行分析的结果。

同样，正如在婴儿期，被喂食与被爱这种重复的幸福体验，对于安全地建立好客体是有帮助的。所以在分析期间，重复地体验到所给解释的有效性与真实性，可以使分析师（回溯性的原初客体）被建立为好客体的形象。

所有这些改变都累积成人格的一种丰富性。连同怨恨、嫉羡和破坏性一起，自体丧失的其他重要部分也在分析过程中再度获得。感觉自己是一个更完整的人、获得对自体的控制感以及大体上与世界的关系有一种更深层的安全感，这些也带来不少的释放。在《诸种分裂机制》中，我曾经提出，精神分裂症患者所受的痛苦是最强烈的，因为感觉被分裂成碎片，由于其焦虑的表现和神经症者的焦虑不同，所以这些痛苦被低估了。即使我们处理的不是精神病，而是分析那些整合受到干扰以及对自己和他人感到不确定的人，这些人也体验到相似的焦虑。而当达到更充分的整合时，这些相似的焦虑就会得到释放。在我看来，完全且永久的整合是永远不可能的，因为在外部和内部来源的紧张压力下，即使是整合良好的人们，也会被驱往更强烈的分裂过程，虽然这也可能只是一个过渡时期。

在《论认同》一文中，我提出在早期分裂过程中，不应该是由碎裂主导，这对心理健康和人格的发展非常重要。我在其中写道："容纳未受伤的乳头和乳房的感觉（虽然并存着乳房被吞噬为碎片的幻想），造成这样的影响：分裂与投射并不是主要地联系于人格的碎裂部分，而是联系于自体更凝聚的部分。这意味着自我没有暴露在因为碎裂而发生的致命弱化之下，并且因此更能反复地抵消分裂的效果，并且在其与客体的关系上达到整合与综合"。

我相信这种重新获得人格中分裂部分的能力，是正常发展的前提。这意味着在抑郁位置期间，分裂在某种程度上被克服，对冲动和幻想的压抑逐渐地取代了分裂的地位。

性格分析一直都是分析治疗中非常重要但又非常困难的一个部分[1]。我认为，正是透过将性格形成的某些方面追溯到我描述过的那些早期过程，我们才能对性格和人格上的改变产生一些长远的影响。

我们可以从另一个角度来考虑我在这里试着传达的技术层面。从一开始，所有的情绪都依附在第一个客体上，如果破坏冲动、嫉羡和偏执焦虑是过度的，婴儿便会粗略地扭曲和扩大所有来自外部的挫折，而母亲的乳房则从外部和内部皆占优势地转变为迫害的客体，于是，即使实际的满足也无法充分地抵消迫害焦虑。将分析带回到最早的婴儿期，我们使病人能够唤醒一些基本情境——我经常将这种"唤醒"说成是一种"感觉记忆"。在这一唤醒的过程中，病人便可能对其早期的挫折发展出一种不同的态度。毫无疑问的是，如果婴儿确实暴露在非常不利的条件下，那么就算回溯性地建立好客体，也不能抵消早期的坏体验。然而，将分析师内摄为一个好客体，如果这种内摄不是基于理想化；那么就会在某种程度上具有提供一个内部好客体的效果，而这内部的好客体是病人之前非常缺乏的。

---

[1] 弗洛伊德、琼斯和亚伯拉罕在这个主题上做出了一些最基础的贡献。参见：例如，弗洛伊德的《性格与肛门性欲》（1908），琼斯的《强迫性神经症中的恨与肛门性欲》（1913）与《肛门性欲的性格特征》（1918），以及亚伯拉罕的《对肛门性格理论的贡献》（1921）、《肛门性欲在性格形成上的影响》（1924），以及《力比多发展的生殖水平上的性格形成》（1925）。

同样地，投射的弱化，以及因此达到的更大包容，势必与较少的怨恨有关，即使在早期情境非常不利时，这也能使病人发现某些特征，并唤醒过去的快乐体验。而达成这个目标的方式，便是分析那些将我们带回到最早客体关系的负向移情和正向移情。这一切之所以变得可能，是因为由分析产生的整合强化了生命开始时的虚弱自我。正是在这样的方向上，对精神病患者的精神分析也可能会取得成功。更加整合的自我变得有能力体验到罪恶感与负责任的感觉，这些都是自我在婴儿时无法面对的；客体综合的发生，因此也发生了爱对恨的缓和；而贪婪与嫉羡，作为破坏冲动的必然结果，则失去了力量。

以另一种方式表达，迫害焦虑和分裂机制都有所减少，病人可以修通抑郁位置。当他最初无法建立一个好客体的这种无能在某种程度上被克服时，嫉羡便随之降低；而他享受和感恩的能力则逐步增加。这些改变延伸到病人人格的许多方面，范围从最早期的情绪生活到成人的各种经验和关系。我相信，在分析早期的紊乱对整体发展的影响之中，存在着我们帮助病人的最大希望。

第十章 论心智功能的发展

（1958）

在此提交的论文是我对元心理学（metapsychology）的贡献，我试图根据精神分析实践发展中得出的一些结论，进一步支持弗洛伊德在这个主题上的基本理论。

弗洛伊德以本我、自我和超我来系统阐述心智的结构，这已经成为所有精神分析思考的基础。他明确指出：自体的这些部分并不是明确地彼此分离的，本我是一切心智功能的基础；自我从本我中发展出来，但是其发生在哪个阶段，弗洛伊德并未给出什么一致的提示。自我终其一生都向下深入本我，因此处在无意识过程的持续影响之下。

此外，他对生本能和死本能的发现，以及它们从出生起就在运作的极化与融合，这在对心智的理解上是一个惊人的进展。在观察小婴儿心智持续挣扎的过程中（界于破坏与拯救自己、攻击客体与保留它们这些无法压抑的冲动之间），我认识到这些彼此挣扎的原始力量正在运作着。这使我对弗洛伊德生死本能概念的核心的临床重要性有了更深的洞识。当我写《儿童精神分析》[1]时，我已经得到结论：在两种本能之间挣扎的影响下，自我的主要功能之一——掌控焦虑——从生命最初就开始运作了[2]。

---

[1] 参见：《儿童精神分析》，第126—128页。

[2] 我曾在《关于某些分裂机制的评论》（1946）中提出，我们从后来的自我那里得知的一些功能，特别是处理焦虑的功能，在生命一开始就已经运作了。由死本能在有机体内的运作而产生的焦虑——被感受为灭绝的恐惧（死亡）——采取了迫害的形式。

弗洛伊德假设，有机体通过将内部的危险转向外界来保护自己免于由内部运作的死本能而产生的危险，而无法转向的部分则被力比多所束缚。在《超越快乐原则》（1922）中，他将生本能与死本能的运作看作一些生物学过程。但是，弗洛伊德在他的一些作品中，将其临床考量建立在这两种本能的概念之上，例如在《受虐狂的经济问题》（1924）中，这一点尚未得到充分的认识。我可以想起那篇论文的最后几句话，他说："于是道德的受虐变成一种典型证据的片段，证明本能融合的存在。它的危险在于：道德的受虐起源于死本能，正是本能脱离的部分被转向外，是一种破坏本能；另一方面，既然道德的受虐有一种情欲成分的价值，如果没有力比多的满足，即使他自己是这破坏的主体，也无法进行。"（S. E. 19，第170页）。在《精神分析新论》（1933）中，弗洛伊德将其新发现以更强烈的措辞表达了出来，他说道："这一假设为我们打开了一个研究的前景，终有一天，这些研究在理解病理过程上会有很大的重要性。因为融合也会再分开，我们可以预期，这样一种去融合将会极为严重地影响功能。但是这些概念依然太新，还尚未有人尝试在临床工作中运用它"（S.E.22，第105页）。我想说的是，就弗洛伊德所认为的两种本能的融合与去融合构成了攻击冲动与力比多冲动之间心理冲突的基础而言，令死本能转向的不是有机体，而是自我。

弗洛伊德声称，无意识中不存在任何对死亡的恐惧，但是这一点似乎不符合他发现的由内部运作的死本能而产生的危险。如我所见，自我所对抗的这种原始焦虑，就是由死本能而引起的威胁。我曾在《关于焦虑与罪恶感的理论》（1948）中指出，我不同意弗洛伊德的观点。他认为"无意识中似乎不包含任何可以用来建构'生命灭绝'这个概念的东西"。因此，"死亡恐惧应该被看作阉割恐惧的同义词"。在《儿童良心的早期发展》（1933）中，我曾提到弗洛伊德关于两种本能的理论。根据这个理论，在生命的开始，攻击本能或死本能就受到了力比多或生本能（爱欲）的反对，并且为之所束缚。我说道：

"我认为被这种攻击本能摧毁的危险,在自我中造成了一种过度的紧张,这被自我感觉为一种焦虑;因此在自我发展的一开始,它就面对着调动力比多来对抗其本能的任务。"我的结论是:被死本能摧毁的危险因而在自我中引起了原始焦虑[1]。

如果投射机制无法运作,小婴儿就会处在被他自己的破坏冲动所淹没的危险之中。在出生时,自我受到生本能的召唤而行动,就是为了执行这种功能。投射的原发过程,是将死本能转向外界的方法[2],投射也将力比多注入了第一个客体。另一个原发过程是内摄,这在很大程度上也是为生本能服务的。它与死本能相搏,因为它导致自我纳入一些给予生命的东西(首先是食物),并进而束缚内部运作的死本能。

从生命的开始,两种本能便依附在客体之上,首先是母亲的乳房[3]。因此,我相信通过我的下列假设,便可以在与两种本能的功能的联系中阐明自我的发展。这个假设是:内摄母亲喂食的乳房,为所有的内化过程奠定了基础。因循着破坏冲动抑或爱的情感居于主导,乳房(奶瓶可以象征性地代表它)时而被感觉为好,时而为坏。对乳房的力比多贯注,与满足的经验一起,在婴儿心中建立了原初的好客体;而将破坏冲动投射在乳房上,则建立了原初的坏客体。这些方

---

[1] 乔安·黎维尔(1952)提到"弗洛伊德坚决拒绝无意识的死亡恐惧的可能性";她继续论述说:"人类婴儿的无助与依赖,连同他们的幻想生活一起,必定可以推论出对死亡的害怕甚至就是他们经验的一部分。"

[2] 此处我与弗洛伊德的不同,在于弗洛伊德所理解的转向似乎只是针对自体的死本能借以变成针对客体的攻击的过程。在我看来,这两个过程在那个特殊的转向机制中都有所卷入。一部分死本能被投射到客体之中,客体从而变成一个迫害者;而保留在自我中的那部分死本能,则导致攻击转而去针对迫害的客体。

[3] 在《关于某些分裂机制的评论》中,我说道:"对破坏冲动的恐惧似乎立即依附在一个客体之上——或者更确切地说,它被体验成对一个无法控制的压倒性客体的恐惧。原初焦虑的其他来源是出生焦虑(分离焦虑)与身体需要的挫折;这些经验也是从一开始就被感受为由客体所引起的。"

面同时受到内摄，因而之前被投射的生本能和死本能再度运作在自我之中。掌控迫害焦虑的需要，推动了乳房和母亲在内部和外部的分裂，一方面是一个有帮助的、爱的客体；另一方面则是一个骇人的、恨的客体。这些是所有后来的内化客体的原型。

我相信自我的强度——反映了两种本能之间的融合状态——是在体质上被决定的。如果生本能在融合中居于主导，意味着爱的能力具有优势；那么自我则相对较强，更能忍受由死本能而产生的焦虑并对其进行抵制。

自我的强度可以在多大程度上维持并增加，部分地受到一些外部因素的影响，特别是母亲对婴儿的态度。然而，即使当生本能与爱的能力居于主导时，破坏冲动仍然转向外界，以致创造了一些迫害客体与危险客体；而这些迫害客体与危险客体再次被内摄。此外，内摄和投射的原初过程，导致自我与其客体的关系持续改变，以及在内部与外部客体、好客体与坏客体之间的波动起伏。这种波动起伏根据的是婴儿的幻想与情绪，同时也受到其实际经验的影响。这些波动起伏是由两种本能的永久活动所产生的；而其复杂性则在与外部世界的关系中构成了自我发展的基础，也引起了内部世界的建立。

内化的好客体开始形成自我的核心，自我环绕着这个核心而延伸、发展；因为当自我受到内化好客体的支持时，它就更能通过将力比多联结到内部运作的死本能的某些部分，来掌控焦虑并保存生命。

然而，如弗洛伊德在《精神分析新论》（1933）中所描述的那样，由于自我分裂了它自己，结果自我的一部分开始"凌驾"在另一部分之上。他明确指出，这个执行许多功能的分裂部分就是超我。他还声称，超我由内摄父母的某些方面组成，而且大部分是无意识的。

这些观点我都同意。而我所持的不同意见，是将作为超我基础的内摄过程放在出生时。超我出现于俄狄浦斯情结[1]开始之前的几个月，我将俄狄浦斯情结与抑郁位置开始的时间，一起定在第一年的四到六个月。因而，对好乳房与坏乳房的早期内摄就是超我的基础，且影响着俄狄浦斯情结的发展。这种超我形成的概念，与弗洛伊德的陈述形成了鲜明的对比，他称：认同父母是俄狄浦斯情结的结果，而且这些认同只有在俄狄浦斯情结被成功克服时才会成功。

在我看来，自我的分裂——超我由此形成——是作为自我中冲突的后果而出现的，是由两种本能的极化而产生的[2]。由于它们的投射，也由于其所导致的对好坏客体的内摄，这一冲突被增强。自我受到内化的好客体所支持，也经由认同好客体而受到强化，自我将一部分死本能投射到它自己分裂开来的一部分中——这个部分因而开始对立于自我的其余部分，并且形成超我的基础。死本能有一部分转向，与其融合的那部分生本能也随之转向。沿着这些转向，好客体与坏客体的一些部分从自我中分裂开来，进入超我，超我因而同时获得了保护性的和威胁性的双重品质。随着整合过程的进行——整合过程从一开始就呈现在自我和超我之中——死本能就在一定程度上受到超我的约束。在结合的过程中，死本能影响了包含在超我之中的许多好客体层面，结果导致超我的运作范围从约束憎恨与破坏冲动、保护好客体与自我批评，一直到威胁、抑制抱怨和迫害感。超我由于被联系于好客体，甚至力图保存好客体，它近似实际的好母亲——她喂养孩子，并且照顾孩子；但是因为超我同样受到死本能的影响，它又部分地代表了使孩子受挫的母亲，而它的禁止与职责便唤起了焦虑。在某种程度上，当发展进行顺利时，超我就主要被感觉为是

---

[1] 至于我关于早期俄狄浦斯情结的观点是如何发展出来的，更详细的描绘可见于：《俄狄浦斯情结的早期阶段》（1928）、《儿童精神分析》（1932）（特别是第八章）、《透过早期焦虑考察俄狄浦斯情结》（1945），以及《关于婴儿情绪生活的一些理论性结论》（1952）。

[2] 参见：例如《关于焦虑与罪恶感的理论》（1948）。

有帮助的，不会起到一个太过严厉的良心的作用。小婴儿有一种天生的需要，我认为即使在非常小的婴儿身上也是如此。他们需要受到保护，也需要屈服于某些禁止，这些禁止会累积成为对破坏冲动的控制。在《嫉羡和感恩》中我曾提到婴儿对于一个永远存在且永不耗竭的乳房的愿望，其中包含着一种欲望，觉得乳房应该免除或控制婴儿的破坏冲动，并以此来保护他的好客体，保护他免于迫害焦虑。这一功能从属于超我；然而，一旦婴儿的破坏冲动和焦虑被唤起，超我就在感觉上是严格而专横的。于是，就像弗洛伊德描述的那样，自我"必须服侍三个严厉的主人"：本我、超我与外部现实。

当我二十岁出头时，我着手进行了一项新的冒险，通过游戏技术来分析三岁大小的儿童，在这项冒险中我碰上了一个出乎意料的现象：一个非常早期且未开化的超我。我还发现小婴儿以一种幻想的方式来内摄他们的父母（首先是母亲及其乳房）。通过观察其内化客体某些骇人的特性，导致我得出这一结论：这些极其危险的客体，在婴儿早期，引起了自我中的冲突和焦虑；但是在急性焦虑的应激之下，它们及其他骇人的形象被与形成超我的不同方式分裂开来，并且被驱逐到无意识的较深层次中。这两种分裂方式的不同在于——这一点或许可以阐明分裂过程发生的许多模糊方式——在骇人形象的分裂中，去融合似乎处于优势地位；而超我的形成则是在两种本能融合的主导下实现的。因此，超我正常地建立，与自我有密切关系，并且和自我分享着同一好客体的不同方面。这就使自我有可能在或多或少的程度上整合并接受超我。相比之下，极坏的形象不但没有以这种方式被自我所接受，而且还持续地受到自我的拒绝。

然而，就小婴儿而言，我假定，越小的婴儿情况就越是如此，分裂开来的形象与那些较不骇人且更为自我所容忍的形象之间，其界限是流动的。正常状况下，分裂只会暂时地或部分地成功。当分裂失败时，婴儿便产生强烈的迫害焦虑，特别在发展的最初阶段情况更是如此，这个发展阶段以偏执-分裂位置为特征，我认为它在生命的头三四个月达到高峰。在小婴儿的心中，好乳房和吞噬性的坏乳房非常迅速地交替出现，可能感觉上是同时存在的。

迫害的形象被分裂开来，参与部分无意识的形成，和同样被分裂的理想化形象联结。理想化的形象被发展出来，用以保护自我对抗骇人的形象，在这些过程中，生本能再度出现并且发挥它的作用。在自体的各个层次中，都可以发现迫害客体和理想化客体、好客体和坏客体之间的对比。这成为生本能和死本能的一种表达，并且形成了幻想生活的基础。早期自我试图避开的那些被恨的、威胁性的客体，也就是那些在感觉上受到伤害或被杀掉的客体，这些客体从而转变为危险的迫害者。随着自我的强化及其不断增加的整合与综合的能力，便达到了抑郁位置的阶段。在此阶段，受伤的客体不再被主要地感受为一个迫害者，而是被感受为一个爱的客体。个体体验到对它的罪恶感与进行修复的冲动[1]。这一与所爱的受伤客体的关系，就在超我中形成了一个重要的要素。根据我的假设，抑郁位置在接近第一年中间达到其高峰，从那时起，如果迫害焦虑不甚过度，而爱的能力又足够强大；自我就会越来越多地觉察到其精神现实，也越来越多地觉得正是它自己的破坏冲动造成了其客体的毁坏。因而那些受伤的客体（在之前被感觉为坏客体），就在孩子的心灵中有所改善，更加接近于真实的父母；自我也逐渐发展出其处理外部世界的基本功能。

只要涉及内部因素，这些基本过程的成功，以及自我随后的整合与强化，就取决于生本能在两种本能的相互作用中所占的优势。但是分裂过程仍然持续着，在整个幼儿神经症阶段（这是表达也是修通早期精神病性焦虑的方法），生本能与死本能之间的极化，就以焦虑的形式被强烈地感觉到；而这些焦虑是由迫害客体产生的，自我则尝试用分裂，后来用压抑来应对这些迫害客体。

---

[1] 至于说明这个特殊观点的临床材料，见：《对躁在抑郁状态的心理发生学之贡献》(1934)。《克莱因文集》第一卷，第 273—274 页。

随着潜伏期的开始,超我组织化的部分(尽管这个部分通常是非常严厉的)便更多地是从其无意识的部分中被切断的。在此阶段,孩子用投射来处理其严格的超我,将它投射到他的环境中——也就是将它外化——并且试着与那些权威者达成协议。然而,尽管在大一点的孩子与成人身上,这些焦虑都得到缓和,改变了形式,被更强的防御避开;与小孩子相比,这些焦虑较少在分析中被触及,但是当我们穿透无意识的较深层次,就会发现危险与迫害的形象与理想化的形象仍然是同时存在的。

回到原初分裂过程的概念,我最近提出了这样的假设:好坏客体以及爱恨之间的割裂,应该发生在最早的婴儿期。这对正常发展而言是非常重要的。当这样的割裂不过于严重但足以在好坏之间做出区分时,在我看来,这就形成了稳定性与心理健康的基本要素之一。这意味着自我足够强大,不至于被焦虑所淹没;也意味着与分裂并行的某些整合也在同步进行(尽管是以一种初步的形式),而只有当生本能在融合中胜过死本能时,这种整合才是可能的。结果,自我最终就可以更好地取得客体的整合与综合。然而,我认为,即使在这样的有利条件下,当内部或外部压力非常极端时,在无意识的深层中,也会感受到骇人的形象。那些在整体上稳定的人——而这意味着他们稳固地建立了其好客体,并因此紧密地认同于它——便可以克服这种较深层的无意识对其自我的侵入,重新获得他们的稳定性。在神经症患者中,在精神病个体中更是如此,抵制此类危险(这些危险是从无意识的深层进行威胁的)的挣扎,在某种程度上是持续的,也是其不稳定性或其疾病的一部分。

因为最近几年的临床发展,使我们对精神分裂症患者的精神病理过程有了更多了解。我们可以更清楚地看到,在他们身上,超我几乎无法与他们的破坏冲动和内部迫害者区分开来。赫尔伯特·罗森费尔德(1952)在他有关精神分裂症患者的超我的那篇论文中,描述了这样一种压倒性的超我在精神分裂症中所扮演的部分,我在疑病症的根源中也发现了这些感觉所引起的迫害焦虑[1]。我认为在躁狂抑郁症中，这种挣扎及其结果是不同的，但限于篇幅我暂不对此进行深入探讨。

由于破坏冲动居于主导地位，伴随着自我的过度虚弱，如果原初分裂过程太过猛烈，客体在稍后阶段上的整合和综合就会受到阻碍，抑郁位置便无法得到充分的修通。

我已经强调过，心灵的动力学是生本能与死本能运作的结果；而除了这些力量之外，无意识是由无意识的自我，很快地又由无意识的超我构成的。我将本我视为等同于这两种本能，便是这个概念的一部分。弗洛伊德曾在多处提到本我，但是他的定义有些不一致。然而，至少在一段话中，他只根据"本能"来定义本我，他在《精神分析新论》中说道："本能的贯注寻求释放——在我看来，那些都在本我中；甚至这些本能冲动的能量，似乎也处在一种不同于其他心灵区域的状态中"（S.E.22，p.74）。

从我写作《儿童精神分析》的时候起，我的本我概念，就符合于上段引言所涵盖的定义。确实，在只代表死本能或无意识的意义上，我有时候会更不经意地使用"本我"这个术语。

弗洛伊德声称，自我是通过压抑-阻抗的屏障，从本我中分化出来的。我发现分裂是初始防御之一，而且是先于压抑的，我假定压抑在大约第二年的时候开始运作。正常而言，没有绝对的分裂，更没有绝对的压抑。因此，自我的意识和无意识部分，并没有被一个僵化的屏障所分开，正如弗洛伊德所描述的，在提到心智的不同

---

[1] 例如，我在本书第60页的注释中提到，"与内化客体（首先是部分客体）的攻击有关的焦虑，在我看来是疑病症的基础"。我在我的《儿童精神分析》一书中提出了这一假设（第144页、第264页、第273页）。同样，我曾在《关于智力抑制的理论》（1931）中指出："一个人对其粪便（作为迫害者）的恐惧，从根本上源自他的施虐幻想——这些恐惧引起了一种恐怖，即恐惧在他身体里有很多迫害者；恐惧被毒害，就像疑病症的恐惧一样"（第238页）。

领域时，这些领域是彼此重叠的。

然而，当分裂产生一个非常僵化的屏障时，这就意味着发展没有正常地进行，结果就可能是死本能居于主导。另一方面，当生本能处于优势，整合和综合便可以成功地进展。分裂的本质决定了压抑的本质[1]，如果分裂过程并未过度，意识和无意识就仍然可以相互渗透。然而，当自我所执行的分裂在很大程度上还是无组织的时候，就无法充分地压抑缓和焦虑；而在大一点的孩子和成人身上，对于避开焦虑与缓和焦虑而言，压抑都是一种更为有效的方式。在压抑中，更加高度组织的自我将自己分裂开来，以便更有效地对抗无意识的思维、冲动与骇人的形象。

虽然我的这些结论是基于弗洛伊德所发现的本能及其在不同心智部分上的影响，但是我在本文中提出的补充却涉及很多差异。现在我将针对这些差异做一些结论性的评论。

你们可以回想，弗洛伊德对力比多的强调远大于对攻击的强调。虽然早在他发现生本能与死本能之前，他就已经在施虐狂的形式中看到了性欲的破坏成分的重要性；但他并未充分重视攻击对情绪生活的影响。因此，或许他从未充分地完成他对两种本能的发现，并且似乎也不愿意将此发现扩展到整个心智功能。不过，正如我先前指出的，他将这个发现应用于临床材料，远远超过所能理解的程度。然而，如果弗洛伊德关于两种本能的概念被推到终极的结论，那么生本能和死本能的相互作用就将会被看作支配着整个心理生活。

我已经提过，超我的形成先于俄狄浦斯情结，它是由原初客体

---

[1] 参见：我的文章《关于婴儿情绪生活的一些理论性结论》，我在那里写道："分裂机制构成了压抑的基础（如弗洛伊德的概念所暗示的那样），但是与导致崩解状态的最初分裂形式相反，压抑通常不会造成自体的崩解。因为在此阶段，心智的意识与无意识部分有着更好的整合，而且由于在压抑的作用下，分裂主要影响的是在意识与无意识之间的割裂，自体的这两个部分都不会遭遇先前阶段产生的崩解程度。然而，在生命开始的最初几个月中诉诸分裂过程的程度，强烈地影响着压抑在稍后阶段中的运用。"（本书第81页）。

的内摄开始的。超我经由内化同一好客体的不同方面，维持了它与自我其他部分的联系，这个内化的过程在自我的组织化中也具有极大的重要性。我认为，从生命的一开始，自我就有一种需要，它不仅具有分裂而且也有整合自己的能力。在抑郁位置中逐渐达到高峰的整合，取决于生本能的优势，而且在某种程度上意味着自我接受了死本能的运作。我将自我的形成看作一个实体，它在很大程度上是由两方面的交替所决定的：一方面是分裂与压抑，另一方面是客体关系的整合。

弗洛伊德声称，自我持续地从本我那里丰富它自己。我早就说过，在我看来，自我是受到生本能的召唤而运作并获得发展的，达到这一点的方式是通过其最早的客体关系。生本能和死本能投射在上面的乳房，是第一个借由内摄而被内化的客体；如此，两种本能都找到它们可以依附的客体，从而经由投射和再内摄，自我被丰富化亦被强化。

自我越是能够整合其破坏冲动，能够综合其客体的不同方面，它就变得越是丰富，虽然自体和冲动被分裂的部分，因为会唤起焦虑、造成痛苦而遭到拒绝；但它们还是包含有人格和幻想生活中有价值的方面；而将它们分裂开来，就会使人格和幻想生活变得贫乏。虽然自体和内化客体被拒绝的方面会促成不稳定性，但是它们在艺术作品和不同智力活动中却是灵感的源泉。

我关于最早客体关系和超我发展的观念，与我的下列假设是一致的：自我至少从出生起就开始运作，并且生本能与死本能具有全面弥漫的力量。

第十一章　我们的成人世界及其在婴儿期的根源

（1959）

从精神分析的观点来考虑人们在其社会环境中的行为时，有必要去研究个体如何从婴儿期发展至成熟。一个团体，无论或大或小，都是由许多处于彼此关系中的个体构成的，因此对人格的理解是理解社会生活的基础。对个体发展的探究，将精神分析逐阶段地带回了婴儿期。因此，我要首先详述小孩子的一些基本倾向。

婴儿困难的种种迹象，例如，暴怒状态，对其周围环境缺乏兴趣，没有能力承受挫折，以及对悲伤的短暂表达等；除了身体因素的描述之外，这些迹象在先前无法找到任何解释。在弗洛伊德的伟大发现之前，人们一般倾向于将童年期看作一段完美快乐的时期；而儿童显示出的各种紊乱也没有受到过严肃的对待。随着时间的流逝，弗洛伊德的发现帮助我们理解了儿童情绪的复杂性；而且还解释了儿童经历的一些严重冲突。这致使我们对幼儿心理及其与成人心理过程的关系有了更深刻的见解。

我在儿童精神分析中发展出的游戏技术，以及由我的工作而产生的其他技术上的进展，让我可以就婴儿的早期阶段和无意识的较深层次提出一些新的结论。这一回溯性的洞见，是基于弗洛伊德的一个关键发现：移情情境。也就是说，在精神分析中，病人在与精神分析师的关系中重新上演了较早的（我要补充说，甚至是非常早的）情境与情绪。因此，在成人身上，与精神分析师的关系有时也带有非常孩子气的特征，例如：过度依赖、需要被人引导、还有相当不理性的不信任，从这些表现中推衍出过去，是精神分析师技术的一部分。我们知道，弗洛伊德首先发现了成人身上的俄狄浦斯情结，并且能够将这一情结追溯到童年期。我非常幸运能分析很小的孩子，能够对他们的心理生活获得一些更进一步的洞察，这致使我触及对婴儿心理生活的理解。通过极其仔细地注意游戏技术中的移情，我能够更深入地理解心理生活（在儿童身上，后来也在成人身上）以何种方式受到最早期的情绪与无意识幻想的影响。从这个角度，我将尽可能少地使用技术性术语来描述我就婴儿情绪生活得出的结论。

　　我曾提出过一个这样的假设：在出生过程以及在对产后情境的适应中，新生婴儿会体验到一种迫害性质的焦虑。这一点可以通过下述事实来解释：小婴儿会无意识地感受到各种不适，他还无法在智力上理解这一点，仿佛这是由敌意力量加诸他的。如果很快提供给他舒适——特别是温暖、被抱持的爱的方式以及被喂食的满足——这就会引起一些比较快乐的情绪。这种舒适在感觉上来自好的力量；而且我相信，这使婴儿可能与一个人（或者如精神分析师说的那样，与一个客体）产生最初的爱的关系。我的假设是：婴儿对于母亲的存在，有一种天生的无意识觉知；我们知道，小动物应会立刻转向母亲，从她那里寻找食物。人类作为动物在这方面并无不同，这种本能的知识是婴儿与其母亲原初关系的基础。我们还可以观察到，一个只有几周大的婴儿已经可以仰望母亲的脸，辨认出她的脚步声、她双手的触摸、她的乳房或是她提供的奶瓶的气味与感觉。这一切都意味着，某种与母亲的关系已经建立起来，不论这种关系有多么原始。

　　他不仅期望从她那里得到食物，而且也渴望着爱与理解。在最早的阶段，爱与理解是经由母亲对其婴儿的爱抚表达出来的，并且导致了某种无意识的一体感。这种一体感的基础在于处在彼此紧密关系中的母亲与婴儿的无意识。婴儿由此获得被理解的感觉，构成了其生命中第一个基本关系的基础，即与母亲的关系。同时，我认为是作为迫害而被体验到的挫折、不适与痛苦，也进入他对母亲的感觉中，因为在头几个月里，她对孩子而言代表着整个外部世界；因此，孩子心里的好坏都来自母亲，而这就导致了一种对于母亲的双重态度，即便在最佳的可能条件下也是如此。

但是，爱的能力与迫害感在婴儿最早的心理过程中都有很深的根源。它们首先聚焦在母亲身上。破坏冲动及其伴随物，诸如对挫折的愤恨、由此激起的怨恨、无法甘心认命，以及对全能客体（母亲，婴儿自己的生命和安康都有赖于她）的嫉羡，这些不同的情绪唤醒了婴儿身上的迫害焦虑。即使加以必要的修改，这些情绪仍然会运作于后来的生活，因为针对任何人的破坏冲动，势必总是会引起这样一种感觉，即觉得那个人也会变得充满敌意并具有报复性。

天生的攻击性，势必会因为不利的外部环境而有所增加；反言之，它也会因为小孩子获得的爱与理解而有所减缓，这些因素在整个发展过程中持续地运作。虽然外部环境的重要性到今天得到了越来越多的承认，但是内部因素的重要性却仍然受到低估。因个体而异的破坏冲动，即使在有利的环境下，也是心理生活的一个整合部分，因此，我们必须将儿童的发展与成人的态度看作由内部与外部影响间的相互作用而引起的。现在我们理解婴儿的能力增加了，可以经由细心的观察来认识爱恨之间的挣扎。有些婴儿对任何挫折都会体验到强烈的愤恨，如果挫折是因剥夺而起的，婴儿就会以无法接受满足来表现这种强烈的愤恨。我认为，比起那些偶尔爆发愤怒，但又很快平息的婴儿，这些孩子拥有一种更加强烈的天生的攻击性与贪婪。如果一个婴儿表现出他能够接受食物与爱，这就意味着他可以相对较快地克服对挫折的愤恨；而且在满足被再次提供时，他也能够重新获得自己爱的情感。

在继续我对儿童发展的描述之前，我觉得我应当从精神分析的角度，简明地定义一下"自体"和"自我"两个术语。根据弗洛伊德的定义，自我是自体组织化的部分，它持续受到本能冲动的影响；但是又通过压抑将这些本能冲动保持在控制之下；此外，它指挥着所有活动，而且建立并维持与外部世界的关系。自体通常涵盖了人格的整体，不仅包括自我，也包括弗洛伊德称为"本我"的本能生活。

我的工作致使我假定：自我从出生起便存在并运作着；而且除了上述功能之外，它还有一项重要的任务，即防御自身免于因内部挣扎与外部影响而激起的焦虑。更进一步说，它开启了一些过程，我首先从中选出了"内摄"与"投射"。至于同样重要的"分裂"过程，即割裂冲动与客体的过程，稍后我还会提及。

不论在严重的心理紊乱还是正常的心理生活中，内摄与投射都具有极大的重要性，我们将这个伟大的发现归功于弗洛伊德和亚伯拉罕。我在此放弃去描述弗洛伊德如何特别地从躁狂抑郁疾病的研究，转而发现了构成超我基础的内摄。他还详述了超我、自我与本我之间至关重要的关系。随着时间的推移，这些基本概念经历了进一步的发展。正如我根据自己与儿童的精神分析工作而认识到的，从产后生活的一开始，内摄与投射就作为自我的某些最早活动在起作用了；而在我看来，这些活动从出生起就运作着。从这一角度来考虑的话，内摄就意味着婴儿所经历的外部世界、其影响与情境，以及他所遇到的客体。这些不仅被体验为外部的，也被纳入自体之中，成为他内在生活的一部分。即使在成人身上，如果没有这些源于持续内摄的人格的附加物，那么内在生活就无法受到评估。而同时进行的投射则意味着，在孩子身上有一种能力，能将不同种类的情感（主要是爱和恨）归诸他周围的其他人。

我形成了这样一种观点：针对母亲的爱恨，与小婴儿将他所有的情绪投射在母亲身上的能力息息相关；从而使母亲成为一个好客体，也变成一个危险的客体。然而，虽然内摄与投射的根源在婴儿期，但是却不仅仅是一些婴儿化过程。它们是婴儿幻想的一部分，这在我看来也是从一开始就运作的，而且有助于塑造他对其周围事物的印象；而通过内摄，这一经过改变的外部世界的图像，便影响着那些在他心中进行的事情。于是，一个内在世界被建立起来，它部分地是对外部世界的一种反映。也就是说，内摄与投射的双重过程，促成了外部与内部因素之间的相互作用，这种相互作用一直持续在生命的每一阶段。以同样方式，内摄与投射会持续人的整个一生，并且会在成熟过程中被修改；但是在个体与他周围世界的关系中，它们从来都没有丧失其重要性。因此，即便在成人身上，对现实的判断也从未完全摆脱其内部世界的影响。

我已经提出，从某个角度而言，我正在描述的投射与内摄过程，必须被看作一些无意识的幻想。正如我的朋友苏珊·伊萨克斯在她后来关于这个主题的文章（1952）中所言："幻想（起初）是心理的必然结果，是本能的精神代表。所有的冲动、本能冲动或本能反应都被经验为无意识幻想……幻想呈现了在当时主导心灵的那些冲动或感觉的特殊内容（例如，愿望、恐惧、焦虑、胜利、爱或悲伤）。"

无意识的幻想不同于白日梦（尽管两者有一些联系），它们是出现在深度无意识水平上并伴随着婴儿所体验到的各种冲动的一种心理活动。例如，一名饥饿的婴儿，可以通过被给予乳房的幻觉性满足，带着他通常从乳房获取的所有快乐，诸如乳汁的味道、乳房的温暖感，被母亲抱持以及被母亲所爱等，来暂时地处理他的饥饿。但是无意识的幻想也会采取相反的形式，当乳房拒绝给予这种满足，会感觉受到了乳房的剥夺和迫害。这些幻想变得越来越复杂，涉及客体和情景更广泛的多样性，它们一直持续在整个发展过程中，并伴随着所有活动。它们在心理生活中，从来都没有停止过扮演一个重要的角色。因此，再怎么强调无意识幻想对艺术、对科学工作以及对日常生活活动的影响也不为过。

我已经提到母亲被内摄，而这是发展中的一个基本因素，如我所见，客体关系几乎从出生时就开始。母亲在其好的方面（关爱、帮助并喂养孩子）而言，是第一个好客体，婴儿使其成为他内在世界的一部分。他这么做的能力，我认为在某种程度上是天生的。好客体能否充分地变成自体的一部分，在某种程度上取决于迫害焦虑（以及相应的愤恨）不太强烈；同时，对母亲一方的爱的态度，大大促成了其过程的成功。如果母亲作为一个可依赖的好客体被纳入孩子的内在世界，一个强度的要素就被加入自我。因为我假定，自我在很大程度上是围绕着这个好客体发展起来的；而对母亲一些好特征的认同，就奠定了进一步有益认同的基础。认同于好客体的外在表现，是小孩子复制了母亲的活动和态度，这可以在他的游戏中看到，通常也表现在他对待更年幼儿童的行为上。若强烈地认同于好母亲，也使孩子更容易去认同一个好父亲，以及在后来认同于其他友善的形象。结果，他的内在世界就主要含有好客体与好感觉，而这些好客体也在感觉上回应着婴儿的爱。这一切都有助于形成一个稳定的人格，而且也使将这些同情与友善的感觉扩展到他人成了可能。显然，父母彼此以及跟孩子有一种好的关系，并拥有一种幸福的家庭氛围，这些因素在此过程的成功上扮演着至关重要的角色。

然而，无论孩子对双亲的感觉有多好，攻击性与憎恨也仍然在运作着。对此的一种表达便是与父亲的竞争，这种竞争是由男孩对母亲的欲望以及联系于这些欲望的幻想产生出来的。这样的竞争在俄狄浦斯情结中表达出来，可明显见于三岁、四岁或五岁的儿童身上。然而，这一情结其实在更早的时候就已经存在了，其根源在于婴儿最初怀疑父亲从他身边夺走了母亲的爱与关注。男孩和女孩的俄狄浦斯情结有着很大的差异，我认为其特征在于：男孩在其生殖发展中会回到原来的客体（母亲），因此他会寻找女性客体，结果就会嫉妒父亲或一般男人；女孩在某种程度上必须转而离开母亲，在父亲身上后来又在其他男人身上寻找她欲望的客体。然而，我是以一种过度简化的形式来陈述这一点的，因为男孩也会被父亲所吸引并认同于他，因此一个同性恋的元素便进入正常发展中。同样的情形也适用于女孩，对女孩而言，与母亲的关系以及与其他女人的关系，从来都没有失去其重要性。因此，俄狄浦斯情结就不仅在于对父母的一方有憎恨与敌对而对另一方有爱的感觉，而且爱的情感与罪恶感也会进入与敌对父母的联系中。故而，很多冲突的情绪都是以俄狄浦斯情结为中心的。

现在我们再转向投射。通过将自己或自身冲动和感觉的一部分投射到另一个人之中，便实现了与那个人的一种认同，不过这种认同不同于由内摄而产生的认同。因为如果一个客体被纳入自体之中（内摄），那么重点就在于获得这个客体的某些特质，并受它们所影响；另一方面，如果在将自己的一部分放进另一个人中（投射），那么认同的基础则是将自身的某些品质归诸另一个人。投射有很多回响，我们倾向于将自己的某些情绪和思想归诸其他人——在某种意义上，是放进他们中；而且很明显，无论这种投射具有一种友善的还是敌意的性质，这都取决于我们在多大程度上是平衡的，或者是受到迫害的。通过将我们感觉的一部分归诸其他人，我们理解了他们的感觉、需要与满足；换句话说，我们把自己放进了他人的位置（设身处地）。有的人在这个方向上走得太远，以至于他们在他人中完全迷失了自己，甚至无法进行客观判断。同时，过度的内摄也会危害到自我的强度，因为自我变得完全被内摄的客体所支配。如果投射主要是敌意的，便会损害真实的共情和对他人的理解。因此，投射的性质，在我们与他人的关系中具有极大的重要性。如果内摄与投射间的相互作用不是由敌意或过度依赖所支配，而是平衡良好的，那么内在世界就会因此而丰富，且与外部世界的关系也会因此而改善。

我先前曾提到过婴儿的自我将冲动与客体分裂开的倾向，我将这看作自我的另一种原始活动。这种分裂倾向的产生，是因为早期自我在很大程度上缺乏凝聚所致。但是，在此我必须重提我自己的一些观念，迫害焦虑会增强使所爱客体与危险客体保持分离并因此将爱恨分裂开来的需要，因为小婴儿的自我保存依赖于他对一个好母亲的信任。通过将这两个方面分裂开来，并依附于好的一面，他便保存了他对好客体的信任以及爱的能力，而这是活下来的一个必要条件。要是没有某种这样的感觉，他就会暴露于一个充满敌意的世界——他恐惧这个世界会将他摧毁；而这个敌意的世界也会在他内部被建立起来。如我们所知，有一些婴儿身上缺乏生命力，他们无法活下来，这大概是因为他们无法发展出与一个好母亲的信任关系；相比之下，另一些婴儿历经了极大的困难，但是却仍然保有足够的生命力来使用母亲所提供的帮助与食物。我知道有一个婴儿，他曾经历了晚产和难产，并且在这一过程中受到伤害；但是当被抱近乳房时，他便热切地吸吮乳房。有些婴儿在出生后不久就做过大手术，但是他们也被报告有同样的情况。其他婴儿在这种环境下是无法存活的，因为他们在接受营养和爱上有很多困难，这意味着他们无法建立起对母亲的信任与爱。

随着发展的进行，分裂过程在形式和内容上会有所改变，但是在某些方面，它从来不会被完全地放弃。在我看来，全能的破坏冲动、迫害焦虑以及分裂，在生命的头三到四个月中都是居于主导的。我将这种机制与焦虑的结合描述为偏执－分裂位置，它在极端的情况下会变成偏执狂和精神分裂症疾病的基础。破坏感的伴随物在早期阶段具有极大的重要性，其中我挑选出贪婪与嫉羡这两种极具干扰性的因素；它们首先发生在与母亲的关系中，后来又发生在与其他家庭成员的关系中，事实上它们是伴随终生的。

贪婪在婴儿之间有着相当大的差异，有些婴儿永远无法得到满足，因为他们的贪婪超过他们所能接受的一切。伴随着贪婪而来的还有想要掏空母亲乳房，以及剥削所有满足来源而不考虑任何人的冲动。非常贪婪的婴儿，可以享受他眼下所接受的任何东西；但是一旦满足消失，他就会变得不满，而且首先想要剥削母亲，然后很快转为剥削在家庭中每个可以给他关注、食物或任何其他满足的人。毫无疑问的是，贪婪会因焦虑而增加——被剥夺的焦虑、被抢夺的焦虑以及不够好以致无法被爱的焦虑。对爱和关注如此贪婪的婴儿，对自己爱的能力也没有安全感，而所有这些焦虑都会增强贪婪。这种状况也仍然存在于较大孩子与成人的贪婪中，而且其根本原则没有丝毫改变。

　　至于嫉羡，要解释为何喂养并照顾婴儿的母亲也会成为嫉羡的客体，这是不容易的。但是每当孩子感到饥饿或觉得被忽略，他的挫折就会导致这样一种幻想：觉得乳汁与爱是母亲故意不给他的，或者是母亲出于自己的利益而有所保留的。这种怀疑是嫉羡的基础，在嫉羡的感觉中与生俱来的，不仅是欲望着拥有，而且还有一种强烈的冲动，想要损毁他人对所觊觎客体的享受，这种冲动也倾向于损毁客体本身。如果嫉羡非常强烈，那么其损毁的性质就会导致与母亲以及后来与其他人的关系有所紊乱；它还意味着没什么东西可以受到充分地享受，因为被欲望的东西已经被嫉羡损毁了。此外，如果嫉羡很强，美好便无法被吸收，无法变成一个人内在生活的一部分，因此也无法引起感恩。相比之下，充分享受所接受事物的能力，以及感恩给予者的经验，都会强烈地影响到性格和与他人的关系。在饭前祷告中所说的话并非毫无意义："对于我们即将接受的东西，愿主使我们真心感谢。"这些话隐含的意思是，人们要求着一种可以让自己幸福并摆脱愤恨与嫉羡的品质，也就是感恩。我曾听到一个小女孩说，在所有人中她最爱她的妈妈，因为如果妈妈没有生下她、喂养她，她将如何是好？这种强烈的感恩的感觉，联系着她的享受能力，而且表现在她的性格以及与他人的关系中，特别是在慷慨与体谅中。在整个一生中，这种享受与感恩的能力，使得各种兴趣与快乐成了可能。

　　在正常的发展中，伴随着自我不断增加的整合，分裂过程有所减少；而理解外部现实的能力增加，并在某种程度上将婴儿的矛盾冲动汇集了起来，也导致了客体好坏两方面的更大整合。这意味着人们即使有缺陷也可以被爱，世界也不只是非黑即白。

　　超我是自我批判并控制危险冲动的部分，弗洛伊德粗略地将它放在童年期的第五年，而根据我的观点，超我在更早的时候就开始运作了。我的假设是：在生命的第五或第六个月，婴儿开始害怕他的破坏冲动及其贪婪，对他所爱的客体可能会造成伤害，或是可能已经造成了伤害，因为他还无法区分他的欲望和冲动，以及它们实际的效果。对于所造成的伤害，他体验到了罪恶感，以及想要保存这些客体并对它们进行修复的冲动。现在所体验到的焦虑，主要是抑郁性质的，而与它伴随的情绪以及所衍化出来的对抗这些情绪的防御，我则将其看作正常发展的一部分，并将其命名为"抑郁位置"。有时出现在我们所有人身上的罪恶感，在婴儿期有着很深的根源，而进行修复的倾向，在我们的升华与客体关系中扮演着重要的角色。

当我们从这个角度来观察小婴儿时，就可以看到，有时候没有特殊的外部原因，他们也会显得抑郁。在此阶段，他们试图用任何可利用的方式来取悦身边的人——微笑、玩耍的姿势甚至把盛着食物的汤匙放进母亲的嘴里以试图喂妈妈。同时，在这个时期，对食物的抑制和梦魇通常也开始了，而所有这些症状在断奶时达到危急关头。稍大的孩子可以更清楚地表达出处理罪恶感的需要，各种建设性活动都被用于这个目的；而在与父母或兄弟姐妹的关系中，也有取悦和提供帮助的过度需要。这一切不仅表达了爱，而且还表达出进行修复的需要。

弗洛伊德假设"修通"过程是精神分析程序的一个核心部分。简而言之，这意味着使病人在与分析师的关系中，以及在与病人现在及过去生活中的不同人物和情境的关系中，能够一次又一次地体验到他的情绪、焦虑和过去的情境。然而，修通在某种程度上也发生在正常个体的发展中。随着对外部现实的适应增加，婴儿对他周围的世界形成了一种较少幻想的图景。母亲离开又回到他身边，这种重复出现的经验，使得母亲的缺席变得较不那么令人害怕：因此他对她离开的疑虑降低了。以这种方式，他逐渐修通了其早期的恐惧，并且跟他冲突的冲动与情绪达成了妥协。在此阶段，抑郁焦虑居于主导，迫害焦虑有所减少。我认为，在小孩子身上可以观察到很多明显的怪异表现、无法解释的恐惧症以及特殊的癖好，它们既是修通抑郁位置的指标，也是修通抑郁位置的方式。如果孩子心中升起的罪恶感觉不是太过度，那么进行修复的冲动和属于成长一部分的其他过程便会带来缓解。不过，抑郁焦虑和迫害焦虑从未完全被克服，在内部或外部的压力下，它们便可能会暂时地重新出现，但是一个相对正常的人可以应对这种暂时出现的焦虑，并重新获得平衡；然而，如果紧张度过大，就会妨碍一个强大且平衡良好的人格的发展。

在处理过偏执焦虑和抑郁焦虑以及它们的内涵之后——尽管我担心这种处理是以一种过度简化的方式——我想要考虑一下我曾描述过的这些过程对社会关系的影响。我已经讲了对外部世界的内摄，也已经指出这个过程会持续终生。每当我们欣赏、爱慕什么人或者憎恨、鄙视什么人时，我们也会把他们身上的某种东西纳入我们自己之中；而我们内心最深处的态度就是由这类经验形成的。在一种情况下，这丰富了我们，成为我们珍贵记忆的基础；而在另一种情况下，我们有时会感到外部世界受到毁坏，内部世界也因此而贫瘠。

在此，我只能触及那些有利和不利的实际经验的重要性，婴儿从一开始就遭遇到这些经验，首先是通过父母，后来是通过他人；终其一生，外部经验都有着至高的重要性。然而，大多外部经验都取决于孩子解释并吸收这些外部影响的方式，甚至在婴儿身上也是如此，这又反过来在很大程度上取决于破坏冲动、迫害焦虑与抑郁焦虑的运作有多强烈。以同样的方式，我们成人的经验也受到自己的基本态度的影响。这些态度要么会帮助我们更好地应对不幸；要么是当我们过多地受到怀疑和自怜所支配时，这些态度甚至会将轻微的失望转变成灾难。

弗洛伊德有关童年期的发现增进了我们对教养问题的理解，但是这些发现却经常受到误解。虽然纪律过于严明的教养的确会增强孩子的压抑倾向，但是我们也必须记得，对孩子而言，过度的纵容与太多的约束几乎都可能是伤害性的。所谓"充分的自我表达"，对父母和孩子双方都可能有很大的不利。在过去，孩子往往是父母纪律严明态度的受害者，而现在父母则可能变成其子女的受害者。有一个老笑话，说是有个人从来没尝过鸡脯肉，因为当他是孩子时，他的父母自己吃却不给他吃；而当他长大后，他又把鸡脯肉给孩子们吃，而自己不吃。当应对我们的孩子时，必须要在太多纪律和太少纪律之间保持某种平衡，对某些较小的不端行为睁一只眼闭一只眼，是一种非常健康的态度。但是，如果这些不端行为逐渐变成了孩子做事持续缺乏考虑，那么就有必要对孩子表示不赞成并提出要求了。

还有另一个角度来思考父母的过度纵容：当孩子可以利用其父母的态度时，他同样也会体验到一种剥削父母的罪恶感，而且觉得需要一些能带给他安全感的约束。这一点也会让他能够感受到对其父母的尊重，而这对于跟父母形成良好的关系，以及发展出对他人的尊重来说是必不可少的。此外，我们还必须考虑到，如果父母过度容许孩子无拘无束地自我表达，那么不论他们在多大程度上试图屈服于孩子的要求，都必定会感到某种愤恨。这种愤恨会进入他们对孩子的态度中。

我已经描述过对每次挫折都进行强烈反应的小孩子——没有不可避免的挫折，就没有任何可能的教养——他易于痛苦地愤恨其环境中的任何失败与缺点，而且易于低估所接受到的美好。于是，他便会将其怨恨非常强烈地投射到他身边的人身上，同样的态度在成人中也是众所周知的。有些个体能够忍受挫折而没有太大的愤恨，而且在失望之后能够很快重新获得平衡；而另一些个体则倾向于把全部的责难都推给外部世界。如果我们比较这两类个体，我们就可以看到敌意投射的有害效果。因为怨恨的投射，会在他人身上唤起一种敌意的反感。在关系中我们被认为是有罪的一方，即使这样的谴责不是用言辞表达出来的，我们当中也很少人有耐性来容忍这种控诉。事实上，它往往使我们不喜欢这样的人，我们似乎更像是他们的敌人。结果，他们会带着增加的迫害感和怀疑来看待我们，而关系也变得越来越紊乱。

处理过度怀疑的一种方式,是试着安抚那些假设的或实际的敌人,但这很少成功。当然,有些人可以被奉承和讨好所收买,特别是如果他们自己的迫害感助长了被讨好的需要;但是这样的关系很容易破裂,转变成相互的敌意。顺便一提,在政治领袖的态度中,这样的波动可能会在国际事务上造成一些灾难。

当迫害焦虑不那么强烈,投射主要是将好的感觉归诸他人,从而变成共情的基础,来自外部世界的回应也就非常不同。我们都知道哪些人有被喜欢的能力,因为在我们的印象中,他们对我们有某种信任;而这在我们一方唤起了一种友好的感觉。我说的不是那些试图用虚伪的方式来使自己受欢迎的人;相反,我相信那些真诚的、对其信念怀着勇气的人,最终才能受到尊敬乃至爱戴。

早期态度的影响会持续终生,对此一个有趣的例子在于下列的事实:与早期人物的关系持续不断地再现,而婴儿期或童年早期未解决的问题也会被重新激活;尽管是以一种有所缓和的形式。例如,对下属或上级的态度,在一定程度上重复了跟弟弟妹妹或父母的关系。如果我们遇到一个友善的、给予帮助的年长者,那么就会无意识地重新激活与所爱父母或祖父母的关系;而一个高高在上且令人不快的年长者,则会再度激起孩子对父母的叛逆态度。这些人没必要在身体上、心理上甚至在实际年龄上与原来的人物相似,在他们的态度上有一些相同就足够了。当某人完全处在其早期情境与关系的影响之下时,他对人和事物的判断就必定会受到干扰。一般而言,客观的判断会限制并矫正这种早期情境的复苏;也就是说,我们都能受到一些非理性因素的影响,但是在正常生活中,我们并不被它们所支配。

爱和奉献的能力首先是对母亲,之后会在很多方面发展成对在感觉上是好的且有价值的各种事业的奉献。这意味着婴儿在过去因为感到爱与被爱而体验到的享受,在后来的生活中不仅被转移到了与他人的关系上(这是非常重要的),而且还被转移到了他的工作和所有他觉得值得为之奋斗的事情上。这也意味着一种人格的丰富及其享受工作的能力，从而开启了各种满足的来源。

在促进我们达到目标的这种奋斗之中，也在我们与他人的关系之中，进行修复的早期愿望增添了爱的能力。我已经说过，在我们的升华中——这些升华产生于孩子的最早兴趣——建设性的活动获得了更多的推动力，因为孩子无意识地感到，以这种方式，他修复了曾被他伤害过的所爱之人。虽然在日常生活中往往无法指认这种推动力，但是它从来都没有丧失其力量。我们中没人能完全地摆脱罪恶感，这一不可改变的事实具有一些非常有价值的方面；因为它意味着我们尽自己所能进行修复和创造的愿望，从来都没有消耗殆尽。

所有形式的社会服务都得益于这种冲动，在极端情况下，罪恶感会驱使人们把自己完全献给一项事业或是他们的同伴，甚至可能导致狂热的笃信。然而，我们知道，有些人为了拯救他人，会甘愿冒着自己的生命危险，这样的行为并不必然是出自上述的规律。与其说在这些情况下起作用的可能是罪恶感，不如说是爱与慷慨的能力，以及对身陷险境的同伴的认同在运作。

我已经强调了认同父母及随后认同他人对小婴儿发展的重要性，现在我想要转而强调在延伸至成人期的成功认同中，有一个特殊的方面。当嫉羡和竞争不太厉害时，替代性地享受他人的快乐就成为可能。在童年期，替代性地享受父母快乐的能力，抵消了俄狄浦斯情结的敌对和竞争；而在成人生活中，因为父母能够认同于他们的孩子，他们可以分享童年期的快乐，避免干涉这些快乐。如此，父母就变得可以不带嫉羡地看着他们的孩子长大。

当人们渐渐变老，年轻的快乐变得越来越不可及时，这种态度就变得尤其重要。如果对过去满足的感恩尚未消失，那么老年人就可以享受任何他们还能触及的事物。更进一步说，怀着这样一种能带来安详宁静的态度，他们就可以认同于年轻人。例如，有人寻找年轻的人才，帮助他们发展。他的作用可能是老师或评论家，而在过去的时代则可能是艺术和文化的资助者。他之所以能够这么做，只是因为他能够认同于他人；在某种意义上，他在重复自己的生命，有时甚至是在替代性地实现他自己生命中那些未曾实现的目标。

在每个阶段上，认同的能力都可能使欣赏他人的性格和成就变成一种幸福。如果我们不能允许自己去欣赏他人的成就和品质——而这意味着我们无法忍受自己永远赶不上他们的想法——那么我们就被剥夺了极大的幸福与丰富的来源。

如果我们没有机会认识到伟大是存在的，而且会继续存在，那么世界在我们的眼中就会变成一个非常贫瘠的地方。而当有这种欣赏时，它就激发了我们身上的某种东西，间接地增加了我们对自己的信任。这是源自婴儿期的认同变成我们人格重要部分的许多方式之一。

欣赏另一个人成就的能力，是推动成功的团队合作的因素之一。如果嫉羡不是太厉害，在与其能力有时远远凌驾在我们之上的人一起工作时，我们仍然能获得快乐与自豪，因为我们认同了团队中这些杰出的成员。

然而，认同的问题是非常复杂的。当弗洛伊德发现超我时，他将其看作心理结构的一部分，这个心理结构源自父母对孩子的影响，这种影响变成了孩子基本态度的一部分。我与小孩子的工作让我知道，甚至从婴儿期开始，母亲以及很快出现在孩子周围的其他人，也都会被纳入自体；而这就是各种认同的基础，不论这些认同是有利的还是不利的。我在上面列举了一些对儿童和成人都有帮助的认同。但是早期环境的重要影响也有一种效果，即成人对孩子态度的不利方面，有害于儿童的发展。因为它们在他身上激发了憎恨、叛逆或过度的屈从。同时，他又内化了这种敌对和愤怒的成人态度。出于此类经验，纪律过度严明的父母，或是缺乏理解和关爱的父母，就会经由认同而影响到孩子性格的形成，也可能导致他在后来的生活中重复自己曾经历过的事情。因此，一位父亲有时候会用他父亲对待他的错误方法来对待自己的孩子；另一方面，童年期对错误的叛逆经验，可能导致孩子做每件事都要和父母唱反调，而这会导致另一种极端，例如我先前曾提到的过度宠溺孩子。我们从童年期的经验中所学到的，会让我们对自己孩子有更多的理解和宽容，对家庭圈子以外的人也是如此，这些都是成熟与成功发展的标志。但是，宽容并不意味着对他人的错误视而不见。它意味着我们认识到了那些错误，不过又不失掉自我地与他人合作，甚至是对他们中一些人体验到爱的能力。

在描述儿童的发展时，我特别强调了贪婪的重要性。现在让我们来看看贪婪在性格形成中扮演着什么角色，它又如何影响着成人的态度。贪婪的角色作为一个极具破坏性的要素，很容易在社会生活中观察到。贪婪的人想要的越来越多，甚至是以别的所有人为代价也在所不惜。他们无法真的对别人体贴和慷慨，在此我讲的不仅是物质的拥有，而且也包括地位和声望。

非常贪婪的个体很容易有野心，只要我们观察一下人类的行为，野心的角色——在其帮助性及其扰乱性两个方面——便显示了出来。毫无疑问，野心推动了成就；但是，如果野心成为主要的驱动力量，就会危及与他人的合作。高度有野心的人，不管他有多么成功，都总是得不到满足，就像一个贪婪的婴儿永远得不到满足那样。我们都知道公众人物的典型，他们渴望得到更多的成功，似乎永远也不会满足于自己所达到的成就。在这种态度（嫉羡也在其中扮演着一个重要的角色）中有一个特征，就是不能允许他人充分地出人头地。他人可以被允许扮演一个次属的角色，只要他们不挑战这个野心者的至上权力。我们还发现，这种人不能也不愿意激励年轻的后辈，因为年轻人可能会变成他们的后继者，甚至超越他们。他们拥有明显的成就却仍然缺乏满足的理由，是因为他们的兴趣并不在于专心投入他们所从事的领域，而是在于他们个人的声望。这一描述隐含了贪婪与嫉羡之间的联系。竞争者不仅被看作某个抢夺并剥夺其地位及财富的人；而且还被看作一些有价值的品质的拥有者，这些品质激起了嫉羡和毁坏它们的愿望。

当贪婪和嫉羡没有过度时，一个有野心的人，也会在帮助他人做出其贡献中得到满足，在这里我们看到了构成成功领导力基础的一种态度。同样，在某种程度上，这种态度在托儿所就已经可以观察到：一个较大的孩子可能会自豪于一个小弟弟或小妹妹的成绩，并尽可能地帮助他们。有些孩子甚至会对整个家庭生活产生一种整合的效果，他们主要通过自己的友善与帮助，改善了家庭氛围。我见过一些母亲，她们非常没有耐心，也无法忍受困难；但是经由这样一个孩子的影响，她们却得到了改善。同样的情况也适用于校园生活，有时候只是一两个孩子，却通过某种道德的领导力对所有其他人的态度产生了一种有益的效果。这种道德领导力的基础在于与其他孩子的一种友善、合作的关系，而不是企图让别的孩子觉得低人一等。

再回到领导力：如果领导者——而这也可适用于一个群体中的任何成员——怀疑自己是恨的对象，那么他所有反社会的态度都会因这种感觉而增加。我们发现这种人不能忍受批评。因为批评会立刻触及他的迫害焦虑；因此他们不仅会受到痛苦的折磨，而且在与他人的关系上也会有很多困难，甚至可能会危及他的事业。无论他从事的是什么行业，他都会表现出一种无能、无法改正错误；也无法从他人身上学习。

如果我们从其在婴儿期的根源这个视角来看待我们的成人世界，我们就会获得一种深刻的见解；看到从最早的婴儿期幻想和情绪开始，一直到最复杂精密的成人化表现，我们的习惯还有我们的观点是如何逐步建立起来的。我们因此还得出一个结论：任何曾经存在于无意识中的东西，都不会完全失去其在人格上的影响。

接下来还需讨论儿童发展的更进一步层面，也就是其性格形成。我已经给过一些例子来说明破坏冲动、嫉羡、贪婪以及由此产生的迫害焦虑，是如何扰乱了孩子的情绪平衡及其社会关系；我也曾提到过相反发展的某些有益方面,并试图说明它们是如何产生的;我还试着传达过内部因素和环境影响之间相互作用的重要性,在对这一交互作用的充分重视之下,我们便对儿童的性格发展有了更深的理解。在一个成功的分析过程中,病人的性格经历了一些有利的改变,这始终都是精神分析工作最重要的方面。

平衡发展的结果,便是性格的整合度与强度。这些品质对个体的自我依赖以及对其与外部世界的关系都有长远的影响。真正的诚挚与真诚的性格对其他人的影响是很容易观察到的,甚至是那些并不拥有上述品质的人,也会被它们所感化,忍不住对正直和真诚感到尊敬。因为这些品质会在他们身上唤起一幅画面,这是他们自己可能成为的样子,或甚至是依然可以成为的样子。这样一些人格使他们对芸芸众生怀抱希望,也对美好有更多信任。

我以讨论性格的重要性为这篇论文作为结尾。因为在我看来,性格是所有人类成就的基础;好的性格对他人的影响,为健康的社会发展打下了根基。

后　　记

我与一位人类学家讨论过我的关于性格发展的观点,他反对性格发展具有一种普遍基础的假设,他引用自己的经验:他在田野工作中无意发现了一种完全不同的性格评估。例如,他曾在一个部落中工作,在那里,欺骗别人被看作值得欣赏的。在回答我的某些问题时,他还描述在该部落中,对敌人显露慈悲被看作一种软弱。我询问是否在任何情境下都不可以显露慈悲,他回答说,如果一个男人可以让自己躲到一个女人身后,如此一来他就会在一定程度上被她的裙子遮掩起来,他的生命就会受到赦免。在回答更进一步的问题时,他告诉我说,如果敌人设法进入了一个男人的帐篷,他就不会被杀掉,在圣堂之内也是同样安全的。

当我提出帐篷、女人的裙子和圣堂都象征着保护性的好母亲时，人类学家同意我的观点，他也接受了我的解释：母亲的保护会扩及一名可恨的兄弟姐妹，也就是躲在女人裙子后面的男人；而且禁止在自己帐篷里杀人的禁令也联系着庇护的原则。关于这最后一点，我的结论是：庇护从根本上联系着家庭生活，联系着孩子们跟另一个人的关系，特别是与母亲的关系。正如我先前提出的那样，因为帐篷代表着保护家庭的母亲。

我引用这个例子，是要提出看似截然不同的文化之间可能存在着联系，并指出这些联系可见于跟原初好客体（母亲）的关系；而不论被接受甚至被欣赏的性格扭曲形式是怎样的。

第十二章　关于精神分裂症的抑郁的评论

（1960）

在这篇文章中，我将主要集中讨论偏执型精神分裂症患者所体验到的抑郁。我的第一个观点源自我在1935年表达的论点，即"偏执位置"（我后来将其命名为"偏执－分裂位置"）与分裂过程有密切关系；而且包含了对于精神分裂症族群的固着点，而抑郁位置则包含了对于躁狂抑郁疾病的固着点。一直到现在我仍然保持着这样的观点：偏执和分裂焦虑与抑郁感觉，由于它们在外部或内部压力下可能出现在较正常的人身上，因而可以追溯到在此类情境中被唤醒的这些早期位置。

在我看来，在精神分裂症族群和躁狂抑郁疾病之间常常观察到的联系，可以通过存在于婴儿期的偏执－分裂位置与抑郁位置之间的发展联系来解释。偏执－分裂位置的特征，即迫害焦虑和分裂过程，会延续到抑郁位置，尽管在强度和形式上有所改变。抑郁和罪恶感的情绪，在出现抑郁位置的阶段上获得了更加充分的发展，但是根据我较新的观念，它们在偏执－分裂位置期间就已经在某种程度上运作了。这两个位置（它们隐含了自我中的所有改变）间的联系在于，它们都是生本能和死本能之间挣扎的结果。在更早的阶段（持续到生命第三和第四个月），由这种挣扎而产生的焦虑采取偏执的形式，而尚未巩固的自我则受到驱使去增强分裂过程。随着自我强度的不断增长，抑郁位置产生。在此阶段，偏执焦虑和分裂机制有所减少，抑郁焦虑则在强度上有所增加；在这里，我们也看到了生本能与死本能之间冲突的运作。这两种本能之间的融合状态的变更，导致了一些改变发生。

早在第一时期,原初客体(母亲)就已经从好坏两个方面受到了内化,我常常主张,如果好客体没有在某种程度上变成自我的一部分,生命就无法继续。然而,与客体的关系在第一年的四到六个月中有所改变,保存这个好客体是抑郁焦虑的本质,分裂过程也有所改变。在开始时,好客体与坏客体之间有一种分裂,与此同时发生的是自我和客体两者强烈的碎裂。当碎裂的过程变得较少时,受伤或死去的客体与活的客体之间的割裂就越来越明显。碎裂的减少与对客体的聚焦一起朝向整合迈进;而整合意味着两种本能间不断增长的融合,生本能在其中居于主导。

接下来我想提出一些指标来说明为什么偏执型精神分裂症中的抑郁特征不像在躁狂抑郁状态中那样易于识别。我将对在这两组疾病中所体验到的抑郁在本质上的差异提出一些解释。在过去,我曾强调偏执焦虑与抑郁焦虑之间的区分,前者我定义为以自我的保存为中心,后者则聚焦于内化的与外部的好客体的保存。以我现在之见,这一区分过于简单了。因为我多年来都坚持这样一种观点:从产后生活的一开始,客体的内化就是发展的基础,这意味着某种好客体的内化也出现在偏执型精神分裂症中。然而,从出生开始,在一个缺乏力量并受制于强烈分裂过程的自我中,好客体的内化在本质和强度上都不同于躁狂抑郁状态中的内化。它较不持久,较不稳定;也不允许对好客体有足够的认同。不过,因为确实出现了某种客体的内化,代表自我的焦虑——偏执焦虑——势必也包括某种对客体的关注。

还有另一个新的观点要补充:就抑郁焦虑与罪恶感(我将其定义为是在与内化好客体的关系中被体验到的)在偏执-分裂位置就已经出现而言,它们也涉及自我的一部分,也就是在感觉上包含有好客体的那个部分,因此是好的部分。也就是说,精神分裂症患者的罪恶感,既适用于破坏他自己身上的某些好东西,也适用于通过分裂过程来弱化他的自我。

接下来我要提出第二个原因,来说明为什么精神分裂症患者的罪恶感是以一种非常特别的形式被体验到的,因此很难被侦测出来。由于碎裂的过程(我要在此提醒你们史瑞伯把自己分为六个灵魂的能力)以及这种分裂发生在精神分裂症患者身上的剧烈程度,抑郁焦虑和罪恶感被非常强烈地分裂开来。虽然偏执焦虑被体验在分裂自我的大多数部分中,并因此居于主导;但是罪恶感和抑郁却只被体验在精神分裂症患者在感觉上触及不到的某些部分中,只有分析才能将它们带入意识。

此外,因为抑郁主要是好客体与坏客体进行综合的结果,而且伴随着自我较强的整合,所以精神分裂症患者的抑郁势必与躁狂抑郁障碍的抑郁在本质上有所不同。

最后,抑郁在精神分裂症患者身上为什么如此难以侦测出来的第三个原因,在于投射性认同。这种投射性认同在该类患者身上非常强烈,他用投射性认同将抑郁和罪恶感投射到一个客体之中——在分析的过程期间,主要是投射到分析师身上。因为再内摄紧跟着投射性认同出现,所以持续投射抑郁的企图是不会成功的。

汉娜·西格尔在最近的一篇论文(1956)中,给出了一些有趣的例子,来说明投射性认同在精神分裂症患者身上是如何处理抑郁的。在这篇文章中,通过深层的分析,帮助他们减少分裂和投射,因此使他得以更接近地体验到抑郁位置,以及继而发生的罪恶感与修复冲动。作者以实例说明了精神分裂症患者的改善过程。

只有在对心灵深层的分析中,我们才能碰到精神分裂症患者对于受到混淆与变成碎片的绝望感。进一步的工作,使我们能够在某些案例中触及罪恶感与抑郁感,这些感觉是由于受到破坏冲动所支配,以及由于分裂过程摧毁了自体和自己的好客体而产生的。作为对这种痛苦的防御,我们可以发现碎裂会再度发生,只有通过重复的体验并分析这些痛苦,才可能产生进展。

我希望在此简短地提及对一名病得很重的九岁男孩的分析,他无法学习，其客体关系深深地困扰着他。在一次会谈中，他强烈地体验到一种绝望的感觉，对于自己碎裂，摧毁他内部的好东西，以及对母亲的情感，乃至无法表达这种情感；都让他深感罪恶。在那个时刻上，他从口袋里拿出他心爱的手表，把它丢在地板上，用力踩它，直到手表变成碎片。这意味着他同时表达并重复了他自体的碎裂。现在我的结论是：这种碎裂也是作为一种防御出现的，以对抗整合的痛苦。在对成人的分析中我也有类似的经验；唯一不同的是，他们不会以摧毁一件心爱的拥有物来表达这些经验。

如果分析破坏冲动和分裂过程能够激起人的修复冲动；那么迈向改善——有时是迈向治愈——的步子就得以产生。强化自我的方法，以及使精神分裂症患者能够体验到自体与客体两者被分裂开来的好部分的方法，这些须奠基于对分裂过程已有某种程度的疗愈，因此得以减少碎裂。这意味着自体丧失的部分变得更易于被他所触及。相比之下，我认为，尽管通过使精神分裂症患者执行建设性的活动以他有所帮助的治疗方法是有用的；但是这些疗法的效果并不像对心灵深层和分裂过程的分析那样来得持久。

第十三章 论心理健康

（1960）

一个整合良好的人格是心理健康的基础。首先我将列举整合人格的一些要素：情绪的成熟、性格的强韧、处理冲突情绪的能力、内在生活与适应现实之间的平衡，以及人格的不同部分成功地结合成一个整体。

在某种程度上，甚至在一个情绪成熟的人身上，也存在着一些婴儿化的幻想和欲望。如果这些幻想和欲望——首先在孩子的游戏中——被自由地体验到并被成功地修通；那么它们就会成为兴趣与活力的来源，人格也会因此而丰富。但是如果对未实现的欲望仍然有过于强烈的怨怼，以致这些欲望的修通因此而受到阻碍，各种来源的个人关系和享受就会受到干扰；从而难以接受那些对后来的发展阶段更适当的替代物，现实感也会有所损害。

即使发展是令人满意的，且导致了各种来源的享受，但是对于那些不可挽回的失去的快乐与未经实现的可能性的某种哀悼感，也仍然可见于心灵的较深层次。接近中年的人常常会有意识地体验到一种遗憾，觉得童年和青春一去不返；而我们在精神分析中发现，成人甚至对婴儿期及其快乐也是无意识地渴望的。情绪的成熟意味着这些丧失的感觉在一定程度上可以经由接受替代物而抵消，以至婴儿期的幻想不会扰乱成年期的情绪生活。不管在任何年纪，可以享受那个年纪该有的快乐，这种能力与摆脱嫉羡和怨恨的相对自由有密切关系。我们可以发现，在生命较后的阶段，一种感到心满意足的方式便是间接地享受那些年轻人的快乐，特别是享受我们的孩子和孙子的快乐；另一个满足的来源是丰富的记忆，即使还不到年老，丰富的记忆也令过去依然鲜活。

性格的强韧是以某些非常早期的过程为基础的。最初是与母亲的关系，孩子在其中体验到爱与恨的情感。不仅母亲承担着一个外部客体的角色，婴儿也会将她人格的方方面面纳入自己之中（根据弗洛伊德的说法是内摄）。如果内摄的母亲在其好的方面超过了其挫折性的方面，那么这个内摄的母亲就变成了性格强韧的基础，因为自我可以在此基础上发展它的潜能。如果母亲在感觉上是引导性的、保护性的，而不是支配性的，那么对母亲的认同就会带来内部的平静。这一最初关系的成功，接着会延伸到与其他家庭成员的关系中（首先是与父亲的关系），同时也会反映在成年后对家庭圈子和一般人的态度上。

对好父母的内化以及对他们的认同，构成了对人和事业的忠诚以及为自己的信念而做出牺牲的能力的基础。忠实于所爱的或在感觉上是正确的事物，意味着与焦虑（这些焦虑永远无法完全消除）密切相关的敌意冲动都转向了某些客体。这些客体危及那些在感觉上是美好的事物。这一过程永远都不会充分地成功，所以可能威胁到内化的好客体和外在的好客体的破坏性焦虑仍然存在。

很多表面上相当平衡的人，其实其性格并不强韧。他们借着逃避内部和外部的冲突，把自己的生活变得轻松，结果他们便以那些成功的或便利的东西为目的，无法发展出根深蒂固的信念。

然而，强韧的性格如果不会因为顾虑到他人而缓和下来，也不能说是人格平衡的特点。对他人的理解、怜悯、同情和宽容，丰富着我们在这个世界的经验；使我们对自己感到较多的安全与较少的孤独。

平衡取决于我们对各种矛盾的冲突与情感的洞察，以及协调这些内部冲突的能力。平衡的一方面在于对外部世界的适应——这种适应并不妨碍我们自身情绪与思想的自由。这意味着一种相互作用：

内在生活始终影响着对于外部现实的态度，接着还会被如何适应现实世界所影响。婴儿早已内化了他最初的经验与他周围的人，而这些内化又反过来影响他的内在生活。如果客体的美好在这些过程中居于优势，并且变成人格的一部分，那么他对来自外部世界的这些经验的态度就会反过来受到有利的影响。这样的婴儿感知到的并不必然是一个完美的世界，但一定是一个更加值得认同的世界，因为他的内部情境是较为快乐的。这种成功的相互作用促成了平衡，也促成了与外部世界的良好关系。

平衡并不意味着逃避冲突，而是经受住痛苦情绪并拥有应对它们的力量，如果痛苦情绪被过度的分裂开来，就会限制人格，导致各式各样的抑制。特别是幻想生活的压抑会对发展产生强烈的反弹，因为它导致了天资与智力的抑制，也阻碍了对他人成就的欣赏以及从这些成就中衍生出来的乐趣。在工作和休闲中，以及在与他人的接触中缺乏享受，会造成人格的贫瘠，激起焦虑与不满。这样的焦虑（具有迫害与抑郁的性质）一旦过度，就会变成心理疾病的基础。

有些人相当顺利地度过一生，甚至可以说他们的人生是成功的，但是这样的事实并不能排除他们易患心理疾病的可能性；如果他们从未跟自己的较深冲突达成妥协的话。这些没有解决的冲突可能出现在某些关键期，特别是青春期、中年期与老年期；而心理健康的人，则更可能在生命的任何阶段上维持平衡，并较少地依赖于外部的成功。

从上述描述中，我们明显看出，心理健康与肤浅（shallowness）是无法相容的，因为肤浅与对内在冲突和外部困难的否认有密切关系。否认之所以会过度频繁地发生，是因为自我不够强壮，不足以应对痛苦。虽然在某些情境下，否认似乎是正常人格的一部分，但是如果它占据优势，就会导致缺乏深度；因为它阻碍了人们对自己内在生活的洞察，也阻碍了对他人真正的理解。因此失去的满足之一，就是给予与接受的能力——即体验到感恩与慷慨的能力。

潜藏在强烈否认下的不安全感，也是我们对自己缺乏信任的一个原因；因为不充分的洞察无意识地导致了人格的一些部分仍然处于未知地带。为了逃离这种不安全感，不得不转向外部世界；然而，如果在成就和与他人的关系中出现了不幸和失败，这些个体是无法处理它们的。

相比之下，如果一个人在悲痛来临时，可以深深地体验悲痛，那么这个人也就能够分担他人的哀伤和不幸。同时，不会被哀伤或他人的不快乐所淹没，仍能重新获得并维持一种平衡，便是心理健康的一部分。同情他人悲痛的最初经验，与最亲近小婴儿的那些人有关——父母和兄弟姐妹。在成年期，父母能够理解孩子的冲突，分担他们偶尔的悲伤，这样的父母就能够深刻地洞察到孩子内在生活的复杂性。这意味着他们也能够充分地分享孩子的快乐，并且从这一紧密联结中获得幸福感。

对外部成功的追求，如果并未成为人生满足的焦点时，就会形成一种坚强的性格。在我的观察中，如果外部成功是主要目标，而我先前提到的其他态度却没有发展出来；那么心理平衡就是不稳固的。外部的满足并不能弥补心灵平静的缺失。如果内在冲突减少，并因此建立起对自己及对他人的信任，才会产生心灵的平静。如果缺乏这种心灵的平静；那么一旦面临任何外部的逆境，个体就易于带着被迫害与被剥夺的强烈感觉，对其进行回应。

我在上面对心理健康给出的描述均表明了它的多面性与复杂性。正如我试图指出的，因为它的基础在于心理生活的那些基本来源（爱的冲动与恨的冲动）之间的相互作用——爱的能力在这种相互作用中居于主导地位。

为了阐明心理健康的起源，我将简要地概述婴儿与小孩子的情绪生活。小婴儿与母亲及食物的良好关系，以及母亲所提供的爱与照料，都是情绪稳定发展的基础。然而，在这一早期阶段，即使在非常有利的条件下，爱恨间的冲突（或者，用弗洛伊德的话说，是破坏冲动与力比多之间的冲突）也在这一关系中扮演着一个重要的角色。挫折在某种程度上是不可避免的，而且它们强化了恨与攻击性。但是借由挫折，我想说的不单单是婴儿在想吃东西的时候并不总是能被喂食。我们在分析中回溯性地发现了一些无意识的欲望，这些欲望在婴儿的行为中并不总是可以感知得到，它们聚焦在母亲持续的在场以及她专一的爱上。婴儿是贪婪的，即使可以实现最好的外部情境，他也仍然欲望着更多，这是婴儿情绪生活的一部分。伴随着破坏冲动，婴儿也体验到了一些嫉羡的感觉，这种感觉增强了他的贪婪，并且妨碍他能够享受那些可得到的满足。这些破坏的感觉引起了对报复和迫害的恐惧，而这就是焦虑在婴儿身上表现出的最初形式。

这样的挣扎所带来的影响，在于只要婴儿想要保存（内部的和外部的）好母亲的那些被爱的方面，他就必须不断地将爱与恨分裂开来，因而就也维持了母亲的分裂（被分裂为一个好母亲与一个坏母亲）。这使他能够从与所爱的母亲的关系中汲取一定量的安全感，并因此发展出爱的能力。如果分裂不是太深，在稍后阶段上的整合与综合也没有受到阻碍；那么这就成为与母亲建立良好关系以及正常发展的一个先决条件。

我曾提到过，迫害感是焦虑的最初形式。但是在生命开始之际，婴儿也会零星地体验到一些抑郁性质的感觉。这些感觉随着自我的成长和不断增加的现实感而在强度上有所增强，并在第一年的下半年（抑郁位置）到达顶峰。在此阶段，对于针对所爱母亲的那些攻击冲动，婴儿更充分地体验到抑郁焦虑和一种罪恶感。小孩子会出现许多严重程度不等的问题，例如睡眠紊乱、饮食困难、无法自我满足，以及持续地要求关注与母亲的在场，这些问题基本上都是这种冲突的结果。在一个稍后的阶段上，另一个因素更加剧了孩子与教养要求相适应的困难。

伴随着发展更甚的罪恶感，婴儿会经验到一种进行修复的愿望。这种倾向会为婴儿带来释放。因为通过取悦他的母亲，他觉得自己取消了在其攻击幻想中对母亲施加的伤害。将这种冲动付诸实行的能力——无论它在很小的孩子身上是多么的原始——是帮助他在某种程度上克服其抑郁与罪恶感的主要因素之一。如果他无法感受并表达其修复的愿望，就意味着他爱的力量不够强大，那么婴儿就可能诉诸一些变本加厉的分裂过程。结果，他就可能表现得过好或过度的顺从。但是这种分裂可能会损害到天赋与才能，因为它们通常会与一些痛苦的感觉一起受到压抑，正是这些痛苦的感觉构成了孩子冲突的基础。因而，婴儿要是无法体验到痛苦的冲突，就意味着他在其他方面也失去了许多东西，例如兴趣的发展、欣赏他人与体验各种快乐的能力。

尽管有这些内部和外部的困难，小孩子通常还是会找到一种方式来应对他的基本冲突，这使他在别的时候也能体验到享受与对所获快乐的感恩。如果他足够幸运，拥有善解人意的父母，他的问题就可能会有所减少；而另一方面，一种太过严厉或太过宽容的教养方式都可能会增加这些问题。孩子应对其冲突的能力一直持续到青春期与成年期，而且是心理健康的基础。心理健康因而不仅仅是成熟人格的一种产物；在某些方面，它也适用于个体发展的每一阶段。

我曾提到过儿童背景的重要性，但是这仅仅是内部和外部因素间非常复杂的相互作用的一个方面。就内部因素而言，我想说的是有些孩子一开始就比其他儿童拥有更大的爱的能力，这与他们强大的自我息息相关，而且他们的幻想生活也更加丰富，可以让兴趣和天赋有所发展。因此，我们可能会发现，有时候在有利环境下成长的儿童，并没有获得平衡——我将这种平衡看作心理健康的基础——而有时候在不利条件下成长的儿童反而能够获得平衡。

在早期阶段中居于主导的某些态度，会在不同程度上一直持续到成年生活。只有当这些态度得到充分地修通，心理健康才成为可能。例如，在婴儿身上有一种全能感，使得其恨的冲动与爱的冲动在他看来是极其强大的。在成人身上也可以轻易观察到这种态度的残留；尽管通常对现实的更好适应，会减少这种心想就能事成的感觉。

早期发展中的另一要素在于否认痛苦的事物，我们再度意识到，这种态度在成年生活中并未完全消失。婴儿需要将其自体及其客体中的好坏分裂开来，这导致了将自体和客体理想化的冲动。在理想化的需要与迫害焦虑之间有一种密切的相关，理想化具有安慰的效果，此过程仍然运作在成人身上，目的是对抗迫害焦虑。对敌人和敌意攻击的恐惧，经由增加他人美好的力量而被缓和。

所有这些态度在童年期与成年期受到的修正越多，心智就会越平衡。当判断力不因迫害焦虑和理想化而模糊时，成熟的前景就是可能的。

我列举的这些态度，因为从未被完全克服，所以它们在自我用以对抗焦虑的多重防御中扮演着某种角色。举例而言，分裂是保存好客体与好冲动的一种方式，以此对抗危险且骇人的破坏冲动（这些冲动创造了报复性的客体）。每当焦虑增加时，这一机制就会受到强化。我在分析小孩子时也发现，当他们受到惊吓时，会如何强烈地强化自己的全能。投射和内摄这些基本过程，则是另外两种可以用作防御的机制。孩子觉得自己是坏的，他试图通过将自身的坏归诸他人而逃避罪恶感，这意味着他增强了其迫害焦虑。而内摄被用作防御的方式，则是将客体纳入自体之中，个体希望这些客体会成为一种抵御坏客体的保护。迫害焦虑的一个必然结果就是理想化，因为迫害焦虑越大，理想化的需要就越强。理想化的母亲因而有助于抵御迫害性的母亲。某些否认成分和这些防御有关，因为否认是应对各种骇人或痛苦情境的方法。

自我越是发展，所用的防御就越是复杂；它们也就越是契合，而且比较灵活。当洞识未被防御所钳制，就能达到心理健康。一个心理健康的人可以洞察到他需要以一种更快乐的角度来看待任何不快乐的情境，可以纠正他对其进行修饰的倾向。如此一来，他就较少暴露在理想化崩溃以及迫害焦虑与抑郁焦虑占上风的痛苦经验中，恰如他更有能力所应对的源自外部世界的痛苦经验。

在心理健康中有一个我至今还未处理的重要元素：整合。整合表现为自体的不同部分融合在一起。整合的需要源自一种无意识的感觉，即感觉自体的某些部分仍然是未知的，且由于自体被剥夺了某些部分而有一种贫瘠感。自体的某些部分是未知的，这种无意识的感觉会增强整合的冲动。此外，整合的需要源自无意识的知识：恨只能由爱来缓和，如果两者保存分离的状态，这种缓和无法成功。尽管有这种冲动，整合也总是隐含着痛苦。因为要面对分裂开来的恨及其后果是极其痛苦的；无法承受这种痛苦，就会重新唤醒将冲动中威胁性与干扰性的部分分裂开来的倾向。在正常人身上，尽管有这些冲突，也还是会发生相当程度的整合。当整合因为外部或内部原因受到干扰时，正常人仍会找到重回整合之路。整合也有容忍自身冲动和他人缺点的效果。我的经验向我表明，从来都不存在完全的整合。但是个体越是接近完全的整合，他就越是能够洞察到自己的焦虑和冲动；他的性格也就越强，心理平衡也就更为成功。

第十四章 关于《奥瑞斯忒亚》的某些省思

（1963）

下面的讨论基于吉尔伯特·穆拉利（Gilbert Murray）著名的《奥瑞斯忒亚》译本。我考虑这个三部曲的主要角度，是剧中人物显露出的各种象征意味。

首先让我对这三部剧目给出一个简要的概括。第一部《阿伽门农》，主人公阿伽门农在劫掠特洛伊之后凯旋，他的妻子克吕泰墨斯特拉用虚伪的赞美和钦佩接待了他，她说服他走进一间铺着珍贵挂毯的房子。有一些迹象表明，后来在阿伽门农沐浴时，她就是用这件线毯包裹住他，使他无力反抗。她用战斧杀了他，接着以一种大获全胜的姿态出现在长老们面前。她认为她的谋杀是正当的，是对伊菲吉妮雅牺牲的报复。因为阿伽门农下令杀死了伊菲吉妮雅，以便使风向有利于特洛伊的航行。

然而，克吕泰墨斯特拉对阿伽门农的报复，并不仅仅是因为她对其孩子的悲痛而引起的。当阿伽门农不在期间，克吕泰墨斯特拉爱上了他的头号敌人艾吉赛特斯，因此克吕泰墨斯特拉面临着被阿伽门农报复的恐惧。显然，要么是自己和情人被杀，要么就是她必须杀死她的丈夫。除了这些动机之外，克吕泰墨斯特拉给人的印象是她对阿伽门农的深深的恨意，这清楚地显示在她对长老们宣布、欢呼阿伽门农死亡的时候。在这些感觉之后她很快便出现了抑郁。她监禁了艾吉赛特斯，因为艾吉赛特斯想要立即用暴力镇压长老会中的反对意见，她恳求艾吉赛特斯："别让我们被血腥所玷污"。

三部曲的第二部《奠酒人》，处理的是奥瑞斯忒亚，当他还是个孩子的时候就被他的母亲送走了。他在父亲的丧礼上遇到了伊莱克特拉,伊莱克特拉深怀着对母亲的敌意。克吕泰墨斯特拉在一次骇人的噩梦之后,派遣了一名女仆和伊莱克特拉一同到父亲阿伽门农的坟前奠酒。主持奠酒仪式的头领暗示伊莱克特拉和奥瑞斯忒亚,彻底的报复就是杀死克吕泰墨斯特拉和艾吉赛特斯。她的话为奥瑞斯忒亚确认了德尔斐神谕给他的命令——最终来自阿波罗的命令。

奥瑞斯忒亚假扮成一名旅行的商人,在其朋友皮拉德斯的陪同下进入皇宫。为了不在那里被认出来,他告诉克吕泰墨斯特拉:奥瑞斯忒亚已经死了,克吕泰墨斯特拉表现出哀悼的神情。然而,她并没有完全相信,这表现在她派人请来艾吉赛特斯,传讯说他可以跟他的持矛士兵一同前来。女仆的领导者压下了这个讯息;艾吉赛特斯单独一人到达,而且没带武器,于是奥瑞斯忒亚杀了他。一个仆人通报给克吕泰墨斯特拉有关艾吉赛特斯的死讯,克吕泰墨斯特拉觉得自己也深陷险境之中,于是她取来了她的战斧。奥瑞斯忒亚真的威胁要杀她,但是克吕泰墨斯特拉并没有跟他战斗,反而苦苦哀求奥瑞斯忒亚饶了她的性命。克吕泰墨斯特拉也警告奥瑞斯忒亚说厄里倪俄斯会惩罚他(译者注:在传说中,复仇女神厄里倪俄斯的职责便在于惩罚任何杀害家族血亲的罪犯)。奥瑞斯忒亚不顾她的警告,杀了自己的母亲亦即克吕泰墨斯特拉,厄里倪俄斯便立刻出现在他面前。

当第三部《复仇女神》开场时,数年的时间已经过去了——在此期间,奥瑞斯忒亚一直被亚瑞追捕,远离他的家乡和父亲的王位。他试图抵达德尔斐城(译者注:希腊古都,依阿波罗的神谕建造),希望在那里能够被赦免。阿波罗建议他去恳请代表正义与智慧的雅典娜。雅典娜为此安排了一场审判,她找来了一些雅典最具智慧的人。在这场审判前,阿波罗、奥瑞斯忒亚和厄里倪俄斯提出证据。赞成和反对奥瑞斯忒亚的投票数是相等的,而拥有决定票的雅典娜支持赦免奥瑞斯忒亚。在进行过程中,厄里倪俄斯一直固执地坚持奥瑞斯忒亚必须受到惩罚，复仇女神们并不打算放弃她们的猎物。然而，雅典娜向她们承诺她会和她们分享其在雅典的权利，她们也依然永远都是法律和秩序的守护者，并将会因此而收获尊荣和受到爱戴。她的承诺和言论在厄里倪俄斯中产生了一种改变，使她们变成了"仁慈"的欧墨尼德斯。她们同意奥瑞斯忒亚被赦免，于是，奥瑞斯忒亚回到了祖国成了父亲的继承人。

在尝试讨论《奥瑞斯忒亚》中那些我觉得特别有趣的方面之前，我希望重述我对早期发展的某些发现。在对小孩子的分析中，我发现了一个残忍的、迫害的超我，同时存在于跟被爱的甚至是被理想化的父母的关系中。回溯一下，我发现在生命最初的三个月期间，破坏冲动、投射与分裂达到巅峰，骇人与迫害的形象都是婴儿情绪生活的一部分。开始时，它们代表着母亲骇人的方面，用所有的邪恶威胁着婴儿，他处于对原始客体感到怨恨和暴怒的状态中。虽然这些形象被对母亲的爱所反制，但是它们仍是极大焦虑的原因[1]。从一开始，内摄和投射就在运作着，它们是第一个基本客体（母亲的乳房与母亲）被内化的基础，无论是内化她骇人的一面还是内化她好的一面。这种内化是超我的基础。我试图说明，即使是跟母亲具有爱的关系的孩子，也会在无意识中产生被她吞噬、撕裂和摧毁的恐惧[2]。这些焦虑虽然已被逐渐发展的现实感所修正，但是在整个童年早期仍然或多或少地持续着。

这类性质的迫害焦虑，是偏执-分裂位置的一部分，也是生命前几个月的特征。它包括了一定程度的分裂退缩，也含有强烈的破坏冲动（对此的投射创造了迫害客体），以及将母亲的形象分裂为一个非常坏的部分与一个理想化的好部分。还有许多其他的分裂过程，

---

[1] 我对这些焦虑的最初描述包含在我的文章《俄狄浦斯冲突的早期阶段》（1928）中。

[2] 在我的《儿童精神分析》一书中，我更加充分地阐述了这一点，并给出了这些焦虑的一些例子。

诸如裂成碎片与强烈的推动力，将骇人的形象驱逐至无意识的深层之中[1]。在此阶段期间达到顶点的诸多机制中，有一种是否认所有骇人的情境；这与理想化有密切关系。从最早的阶段开始，这些过程便会被重复的挫折经验所增强，而挫折是永远无法完全避免的。

骇人的形象无法被完全分裂出来，这是小婴儿焦虑情境的一部分。再者，对恨与破坏冲动的投射只有到某一点时才能成功；在此之前，被爱的母亲与被恨的母亲之间的分割便无法完全得到维持。因此，婴儿无法完全逃离罪恶感，尽管在早期阶段这些罪恶感只是转瞬即逝的。

所有这些过程都紧密联系着婴儿对象征形成的驱力，并构成了其幻想生活的一部分。在焦虑的冲击下，挫折加上没有足够的能力表达对其所爱客体的情绪，就驱策着他将情绪和焦虑转移到周遭的客体之上。这种转移首先出现在他自己身体的许多部分上，也出现在其母亲身体的许多部分上。

孩子从出生中体验到的冲突源自生本能与死本能之间的挣扎，而这两种本能又表现在爱与破坏的冲动间的冲突之中。它们两者都采取了多重的形式，且具有很多分支。举例而言：愤恨增加剥夺的感觉，这种剥夺的感觉在任何婴儿的生命中都是从不缺少的。母亲的喂养能力是嫉羡的来源之一，而对这种能力的嫉羡则是破坏冲动的一个强烈刺激。在嫉羡中固有的事情便在于，它以损坏和摧毁母亲的创造力为目标；而母亲的创造力同时又是婴儿所依赖的；这种依赖又增强了憎恨和嫉羡。一旦与父亲的关系介入，婴儿便会对父亲的潜能和力量产生崇拜，这又再度导致了嫉羡。逆转早期情境与战胜父母的幻想，是小婴儿情绪生活中的要素。来自口腔、尿道和肛门来源的施虐冲动，在这些针对父母的敌意感觉中获得了表达，这又反过来引起了更大的迫害与被他们报复的恐惧。

我发现，小孩子频繁的噩梦和恐惧症，都源自对迫害性父母的

---

[1] 参见：我的文章《论心理机能的发展》(1958)。

惧怕，它们经由内化构成了残酷超我的基础。一个令人印象深刻的事实在于，尽管父母对孩子有爱和情感，孩子还是会产生一些威胁性的内化形象；正如我已经指出的，我发现了对此现象的一种解释：孩子将自身的憎恨投射到父母身上，对受制于父母力量的愤恨又会增加这样的投射。这种观点似乎一度和弗洛伊德的超我概念有所矛盾，他认为超我主要来自内摄惩罚和约束的父母。弗洛伊德后来同意了我的观念，即孩子投射到父母身上的恨与攻击，在超我的发展中扮演着一个重要的角色。

在我的工作过程中，我逐渐更清楚地看到婴儿内化父母的迫害层面，其必然结果便是对他们的理想化。从一开始，在生本能的影响之下，婴儿也内摄了一个好客体，而焦虑的压力则导致了理想化这个客体的倾向，这对超我的发展有一些影响。在此我们想起了弗洛伊德（1928）的观点，在他关于《幽默》的文章中，他提到父母的友善态度会进入小孩的超我（S.E.21，p.166）。

当迫害焦虑仍然处于上升之中，早期的罪恶感与抑郁感，就在某种程度上被体验为迫害。逐渐地，随着自我的强度增加，与完整客体的关系出现更大的整合与进步，迫害焦虑就会在力量上有所丧失，抑郁焦虑便居于主导。更大的整合意味着：恨在某种程度上为爱所缓和，爱的能力增强，被恨并因此而骇人的客体与被爱的客体之间的分裂有所减弱。转瞬即逝的罪恶感——联系着无法阻止破坏冲动伤害所爱客体的感觉——增加且变得更令人痛苦。我将此阶段描述为抑郁位置，而我对儿童及成人的精神分析经验也证实了我的发现：经历抑郁位置会导致一些非常痛苦的感觉。在此我无暇讨论更强大的自我发展出来的处理抑郁与罪恶感的多重防御。

在此阶段，超我被感觉为良心。它禁止谋杀与破坏的趋向，并联系着孩子对真实父母的引导及约束的需要。超我是人性中无所不在的道德法律的基础。然而，即使在正常的成人身上，在强烈的内部和外部压力之下，分裂的冲动与分裂的危险、迫害的形象，也会短暂地再度出现并影响超我。这些焦虑于是就被体验为近似婴儿的恐惧；虽然是以一种不同的形式。

孩子的神经症越是强烈，他就越是无法引起对抑郁位置的过渡，而抑郁位置的修通也被迫害焦虑与抑郁焦虑之间的一种摇摆不定所阻碍。在这一早期发展中，随时都可能会发生向偏执－分裂阶段的退行，而一个较强的自我与较大的忍受痛苦的能力，则会使婴儿对其精神现实有更大的洞识，并使他能够修通抑郁位置。如我所指出的，这并不意味着他在此阶段没有迫害焦虑。事实上，尽管抑郁的感觉居于主导，但是迫害焦虑也是抑郁位置的一部分。

痛苦、抑郁与罪恶感的体验——联系着对客体较大的爱——激起了进行修复的冲动。这也就降低了联系于客体的迫害焦虑，使客体变得更加值得信赖。所有这些改变都表现在充满希望之中，是与超我严厉程度的降低有密切关系的。

如果抑郁位置得以成功修通——不仅在其婴儿期的巅峰期间，也在整个童年期和成人期中——那么超我就会被主要感受为引导并约束破坏冲动的力量，而其某些严厉性会有所减弱。当超我不过于严苛时，个体就会受到其影响的支持与帮助，因为超我强化了爱的冲动，并增进了朝向修复的倾向。当孩子表现出更多的创造性与建设性倾向，与环境的关系有所改善时，这种内部过程的一个对应便是受到父母的鼓励。

在回到《奥瑞斯忒亚》和我就其中心理生活做出的结论之前，我想处理一下希腊文中关于"傲慢"（hubris）的概念。吉尔伯特·穆拉利的定义是："一切生物所犯的典型之罪，在诗中都称为'傲慢'，这个词通常被译作'自傲'或'骄傲'——傲慢想要摄取更多、突破界限、破坏秩序，紧跟着它的是重建这些的正义及公正。傲慢要接受正义的裁决，骄傲招致衰落，罪恶受到惩戒，这种规律是希腊悲剧特色的哲学抒情诗最常见的主旨。"

在我看来，傲慢之所以显得如此罪恶的原因在于，它是以某些在感觉上对他人与对自己有危险的情绪为基础的。这些情绪中最重要的一种是首先在与母亲的关系中被体验到的贪婪。它伴随着对被母亲惩罚的期待,因为母亲遭到他的剥削。贪婪联系着"摩瑞亚"(moria)的概念,这在吉尔伯特·穆拉利所撰写的导论中有详细的说明,摩瑞亚代表着众神分配给每个人的份额,当摩瑞亚超出限度时,众神的惩罚就会随之而来。对这种惩罚的恐惧可以追溯到一个事实,即贪婪和嫉羡首先被体验为是针对母亲的,在感觉上她被这些情绪所伤害,并经由投射在孩子心里变成一个贪婪且愤恨的形象。因此她便作为惩罚的来源、神的原型,为人们所恐惧。任何摩瑞亚的超出限度,在感觉上都是与对他人拥有物的嫉羡密切相关的;作为结果,迫害恐惧便经由投射被唤起——害怕他人会嫉羡并摧毁自己的成就和拥有物。

"……俗语有言,很少有人

会不怀嫉羡地去爱一个财富兴旺的朋友;

嫉羡的毒药深入人心,加倍了生命带来的

一切痛苦;他既要照料自己的伤痛,

又觉得别人的喜悦像一个诅咒。"

胜过别人、憎恨、想要摧毁并羞辱他人的愿望,以及因为他们被嫉羡而在对他们的摧毁中获得的快乐,所有这些早期情绪都首先是在与父母及兄弟姐妹的关系中被体验到的,它们构成了"傲慢"的部分。每个孩子有时都会有一些嫉羡,想要拥有别人的一些属性和能力,首先是母亲的,然后是父亲的。嫉羡最初导向的是母亲的乳房与她能产生的食物,其实是针对着她的创造性。强烈嫉羡的效果之一,便在于希望逆转这个情境,使父母无助、婴儿化,从这样的逆转中汲取施虐的快乐。当婴儿感到被这些敌对冲动所支配,并在他心里摧毁母亲的美好和爱;他就不仅感到被她所迫害,而且也感到罪恶感与好客体的丧失。为什么这些幻想对情绪生活有如此的影响,原因之一在于他们是以一种全能的方式被体验到的。换句话说,在婴儿心里，他们已经产生了效果，或者可能会产生效果，他变得要为所有降临在父母身上的麻烦和疾病负责。这就导致了一种持续地对丧失的恐惧。这种恐惧增加了迫害焦虑，并引起了因傲慢而受到惩罚的恐惧。

后来，如果在竞争性与野心这些傲慢的成分中，嫉羡与破坏性居于主导，那么这些成分就会变成罪恶感的深层原因。否认可能会覆盖在这种罪恶感之上，但是在否认的背后，源自超我的斥责仍然在运作着。我认为我所描述的这些过程，是为什么根据希腊人的信念，傲慢在感觉上会如此强烈地遭受禁止与惩罚的原因所在。

婴儿唯恐胜过他人及对他人能力的破坏会把人们变得嫉羡且危险，这种焦虑在其后的生活中有着重要的影响。有些人通过抑制他们自己的天赋来处理这种焦虑。弗洛伊德（1916）描述过这样一类个体，他们无法忍受成功，因为成功唤起了罪恶感；而他将这种罪恶感特别地联系于俄狄浦斯情结。在我看来，这种人原本想要使母亲的孕育力相形见绌，并摧毁母亲的孕育力。这些感觉中的一些被转移给父亲与兄弟姐妹，后来又转移给其他人，于是恐惧他们的嫉羡与憎恨；罪恶感在这个方面会导致对才能与潜力的强烈抑制。克吕泰墨斯特拉有一个总结这种害怕的相关陈述："谁害怕嫉羡，就是害怕变得伟大。"

现在我要用一些来自儿童分析的例子来证实我的结论。当一个孩子在其游戏中表达出他与其父亲的竞争时——他让一列小火车比一列大火车跑得更快，或者让小火车攻击大火车——后果通常就是迫害感与罪恶感。在《儿童分析的故事》中，我描述了在每次会谈中，有一段时间男孩都用他所谓的一场"灾难"（即将所有玩具都击倒）来作为结束。在象征上，这对孩子意味着他有足够的力量来摧毁自己的世界。在很多会谈中，通常都会有一个幸存者——他自己——而"灾难"的结果是一种孤独、焦虑并渴望他的好客体回来的感觉。

另一个例子来自一个成人的分析。有一个病人终其一生都在约束自己的野心和想要凌驾于他人的愿望，因此他无法充分地发展他的天赋。他梦到他站在一根旗杆旁，周围都是些孩子，他自己是唯一的大人。这些孩子依次试着爬上旗杆的顶端，但是都失败了。他在梦中想着，要是他尝试去爬但也失败了那会被这些孩子取笑的。然而，事与愿违，他漂亮地完成了这件事，发现自己爬到了顶端。

这个梦证实并强化了他从先前材料中得出的洞识：他的野心和竞争性比之前允许自己知道的更强，且更具破坏性。在这个梦中，他轻蔑地将他的父母、分析师以及所有潜在的对手都转变成了无胜任能力和无助的孩子，只有他自己是大人。同时他企图阻止自己成功，因为他的成功意味着伤害和羞辱那些他同样爱戴且尊敬的人，于是那些人就变成了嫉羡且危险的迫害者——孩子会嘲笑他的失败。然而，如梦所显示的那样，抑制其天赋的尝试失败了。他到达了顶端，并害怕这种结果。

在《奥瑞斯忒亚》中，阿伽门农全方位地展现了傲慢。他对所摧毁的特洛伊城人民没有感到任何同情，似乎觉得他有权力摧毁他们。只有在和克吕泰墨斯特拉谈到卡珊德拉时，他才提到征服者应该对被征服者有所悲悯的戒律。然而，因为卡珊德拉显然是他的爱人，他所表达的不仅是怜悯，而且还有为了他自己的快乐而保留她的愿望。另外，显然他对自己所造成的恐怖破坏感到骄傲。但是他所延长的战争，也意味着阿哥斯城人民的苦难；因为很多女人都守寡了，很多母亲都哀悼着她们的儿子，他自己的家庭也因为十年的干旱而受苦。因而，最后他回来时所引以为傲的一些破坏，伤害了一些他认为是他所爱的人。他的破坏性，包括对那些最接近他的人，可以解释为是针对他早期所爱的客体。他犯下所有这些罪行的表面原因是报复对他弟弟的侮辱，帮助他弟弟重新得到海伦。然而，埃斯库罗斯（译者注：希腊的悲剧诗人，公元前525—456年）清楚地写道，阿伽门农也受到了野心的驱使，被称为"王中之王"满足了他的"傲慢"。

但是他的这些成功不仅仅满足了他的傲慢，它们还增加了他的傲慢，导致他性格的僵化和恶化。我们知道侍卫效忠于他，他家族的成员和长老们爱他,他的臣民渴求着他的归来。这一切都表明,他在过去比在胜利之后更具有人性。但是,当阿伽门农报告他的凯旋与特洛伊城的毁灭时,似乎不再可亲,也不再可以去爱。我要再次引用埃斯库罗斯的诗句:

"当人们因为家里有过多的、超过了最好限度的财富而过分骄傲时,很明显,那不可容忍的罪恶所得到的报偿就是死亡。"

他不受约束的破坏力,以及在权力与残忍上的荣耀,在我看来,指向了一种退行。在很小的年纪,小孩子——特别是男孩——钦慕的不仅是美好,而且还有权力与残忍;并且把这些属性归于他所认同但同时为他所恐惧的强有力的父亲。对于一个成人,退行可以复苏这种婴儿的态度并减少怜悯。

考虑一下阿伽门农所展现的过度"傲慢",那么克吕泰墨斯特拉在某种意义上就是"正义"的工具。在《阿伽门农》一段非常生动的段落中,她在丈夫到达之前,向长老形容她眼见特洛伊城人民受苦的情形,她带着同情,对阿伽门农的成就没有表达出任何的钦慕。反而,在她谋杀阿伽门农的时候,傲慢支配了她的感觉,没有任何懊悔的迹象。当她再次向长老们演说时,她自豪于自己犯下的谋杀,并且对这件事感到得意扬扬。她支持艾吉赛特斯篡夺阿伽门农的王权。

阿伽门农的"傲慢"就这样受到"正义"的裁决,接着又是克吕泰墨斯特拉的傲慢,傲慢又再次受到奥瑞斯忒亚所代表的正义的惩罚。

关于阿伽门农在其成功的战役之后对其臣民与其家人的态度改变,我想要提出一些想法。如我早前提到的那样,他对延长战争而加诸特洛伊人民的苦难缺乏同情,这是相当显著的。不过他又畏惧众神与即将发生的厄运,因此只能不情愿地进入那间屋子,踩上克吕泰墨斯特拉的女仆为他铺上的美丽挂毯。当他说起一个人必须当心不要招来众神的愤怒时,他表达的只是自己的迫害焦虑,而没有任何罪恶感。或许我先前提到的退行是可能的,因为善良与同情从未作为他性格的一部分被充分地建立起来。

相比之下，奥瑞斯忒亚刚刚犯下对母亲的谋杀，便受制于罪恶感。这就是为什么我相信雅典娜在最后可以帮助他的原因所在。他对杀害艾吉赛斯特并不感到任何罪恶，然而杀死母亲却让他陷入严重的冲突之中。他这么做的动机既是出于义务，也是出于对他所认同的死去的父亲的爱。少有迹象显示出他想要凌驾在她的母亲之上。这就表明，在他身上并没有过多的傲慢及其伴随而来的东西。我们知道，导致他犯下弑母罪行的原因，在于伊莱克特拉的影响与阿波罗的命令。在他杀掉其母之后，便立刻产生了对自己的悔恨与憎恶，这是由复仇女神立刻对他的攻击所象征的。看不到复仇女神的女仆首领非常鼓励他杀了母亲，女仆首领指出他所做的事情是正义的，并因他恢复了秩序，试图以此来安慰他。除了奥瑞斯忒亚之外，没人能看得见复仇女神的事实表明，这是一种内部的迫害情境。

如我们所知，奥瑞斯忒亚是遵从阿波罗在德尔斐给出的命令而杀死母亲的。这也可以被看作他内部情境的一部分。在某个层面而言，阿波罗在此代表了奥瑞斯忒亚自己的残酷与报复冲动，因而我们发现了奥瑞斯忒亚的破坏性感觉。然而，傲慢所包括的主要元素，诸如嫉羡与胜利的需要，似乎在他身上并不是主导性的。

重要的是，奥瑞斯忒亚强烈地同情于被忽略、不快乐且悲伤的伊莱克特拉。他自己的破坏性是由他对被母亲忽略的愤恨所刺激出来的。他母亲把他送去了陌生人那里，换句话说，他母亲给他的爱太少了。伊莱克特拉憎恨的原初动机，显然在于她并没有得到母亲足够的爱，她想要被母亲所爱的渴望受到了挫折。伊莱克特拉对其母亲的恨——尽管因阿伽门农被谋杀而有所加剧——同样包含着女儿与母亲的竞争，这种竞争集中在不让父亲满足母亲的性欲望之上。母女关系的这些早期紊乱是她的俄狄浦斯情结发展中的重要因素[1]。

俄狄浦斯情结的另一面，是由卡珊德拉与克吕泰墨斯特拉之间

---

[1] 参见：《儿童精神分析》第十章。

的敌对表现出来的。她们关于阿伽门农的针锋相对,说明了母女关系的一个特征——为了同一个男人的性满足而在两个女人之间产生的敌对。因为卡珊德拉曾经是阿伽门农的爱人,她也可能觉得自己像是阿伽门农的一个女儿那样,真正成功地从母亲身边带走了父亲,并因此期待着来自母亲的惩罚。这是俄狄浦斯情境的一部分,即母亲以憎恨来回应(或被感受为回应)女人的俄狄浦斯欲望。

如果我们考虑阿波罗的态度,有一些迹象表明,他对宙斯的完全顺从紧密联系着对女人的憎恨以及他的反向俄狄浦斯情结。下面这段文字便是以他对女性生育力的轻蔑为特征的:

"不曾在子宫的黑暗中孕育,

她却是一朵生命之花,因为女神

从不会生育……(指雅典娜)

尽管男子们都称她是孩子的母亲,

她却不是真正的生养者,她只是

照料着生命的种子。那播种的人

才是唯一的生养者……"

他对女人的憎恶,也成为他命令奥瑞斯忒亚弑母;且不管卡珊德拉对他而言有多么虚弱,他都坚持迫害她的原因之一。他性滥交的事实,并不违背他的反向俄狄浦斯情结。相较之下,他赞美几乎没有任何女性品质的雅典娜,并完全认同于她的父亲。同时,他对姐姐的欣赏,也可能表明了一种对母亲形象的积极态度。也就是说,一些俄狄浦斯情结的迹象并没有完全消失。

善良和助人的雅典娜没有母亲,她是由宙斯产生的。她没有对女人表现出任何的敌意,但是我认为这种缺乏竞争与憎恨,与她将父亲据为己有具有某种联系。宙斯也回报了她的热爱,因为她在众神中有特殊的地位,而且众所周知是宙斯的最爱。她对宙斯的完全服从与热爱,可以被看作她的俄狄浦斯情结的一种表达。她将其全部的爱都转向了一个唯一的客体，这可以用来解释她表面上免于冲突的自由。

奥瑞斯忒亚的俄狄浦斯情结，也可以从这个三部曲的不同段落中来推测。他责备母亲忽略了他，并且表达了对她的愤恨。不过，有一些迹象表明他与其母亲的关系并不是完全负面的。克吕泰墨斯特拉给阿伽门农提供的祭酒明显地受到奥瑞斯忒亚的重视，因为他相信这些祭酒正在唤醒父亲。当母亲告诉他，在他婴儿时自己是如何养育他并爱他的时候，他动摇了杀他母亲的决定，并转而寻求朋友皮拉德斯的意见。还有一些迹象表明了他在一种正向俄狄浦斯关系中所指向的嫉妒。克吕泰墨斯特拉对艾吉赛特斯之死的哀伤，以及她对他的爱，激起了奥瑞斯忒亚的暴怒。在俄狄浦斯情境中，对父亲的恨可以转向另一个人，这是常见的经验，例如哈姆雷特对他叔叔的恨[1]。奥瑞斯忒亚理想化了他的父亲；而且，遏制对死去父亲的敌意与恨意通常比对活着的父亲来得更加容易。他对阿伽门农的伟大的理想化——伊莱克特拉也体验了这种理想化——导致他否认阿伽门农牺牲了伊菲吉妮雅，并且对特洛伊城人民的苦难表现出断然的残酷。在钦佩阿伽门农的同时，奥瑞斯忒亚也认同了这个理想化的父亲，而这是很多儿子克服其对伟大父亲的敌意与嫉羡的方式。这些态度因其母亲的忽略与她对阿伽门农的谋杀而增加，从而构成了奥瑞斯忒亚的反向俄狄浦斯情结的一部分。

我在之前曾提到过，相对而言，奥瑞斯忒亚是免于傲慢的，尽管他认同父亲，他还是比较容易产生罪恶感。在我看来，他在谋杀克吕泰墨斯特拉之后随之而来的痛苦，代表着形成抑郁位置的迫害焦虑与罪恶感。这种解释似乎意味着，奥瑞斯忒亚因为他过度的罪恶感（由复仇女神所代表）而受着躁狂抑郁症之苦——吉尔伯特·穆拉利称他是疯子。另一方面，我们也可以假定，埃斯库罗斯以一种

---

[1] 参见：厄内斯特·琼斯的《哈姆雷特与俄狄浦斯》(1949)。

夸大的形式说明了正常发展的一面。因为作为躁狂抑郁症基础的某些特征，并没有强有力地运作在奥瑞斯忒亚身上。在我看来，他所表现的心理状态，我将其当作偏执-分裂位置与抑郁位置之间转换的一个典型特征，罪恶感在此阶段基本上都被体验为迫害。当抑郁位置被达到并获得修通时——这在三部曲中是由奥瑞斯忒亚在艾瑞阿帕格斯法庭（译者注：雅典的一座小山丘，古希腊最高法庭的所在地）上举止的改变来象征的——罪恶感便居于主导，而迫害则有所减弱。

这出戏剧提示了我，奥瑞斯忒亚可以克服他的迫害焦虑并修通他的抑郁位置，因为他从未放弃净化自己的罪行并回到人民身边的强烈愿望，他大概希望以一种仁慈的方式来统治这些人民。这些意图指向了修复的冲动，这是克服抑郁位置的特征。他跟将其怜悯与爱激发出来的伊莱克特拉的关系，他即便受苦也从未放弃希望，放弃他对诸神的整个态度，特别是他对雅典娜的感激——这一切都意味着他对一个好客体的内化是相对稳定的，正常发展的基础已经铺设好了。我们只能猜测，这些感觉在最早的阶段以某种方式介入了他与母亲的关系，因为当克吕泰墨斯特拉提醒他：

"我的孩子，难道你就不会恐惧

折磨这乳房？难道你不曾在此酣眠，

吮吸着我给你的乳汁？"

奥瑞斯忒亚犹豫地放下了他的剑。养育者显示出的温暖，对他而言，提示了在婴儿期被给予与接受的爱。这个养育者可以是母亲的替代者，但是在某个点上，这种爱的关系也同样适用于母亲。当奥瑞斯忒亚从一个地方被驱赶到另一个地方时，他心理上与身体上的痛苦，是在罪恶感与迫害感处于高峰时所体验到的一幅鲜活的痛苦景象。迫害他的复仇女神是坏良心的拟人化，不接受他受命犯下谋杀的事实。我在前面就曾提出，当阿波罗给出那个命令时，他代表了奥瑞斯忒亚自己的残酷；而从这个角度来看，我们就理解了为什么复仇女神不接受阿波罗命令他犯下谋杀的事实，因为这是一个冷酷无情的超我的特征，所以它不会宽恕破坏性。

我认为，超我不宽恕的特性，以及它唤起的迫害焦虑，都在古希腊神话中获得了表达：复仇女神的力量甚至延续到死后。这可以被看作一种惩罚有罪之人的方式，而且是大多数宗教所共有的一个元素。在《复仇女神》中雅典娜说道：

"……伟大的厄里倪俄斯

有着最强大的力量，她们统御

不朽的神祇，管辖死去的灵魂。"

复仇女神也声称：

"他将流亡到死，

永远得不到自由，

就连死了也一样……"

希腊信仰所特有的另一点在于，如果是死于非命，那么便需要为死者复仇。我认为这种报复的要求源自早期的迫害焦虑因为孩子针对父母的死亡愿望而增加，并暗中破坏他的安全感与满足。攻击敌人因而是一切邪恶的化身，这些邪恶是婴儿所期待的，也与他自己的破坏冲动有关。

我在别的地方[1]处理过人们对死亡的过度恐惧。对他们而言，死亡既是一种来自内部和外部敌人的迫害，也是一种摧毁内化好客体的威胁。如果这种恐惧特别强烈，它可能会延伸至对死后生命的恐惧，在冥界中为死前所受的伤害报仇，对死后的平静是非常重要的。奥瑞斯忒亚和伊莱克特拉两个人都相信他们死去的父亲支持他们的报仇任务，而奥瑞斯忒亚在对艾瑞阿帕格斯法庭描述他的冲突时，指出阿波罗预言他要是没有为他的父亲报仇就会遭受惩罚。克吕泰墨斯特拉的鬼魂驱策着厄里倪俄斯继续追捕奥瑞斯忒亚，她抱怨着她

---

[1] 参见：《论认同》（1955b）。

在冥界中受到的轻蔑，因为谋杀她的人还没有受到惩罚。她明显受到对奥瑞斯忒亚持续的恨意所影响，我们可以得出结论：持续到死后的恨引起了在死后进行报复的需要。还有可能是：当谋杀死者的人仍未受到惩罚时，死者就会受到轻蔑；这种感觉的根源在于怀疑他们的子嗣并不足够在意他们。

死者为何要求报复的另一个原因，暗示着吉尔伯特·穆拉利在《导论》中提及的一种信念：即地母被撕裂于她身上的鲜血所污染，她和在她体内的冥界人民（死者）要求复仇。我将冥界人民解释为母亲体内未出生的婴儿，孩子觉得他在其嫉妒与敌对的幻想中摧毁了她（它们）。精神分析中的许多丰富资料都表明，对于母亲的流产，或者是她在这个个体诞生之后就再没有另一个孩子的事实；孩子有一种深深的罪恶感，并且恐惧这个受伤的母亲会采取报复。

不过吉尔伯特·穆拉利也提到地母是给予纯真者生命和丰硕果实的人。在这个方面，她代表着和蔼、喂养与慈爱的母亲。多年来我都认为，将母亲分裂为一个好母亲与一个坏母亲，是在与母亲关系中的最早过程之一。

希腊人认为死者并未消失，而是在冥界中继续一种阴影的存在，并且对那些活着的人施加某种影响，这种观念唤起了他们对鬼魂的信仰，这些鬼魂受到驱使去迫害生者，因为他们在复仇之前得不到任何平静。我们也可以讲死者影响并控制生者这种信仰，联系于这样一种观念：即他们继续作为同时被感觉为死去但还活跃的内化的客体，以好的或坏的方式继续存在于自体内部。与内部好客体（首先是好母亲）的关系，意味着这个客体在感觉上是有帮助且具引导性的。特别是在悲伤与哀悼的过程中，个体努力地保持着先前存在的好关系，并经由这种内部的陪伴来感受力量与安慰。当哀悼失败的时候——对此可能有很多原因——就是因为这种内化无法成功，且有益的认同受到干涉。伊莱克特拉和奥瑞斯忒亚呼唤九泉之下的亡父来支持和强化他们的力量。这与想要与好客体结合的愿望是相符的。

这个好客体在外部经由死亡而丧失,必须在内部被建立起来。那个受到恳求的好客体,在其引导与帮助的方面是超我的一部分。这种与内化客体的好关系是认同的基础,而认同经证实对个体的稳定性有极大的重要性。

相信祭酒可以"打开死者干渴的嘴唇",我认为这种信念源自一种基本的感觉:即母亲给予婴儿乳汁,是使婴儿及其内部客体保持生命的一种手段。因为内化的母亲(首先是乳房)变成了孩子自我的一部分,他感到自己的生命与母亲的生命是连在一起的;而外部母亲给予孩子的乳汁、爱与照料,在某种意义上也被感觉为是有益于内部母亲的。这也适用于其他被内化的客体。尽管克吕泰墨斯特拉是一位坏母亲,但是在她的戏码中献上的祭酒,却被伊莱克特拉和奥瑞斯忒亚当成了一种符号:通过喂养内化的父亲,克吕泰墨斯特拉复活了他。

我们在精神分析中发现这样的感觉:内部客体参与了个体体验到的任何快乐。这也是重新唤醒死去的所爱客体的一种方法。死去的内化客体在被爱时便保存了其自身的生命(有帮助的、安慰性的、引导性的),这样的幻想与奥瑞斯忒亚和伊莱克特拉相信被重新唤醒的亡父会帮助他们的信念是相一致的。

我认为,尚未复仇的死者代表着内化的死亡客体,威胁着内化的形象。他们抱怨主体在其憎恨中给他们造成的伤害。在病人身上,这些可怕的形象构成了超我的一部分,并与相信命运(一旦驱向邪恶,做坏事的人就会受到惩罚)有着密切的联系。

"……他就不会认识你们,这些天堂里的权势!

你们给予了我们生命,

你们把罪责留给那些穷人,

然后你们把痛苦抛给人间,

因为所有过错都归于世人。"

——歌德,《谜娘》

这些迫害的形象也被拟人化在厄里倪俄斯的身上。在早期心理生活中，即使是正常的发展，分裂也从不会完全成功，因此这些骇人的内部客体仍然在一定程度上运作着。也就是说，孩子会体验到一些在程度上因人而异的精神病性焦虑。

基于投射，根据以牙还牙的原则，孩子受到恐惧的折磨，害怕他在幻想中对父母做了什么，自己也会受到同样的对待，这可能是一种增强残酷冲动的诱因。因为他感觉受到了内部和外部的迫害，于是他便受到驱使将惩罚向外投射出去；并在这样做的同时，用外部现实来检验他的内部焦虑与对实际惩罚的恐惧。孩子感到的罪恶感和迫害感越多——也就是说，他病得越重——他通常也会变得更具攻击性。我们必须相信，类似的过程也运作在不良少年和罪犯的身上。

因为破坏冲动主要是针对父母的，在感觉上最根本的罪便是对父母的谋杀。这被清楚地表达在《复仇女神》一幕中，即随着雅典娜的介入，厄里倪俄斯叙述说，如果他们不再充当对弑母和弑亲之罪的威慑者，且不在事情发生后惩罚他们，便会引起混乱的情境。

"是啊，此后等着父母的是

狡诈和剧痛，因为孩子手中的刀

会撕破他们的胸膛。"

我先前曾经说过，婴儿的残酷冲动与破坏冲动创造了原始的骇人的超我。关于厄里倪俄斯进行攻击的方式，我们有一些不同的线索：

"活生生地，从你的每一根血管

畅饮你浓郁而鲜红的血。

我们干渴的唇，要你的血来滋润，

直到我正义的心被你的鲜血

和你的苦痛所喂饱；

直到我品尝到你像个死人一样，

并将你丢进死者的行伍……"[1]

---

[1] 关于吸干受害者鲜血的这个描述，使人想起了亚伯拉罕（1924）的说法：残酷同样介入了口腔吮吸阶段，对此他提到了"吸血鬼似的吮吸"。

厄里倪俄斯用以威胁奥瑞斯忒亚的折磨，具有最原始的口腔施虐和肛门施虐的性质。我们被告知，他们的呼吸"犹如一把燃烧的又远又广的火"，从他们的身体中散发出有毒的气体。婴儿在他心里使用的一些最早的破坏方法，就是用放屁和粪便来进行攻击，这让他觉得他毒害了他的母亲；还有用尿（火）来烧她也是一样。结果，早期的超我就以同样的破坏来威胁他。当厄里倪俄斯恐惧她们的力量会被雅典娜夺走时，她们用下面的话表达了她们的愤怒与忧惧："难道我受的伤害不应该转而粉碎这个人吗？这种痛苦的毒药在我心中像火烧一样，难道这种毒药不应该像下雨一样落在他们身上吗？"这提醒了我们，孩子关于挫折的愤恨以及由此而引起的痛苦，是以何种方式增加了他的破坏冲动，驱使他强化其攻击的幻想。

然而，残忍的厄里倪俄斯，同样联系着超我基于抱怨的受伤形象的那一面。我们被告知，有血从她们的眼睛和嘴唇中滴下来，这说明她们自己也遭受了折磨。这些内化的受伤形象，在婴儿的感觉上都是报复性的和威胁性的，他试图将它们分裂开来。不过，它们还是进入了婴儿早期的焦虑和噩梦之中，并且在所有的恐惧症中扮演着一定的角色。因为奥瑞斯忒亚伤害并杀死了他的母亲，她变成了孩子恐惧其报复的那些受伤客体之一。他说厄里倪俄斯是他母亲的"狂怒的追杀"。

克吕泰墨斯特拉则似乎没有受到超我的迫害，因为厄里倪俄斯并没有追捕她。然而，在她杀死阿伽门农继而发表其得意扬扬且趾高气扬的言论之后，她表现出了一些抑郁和罪恶感的迹象。因此她才说："别让我们被鲜血玷污了。"她还体验到了迫害焦虑，这明显地出现在她的梦中，她梦到自己用乳房喂食怪物，它非常暴虐地咬噬着她，以至于血液和乳汁混在了一起。因为这个梦所表达的焦虑，她将祭酒送到了阿伽门农的坟前。因此，虽然她没有被厄里倪俄斯追捕，迫害焦虑和罪恶感也并未减少。

厄里倪俄斯的另一面在于，她们黏着自己的母亲"夜之女神"

(Night)，她是她们唯一的保护者，她们一再地恳求她对抗阿波罗。阿波罗是太阳神、夜晚的敌人，他想要剥夺她们的力量，因而她们觉得受到他的迫害。从这个角度来看，我们就对反向俄狄浦斯情结在厄里倪俄斯身上扮演的角色获得了一种洞见。我要提出的是，她们针对母亲的破坏冲动，在某种程度上移置到了父亲身上——移置到了一般而言的男人身上——而且只有通过这种移置，她们对母亲的认同及其反向的俄狄浦斯情结才能得到维持。她们特别关切对一个母亲造成的任何伤害，而且似乎也只对弑母进行报复。这就是为什么她们没有迫害谋杀丈夫的克吕泰墨斯特的原因所在。她们认为她并没有谋杀血亲，因此其罪行并没有足够重要到让她们去迫害她。我认为，在这一辩称中存在着大量的否认。被否认的是：任何谋杀归根结底都源自针对父母的破坏感，因而没有任何谋杀是可允许的。

有趣的是，正是一个女人（雅典娜）的影响，造成了厄里倪俄斯的改变：从冷酷的恨到较柔和的感觉。然后，她们没有父亲，或者更确切地说，可能代表着父亲的宙斯也转而反对她们。她们说因为她们散布的恐怖"还有我们承受的这个世界的恨，神将我们逐出了他的殿堂"。阿波罗充满轻蔑地告诉她们，男人或神从来都没有亲吻过她们。

我认为，由于一个父亲的缺席，或是由于父亲对她们的恨和忽略，她们的反向俄狄浦斯情结受到了增强。雅典娜承诺她们，说她们会受到雅典人的爱戴和尊崇，也就是说，男人和女人都会爱戴并尊崇她们。艾瑞阿帕格斯法庭是由男人们组成的，这些男人陪伴着她们到她们将在雅典居住的地方。我的推测是：在此代表母亲的雅典娜现在与女儿们分享着男人们（父亲形象）的爱；她在她们的情感和冲动上，也在她们的整个性格上，造成了一种改变。

把这个三部曲当作一个整体，我们就会发现超我是由各式各样的形象来代表的。例如，在感觉上获得重生并支持其孩子们的阿伽门农是超我的一个方面，这个方面以对父亲的爱和钦佩为基础。厄里倪俄斯被描述为属于旧神（以野蛮和暴力的方式进行统治的泰坦族）的时期。在我看来，她们联系着最早且最冷酷的超我，并且代表着一些骇人的形象，而这些形象主要是孩子将其破坏幻想投射到客体上的结果。然而，她们受到了与好客体或理想化客体的关系的反制——尽管是以一种分裂开来的方式。我已经提出过，母亲跟孩子的关系——以及在很大程度上父亲跟他的关系——对超我的发展都有影响，因为它影响着对父母的内化。在奥瑞斯忒亚身上，对父亲的内化是以钦佩和爱为基础的，这种内化经证实对他进一步的行动有着最大的重要性，死去的父亲是奥瑞斯忒亚的超我的一个非常重要的部分。

当我第一次定义抑郁位置的概念时，我提出过受伤的内化客体抱怨并由此促成了罪恶感和随后的超我。根据我后来发展出的观点，这种罪恶感——尽管它们是转瞬即逝的，且尚未形成抑郁位置——在某种程度上运作于偏执－分裂位置期间。我们可以观察到：有一些婴儿会节制自己不去咬噬乳房，他们甚至在四到五个月大时就会自行断奶，没有任何外部的原因；而另一些婴儿，则会借着伤害乳房，让母亲不可能给他们喂奶。我认为，这样的节制表明在小婴儿身上有一种无意识的觉察，知道自己因为贪婪而想要伤害母亲的欲望。作为结果，婴儿感到母亲受到了伤害，被他贪婪的吮吸和咬噬给掏空了，因此在他心里他将母亲或其乳房包含在一种受伤的状态下。在儿童乃至成人的精神分析中，有着大量回溯性而获得的证据，表明母亲从很早开始就被感觉为一个受伤的客体，无论是内化的还是外部的[1]。我要提出的是，这个抱怨的受伤客体是超我的一部分。

与这个受伤的被爱的客体的关系，不仅包含着罪恶感，而且还包含着慈悲怜悯，它是一切同情他人与关心他人的根本来源。在这个三部曲中，超我的这一面是由不快乐的卡珊德拉所代表的。阿伽

---

[1] 参见：《儿童精神分析》第八章。

门农冤枉了她,将她交付到了克吕泰墨斯特拉的权力之下,他感到怜悯,并力劝克吕泰墨斯特拉要可怜她(这是他表现出怜悯的唯一场合)。卡珊德拉的角色作为超我受伤的一面,联系着这样一个事实:她是一位有名望的预言家,其主要任务在于颁布警告。长老首领被她的命运所触动并试图要安慰她,同时又敬畏着她的那些预言。

作为超我的卡珊德拉预言了疾病将至,并警告说惩罚会随之降临且哀伤升起。她预先知道了自己的命运,还有即将降临在阿伽门农和他家人身上的大致灾难;但是没有人留心她的警告,而这种不相信归因于阿波罗的诅咒。长老们非常同情卡珊德拉,有一部分相信了她。尽管认识到她对阿伽门农、她自己及阿哥斯城人民所预言的危险是有效的,但他们还是否认了她的预言。他们拒绝相信他们同时知道的事情,这表达了普遍的否认倾向。否认是针对迫害焦虑和罪恶感的一种强大防御,而这些迫害焦虑和罪恶感是由从未受到控制的破坏冲动引起的。否认总是和迫害焦虑连在一起,可能会窒息爱的情感和罪恶感,逐渐损害对内部和外部客体的同情与关心,扰乱现实感和判断的能力。

如我们所知,否认是一种普遍存在的机制,并且也被大量地用于证明破坏力的正当性。借由阿伽门农杀了他们的女儿这个事实,克吕泰墨斯特拉证明她对其丈夫的谋杀是正当的,否认她杀死阿伽门农有其他的动机。阿伽门农在特洛伊城摧毁了诸神的神殿,也觉得自己的残忍是正当的,因为他的弟弟失去了妻子。奥瑞斯忒亚觉得,他不仅有理由杀掉篡夺者艾吉赛斯特,甚至还有理由杀掉自己的母亲。我所提及的正当性是对罪恶感和破坏冲动强而有力的否认。对自己的内部过程有更多洞识并因此更少使用否认的人们,就较不易于对自己的破坏冲动让步;另外的结果是他们也更能容忍他人。

还有另一个有趣的角度,从这个角度可以将卡珊德拉的角色看作一个超我。在《阿伽门农》中,她处在一种做梦的状态,起初无法回过神。后来她克服了那样的状态,清楚地说出了先前她试图以一种混乱的方式来传达的东西。我们可以假定：超我的无意识部分变成了意识的，这是在它可以被感受为良心之前必不可少的一步。

超我的另一面是由阿波罗来代表的，如我上面提到的那样，阿波罗代表着奥瑞斯忒亚投射到超我上的那些破坏冲动。超我的这个方面，驱使奥瑞斯忒亚变得暴力，并威胁如果他没有杀死母亲，就会遭受惩罚。因为阿伽门农如果没有报仇便会悲痛地愤恨，所以阿波罗和父亲都代表着残忍的超我。这种复仇的要求与阿伽门农摧毁特洛伊城的残酷是一致的，他甚至对自己人民的苦难没有表现出丝毫的怜悯。我已经提到过，希腊人相信复仇是后代子孙的义务，这与超我驱使犯罪的角色有着某种联系。悖论的是，同时超我又将复仇视作一项罪行；因此后代子孙也会因为他们犯下的谋杀而遭到惩罚，尽管这是一种义务。

这重复的一连串的罪与罚、傲慢与正义，以屋子里的魔灵最为典型，我们被告知，这个魔灵代代都生活于其间，直到奥瑞斯忒亚得到原谅并回到阿哥斯城后才得以安息。屋子里的魔灵的这种信仰，源于针对客体的憎恨、嫉羡和愤恨所导致的恶性循环。这些情绪增加了迫害焦虑，因为被攻击的客体在感觉上是报复性的，于是又激起了对它的进一步攻击。也就是说，破坏性因迫害焦虑而增加，而迫害的感觉又因破坏性而增加。

有趣的是，自珀罗普斯的时代起，魔灵就在阿哥斯城的皇室中施行着一种恐怖统治，而当奥瑞斯忒亚被原谅且不再受苦而回到我们假定的一种正常而普通的生活时，据传说魔灵也得到了安息。我的解释是，罪恶感和进行修复的冲动以及抑郁位置的修通，打破了这个恶性循环；因为破坏冲动及其后果的迫害焦虑都有所减少，并且与所爱客体的关系也被重新建立起来了。

然而，统治德尔斐的阿波罗，在三部曲中代表的远甚于奥瑞斯忒亚的破坏冲动和残酷超我。如吉尔伯特·穆拉利所言，借助德尔斐的女祭司，阿波罗还成了"神的先知"，也是太阳神。在《阿伽门农》

中，卡珊德拉将他称作"人类道路之光"和"一切事物之光"。不过，他对卡珊德拉的无情态度，还有长老们提到他时所用的话："有文字写道，他不爱悲伤，也不倾听它"，这些都指出一个事实：他无法体验到对苦难的怜悯与同情；尽管他说他代表着宙斯的思想。从这个角度来看，太阳神阿波罗让我们想起了这么一个人：他转身离开任何悲伤，以此作为对怜悯感觉的防御，并过度使用对抑郁感觉的否认。它是这类人的典型，他们对老人和无助的人没有丝毫的同情。复仇女神们的头领用下面的话来描述阿波罗：

"我们是些女人，而且衰老；而你高高凌驾

在我们之上，凭你的青春和骄傲，践踏我们。"

这两行话也可以从另一种观点来考虑：如果我们顾及她们与阿波罗的关系，那么厄里倪俄斯似乎就是受到年轻且忘恩负义的儿子恶劣对待的老母亲。这种怜悯的缺乏，与阿波罗作为超我冷酷无情且毫无缓和的角色是连在一起的。这是我在上面所描述过的。

超我还有另一个非常具主导性的方面，以宙斯为代表。他作为父亲（众神之父），经由痛苦学到了要对他的孩子们更加包容。我们得知，宙斯得罪了他自己的父亲，并为此而饱受罪恶感之苦；因此他对恳求者非常仁慈。宙斯代表了超我的一个重要部分，即内摄的温柔的父亲，也表现了抑郁位置得到修通的阶段。认识并理解自己针对所爱父母的破坏倾向，有助于更大地容忍自己和他人的缺陷；也有助于更好的判断能力和更大的智慧。如埃斯库罗斯所言：

"人会经由苦难而学习。

于是回忆起从前的痛苦，

他的心会再次疼痛，

流血，夜不能寐，直到

智慧对着他的意愿而产生。"

宙斯也象征着自体理想且全能的部分，即自我理想，弗洛伊德（1914）在他充分发展出其关于超我的见解之前系统地阐述了这个概念。如我所见，自体与内化客体被理想化的部分，与自体的坏部分和客体的坏部分是分裂开来的；而且个体维持这种理想化是为了处理他的焦虑。

我想要讨论的还有这个三部曲的另一个方面，也就是内部与外部事件之间的关系。我曾描述过复仇女神是象征化了的内部过程，而埃斯库罗斯也用下面几行字说明了这一点：

"有时恐惧是件好事，

担当着心灵的守护人，

以主人的身份统治着。"

然而，在这个三部曲中，复仇女神却是作为外部的形象出现的。

克吕泰墨斯特拉作为一个整体的人格，说明埃斯库罗斯——在深深透视人类心灵的时候——也关切着作为外部角色的性格。他给了我们几个线索，暗示克吕泰墨斯特拉其实是一个坏母亲。奥瑞斯忒亚指责她缺乏爱；我们知道她放逐了她的小儿子，并且恶待了伊莱克特拉。克吕泰墨斯特拉被她对艾吉赛特斯的性欲望所驱使，忽略了她的孩子们。虽然这在三部曲中没有过多的着墨，但是显然因为她与艾吉赛特斯的关系，克吕泰墨斯特拉除掉奥瑞斯忒亚是因为她在其身上看到了其父亲的复仇者形象。事实上，当她怀疑奥瑞斯忒亚的故事时，她便召唤了艾吉赛斯特带着他的持矛士兵前来。她刚得知艾吉赛斯特被杀，就找来她的战斧：

"快，来人，把我的战斧给我！让我们看看

到底是谁胜利，是谁倒下，是他还是我……"

并威胁要杀掉奥瑞斯忒亚。

不过，有一些迹象表明克吕泰墨斯特拉并不总是一个坏母亲。她在儿子还是个婴儿时哺育过他，她对女儿伊菲吉妮雅的哀悼也可能是真诚的。但是被改变的外部情境造成了她性格上的转变。我的结论是：外部情境所激起的早期的憎恨与怨怼，重新唤醒了一些破坏冲动；它们压倒了爱的冲动占据了优势，而这涉及生死本能融合状态中的一个改变。

　　从厄里倪俄斯到欧墨尼德斯的改变，在某种程度上也受到外部情境的影响。她们非常担心她们丧失自己的力量，雅典娜让她们放心，告诉她们：在她们修改过的角色中，她们将对雅典施加某种影响，帮着维护法律与秩序。外部情境影响的另一个例子在于阿伽门农性格的改变，这种改变是因为他通过其成功的远征变成了"王中之王"的缘故。成功常常是危险的，特别是如果其最大的价值存在于威望的增加，就像我们通常在生活中看到的那样，因为它增强了野心和竞争性，干扰了爱的情感与人性。

　　就像雅典娜常说的那样，她代表着宙斯的思想与情感。相比于厄里倪俄斯所象征的早期超我，她是智慧与缓和的超我。

　　我们已经看到雅典娜的很多角色：她是宙斯的代言人，表达他的思想与愿望；她是一个缓和的超我；她还是一个没有母亲的女儿，并以这种方式避免了俄狄浦斯情结。但是她还有另一个非常根本的功能：她有助于平静与平衡。她表达希望雅典人避免内部的纷争，这在象征层面上代表着避免家庭中的敌对。她在复仇女神身上达到了一种朝向宽恕与平和的改变。这种态度表达了朝向妥协与整合的倾向。

　　这些特征都是内化好客体（首先是好母亲）的特点，她成为生本能的载体。如此一来，作为好母亲的雅典娜便与克吕泰墨斯特拉代表的坏母亲的一面形成了鲜明的对照。这个角色也介入了阿波罗跟她的关系。她是阿波罗唯一尊敬的女性形象。阿波罗提到她时总是带着极大的赞赏，完全听从她的判断。尽管她似乎只代表着父亲特别钟爱的一个较为年长的姐姐；但是我认为她也对阿波罗代表着母亲好的一面。

　　如果好客体在婴儿期被充分地建立起来，超我就会变得比较温和。我认为从生命的一开始就已运作的整合冲动在强度上有所增加，导致恨变得为爱所缓和。但是即使是缓和的超我也还是要求着对破坏冲动的控制，其目的在于破坏与爱的情感之间的平衡。因此我们发现雅典娜代表着超我的成熟阶段,其目的是在相反的冲动之间进行调解,这与更安全地建立好客体紧密联系着,并构成了整合的基础。雅典娜在下面的话中表达了控制破坏冲动的需要:

"抛下恐惧之心,可是别全都抛下;

要是没有恐惧,谁能身免于罪?

但愿身兼规范与律法的恐惧,

长存你心,而且萦绕你的城……"

雅典娜引导而非主导的态度,是围绕好客体建立起来的成熟超我的特点,这表现在她不认为有权决定奥瑞斯忒亚的命运上。她召开艾瑞阿帕格斯法庭,挑选雅典最智慧的男人,给他们完全充分的自由去投票,且只为她自己保留了那具决定性的一票。如果我再次将三部曲中的这个部分视作内部过程的代表,我就会得出结论说:反对票说明自体并不是那么容易统一的,破坏冲动驱向了一条道路;而爱与修复和怜悯的能力则在另一条路上。内部的平和不是那么容易建立起来的。

自我的整合是由自我的不同部分来完成的——这些部分在三部曲中由艾瑞阿帕格斯法庭的成员所代表;尽管他们有冲突的倾向,但仍然可以聚集在一起。这并不意味着他们可以认同彼此,因为一方面是破坏冲动;另一方面是爱和修复的需要。这两个方面是矛盾的。但是自我在最好的状态下有能力注意到这些不同的方面;并将其更加紧密地聚集在一起,虽然它们曾在婴儿期被强烈地分裂开来。超我的力量也没有被消除,因为即使在其比较缓和的形式中,超我也仍然能够使自我产生罪恶感。整合与平衡是让生命更完整、更丰富的基础。在埃斯库罗斯那里,这种心理状态是由三部曲结尾时的欢乐之歌表现出来的。

埃斯库罗斯给我们呈现了一幅人类发展的图景:从其根源发展到其最进步的水平。他表达对人性的深刻理解的方式之一,在于他特别让诸神来扮演各种不同的象征角色。这种多样性符合于在无意识中存在的那些相异的且常常冲突的冲动与幻想;而这些冲动与幻想归根结底都源自生死本能在其变化的融合状态中的两极分化。

为了理解象征主义在心理生活中扮演的角色，我们必须考虑成长中的自我对于冲突和挫折的诸多处理方式。这意味着愤恨和满足感的表达以及婴儿的整个情绪都在逐渐改变中。因为幻想从一开始便弥漫渗透在心理生活中，有一种强大的冲动将它们依附在各式各样的客体之上——这些真实的客体与幻想的客体便成为一些象征，为婴儿的情绪提供了一条出路。这些象征起初代表着部分客体，在几个月之内变成完整客体（也就是人）。孩子把他的爱恨、他的冲突、他的满足及他的渴望放进了内部和外部象征的创造之中。这些象征于是就成了他世界的一部分。创造象征的冲动如此强烈，是因为即使最有爱心的母亲也无法满足婴儿强烈的情绪需要。事实上，没有任何现实情境可以实现儿童幻想生活中那些通常矛盾的冲动与愿望。只有当童年期象征形成能够在多样性上获得全力发展且不受抑制的阻碍时，他们才能在成人后成为艺术家利用潜藏于象征主义之下的情绪力量。在一篇早期的文章（1923b）中，我就讨论过象征形成在婴儿心理生活中弥漫的重要性，这意味着如果象征形成特别丰富，那么它就有助于才能乃至天赋的发展。

在成人分析中，我们发现象征形成仍然是在运作的，成人也同样为一些象征性的客体所环绕。然而，同时他更能区分幻想与现实，并且能凭他们自己的能力来看待人们和事物。

创造性的艺术家充分地使用象征，象征越是被用来表达爱与恨之间、破坏与修复之间、生死本能之间的冲突，它们就越是接近于普遍的形式。埃斯库罗斯因而凝缩了各种各样婴儿的象征，倾全力画出了表达在这些象征中的情绪与幻想。戏剧家能够将一些普遍的象征转移到人物角色的创造之中，同时能够将他们变成真人，这种能力是戏剧家之所以伟大的一个方面。象征与艺术创作之间的关系常常被人讨论，但是我主要关注的是建立婴儿最早的情绪过程与艺术家创作作品之间的联系。

埃斯库罗斯在他的三部曲中，让众神以各种各样的象征角色出现，我试图说明这如何增加了其戏剧的丰富性与意义。我要用一个尝试性的主张来作为结论：埃斯库罗斯悲剧的伟大——而这可以普遍地应用于其他伟大的诗人——源自他在直觉上了解了无意识不可穷尽的深度，和这种无意识如何地影响了他所创作的角色和情境。

第十五章 论孤独感

（1963）

在当前这篇文章中，我试图调查孤独感的来源。我所谓的孤独感，不是指被剥夺与外部交往的客观情境；而是指内在的孤独感。即不论外部环境如何，甚至当处于朋友中间或接收到爱时，也仍然觉得孤独的感觉。我认为这种内部孤独的状态，是普遍存在的渴求无法企及的完美内部状态的一个结果。某种程度上，每个人都会体验到这样的孤独，它源自偏执焦虑和抑郁焦虑，它们是婴儿精神病性焦虑的衍生物。这些焦虑或多或少地存在于每个人身上，但是在疾病中是过度强烈的；因此，孤独也是疾病的一部分，同时具有精神分裂和抑郁的性质。

如同看待其他的态度和情绪一样，为了理解孤独的感觉如何升起，我们必须回到婴儿早期，并追溯它对生命较后阶段的影响。正如我们经常描述的，自我从出生开始就存在并运作着，起初它在很大程度上缺乏凝聚，并受到分裂机制所支配。死本能针对自体的破坏威胁，造成冲动分裂成好的和坏的。由于这些冲动被投射到原初客体上，原初客体也被分裂为好的和坏的。结果，在最早的阶段上，自我好的部分与好客体就在某种程度上受到保护，因为攻击被导离它们。就非常小的婴儿可以在此阶段达成安全感而言，我将这些特殊的分裂过程描述为小婴儿身上相对安全感的基础；而其他的分裂过程，诸如那些导致碎裂的分裂过程，则是有害于自我及其强度的。

伴随着分裂的冲动，从生命一开始就有一种朝向整合的冲动，它随着自我的成长而增加。这一整合过程基于好客体的内摄，首先是部分客体,即母亲的乳房,尽管母亲的其他方面也介入这一最早的关系。如果内部的好客体被相对安全地建立起来,那么它就会变成不断发展的自我的核心。

与母亲之间有一种令人满足的早期关系(这种关系并不必然是以乳房喂养为基础的,因为奶瓶也可以象征性地代表乳房),意味着母亲的与孩子的无意识有一种亲密的接触。这为最完整的受到理解的经验奠定了基础,而且从根本上联系着前语言阶段。然而在后来的生活中,跟一个志趣相投的人表达自己的思想与情感,无论这有多么令人满足,也仍然会有一种未被满足的渴望。渴望一种无言的理解,这归根结底是渴望与母亲的早期关系。这种渴望是促成孤独感的原因之一,它源自对一种不可挽回的丧失的抑郁感。

然而,即使在最好的情况下,与母亲及其乳房的快乐关系,也从来不是未受干扰的,因为迫害焦虑势必产生。迫害焦虑在生命的头三个月达到高峰,这是偏执－分裂位置的时期:从生命的一开始,它就作为生死本能之间冲突的结果而出现,出生经验是促成它的原因之一。每当破坏冲动强烈地升起,由于投射,母亲及其乳房就被感觉为迫害性的;因此,婴儿不可避免地会体验到某种不安全感。这种偏执性的不安全感,是孤独的根源之一。

当抑郁位置出现时(通常是在生命前半年的中间),自我已经较为整合。这表现在一种更强的整体感上,以至婴儿能更好地与母亲发生联系(将母亲看作一个完整的人),后来便是与其他人。于是,偏执焦虑作为孤独中的一个因素,逐渐让步于抑郁焦虑。但是,实际的整合过程,却又带来了一连串新的问题。我将讨论其中一些问题及其与孤独的关系。

刺激整合的因素之一,是早期自我试图用来抵消不安全感的分裂过程不再是暂时有效的;而自我便受其驱使与破坏冲动达成妥协。这股冲动促成了对于整合的需要,因为整合倘若可以被达成,那么它就会有恨被爱所缓和的效果,并以这样的方式使得破坏冲动不具有那么大的力量。于是,自我不仅在其自身的存活上,而且也在其好客体的保存上,都会觉得更加安全。这就是为什么缺乏整合是极其痛苦的原因之一。

然而,整合是难以接受的。破坏冲动与爱的冲动、客体的好坏两方面结合在一起,便会唤起焦虑,担心破坏的感觉会压倒爱的情感,进而危及好客体。因而,在寻求整合(将整合作为抵制破坏冲动的保护措施)与恐惧整合(害怕整合会使破坏冲动危及好客体及自体的好部分)之间是有冲突的。我曾听到一些病人表达整合的痛苦,由于陪伴他们的只有其自体曾经的坏部分,他们感到孤单,感到遭受遗弃。而当严厉的超我对破坏冲动产生一种非常强的压抑,并试图维持这种压抑时,这个过程就会变得更加痛苦。

整合的发生只能是一步一步的,而由此达到的安全感,容易在内部和外部的压力下受到干扰,这在整个生命中都是真实的。充分而持久的整合永远都不可能达成;因为生死本能间的某种极化始终都存在,且仍然是冲突的最深来源。因为充分的整合从来都不会达成,所以便不可能完全理解并接受自身的种种情绪、幻想和焦虑;而这一直都是孤独中的一个重要因素。渴望理解自己,也和需要被内化的好客体所理解有关。有一个双胞胎的普遍幻想——比昂在一篇未发表的文章中注意到了这种幻想——便是对这种渴望的一种表达。比昂认为这种双胞胎的形象,代表的是那些不被理解与分裂开来的部分,而这些部分都是个体渴望重新获得的,以期达成整体性与完全的理解。它们有时在感觉上是一些理想的部分;而在另一些时候,双胞胎也代表着一个完全可靠的,其实是理想化的内部客体。

在孤独与整合的问题之间还有一种更进一步的联系,需要在此加以考虑。人们一般都假定,孤独可以源于一种确信,即认为自己不属于任何人或任何群体。这种没有归属感,可以视为具有更深层的意义。无论有多少整合在进行,它都无法去掉这样一种感觉,即觉得自体的某些成分是无法触及的;因为它们是分裂开来的,是无法重新获得的。正如我稍后要详加讨论的那样，在这些分裂开来的部分中，有一些被投射到他人之中。这便造成了一种感觉，觉得自己并不完全拥有自己，觉得自己并不完全属于自己，或者因此而不属于其他任何人。那些丧失的部分，在感觉上也一样是孤独的。

我已经提出，甚至对那些没有生病的人而言，偏执焦虑与抑郁焦虑也从未受到完全的克服；而且就某种程度而言，这是孤独的基础。人们体验到孤独的方式，有着相当大的个体差异。当偏执焦虑相对较强，尽管仍然处在正常的范围内；与内部好客体的关系就易于受到干扰，而对自体好部分的信任也会有所损害。结果，对偏执感觉的投射以及对他人的怀疑便会有所增加，孤独感由此而生。

这些因素必然存在于实际的精神分裂疾病中，而且程度也有所加重。迄今为止，我一直在讨论的都是处在正常范围内的整合的缺乏，现在则要将它放在病理学形式中来看待。这种病理学形式，实际上就是偏执－分裂位置的所有特征都过度地呈现出来。

在继续讨论精神分裂症中的孤独之前，更加详细地考虑偏执－分裂位置的某些过程是非常重要的，特别是分裂与投射性认同。投射性认同基于自我的分裂，以及将自体的部分投射到他人之中，首先是母亲及其乳房。这种投射源于口腔－肛门－尿道的冲动，这些自体的部分被全能地排出，以身体的实质进入母亲之中，以便控制并占有母亲。于是，母亲在感觉上就不是一个分离的个体，而是自己的一个方面。如果这些排泄物是在憎恨中被排出的，那么母亲在感觉上就是危险且有敌意的。但是被分裂开来并投射出去的不仅是自体坏的部分，而且还有好的部分。通常，就像我描述的那样，随着自我的发展，分裂与投射有所减少，自我从而变得更加整合。然而，如果自我非常虚弱——我将其考虑为一个内在特征，而且如果在出生时并在生命一开始时曾有一些困难；那么整合的能力——即将自我分裂开来的部分聚集在一起的能力——便也是虚弱的。除此之外，为了避免导向自体和外部世界的破坏冲动所唤起的焦虑，还会产生一种更强的分裂倾向。这种承受焦虑的无能,因而有着影响深远的重要性。它不仅增加了过度分裂自我和客体的需要;还可导致一种碎裂的状态,而且使得修通这些早期焦虑成为不可能的事。

在精神分裂症中,我们看到了这些无法解决之过程的结果。精神分裂症患者觉得自己是无望的、支离破碎的,觉得自己永远也无法拥有自体。如此的破碎这个事实导致他无法充分地将其原初客体(母亲)内化为一个好客体,因此也导致他缺乏稳定性的基础:他无法依靠外部和内部的好客体,也无法依靠他自己的自体。此因素与孤独息息相关,因为他增加了精神分裂症患者的这样一种感觉,即觉得他孤单一人,在某种程度上可以说,陪伴他的只有他的苦难。感到被一个敌意的世界所包围,这是精神分裂症疾病偏执一面的特征。这种感觉不仅增加了他所有的焦虑,而且也严重地影响着他的孤独感。

另一个促成精神分裂症患者孤独感的因素是混淆。这是许多因素的结果,特别是自我的碎裂以及投射性认同的过度使用,所以他持续地感觉自己不仅支离破碎,而且还跟他人混淆在一起。于是,他无法区分自体的好部分和坏部分、好客体和坏客体、外部现实和内部现实。因此,精神分裂症患者无法理解自己或信任自己。这些因素与他对他人偏执的不信任相结合,便会导致一种退缩状态。这种状态破坏了他形成客体关系的能力,以及他从这些关系中获得安慰和快乐的能力——通过强化自我,安慰和快乐可以反作用于孤独。他渴望与他人能形成一些关系,但是他却无法做到这一点。

重要的是不要低估精神分裂症患者的痛苦和苦难。因为他们经常防御性地使用退缩及其情绪的分神,所以他们不是很容易觉察到自己的痛苦。不过,我和我的一些同事对治疗结果保持着某种乐观,对此我只需提到戴维森医师、罗森菲尔德医师和汉娜·西格尔医师,他们都曾治疗过或正在治疗一些精神分裂症患者。这种乐观基于下列事实:在这些病人身上,也都有一种朝向整合的冲动;而且不论发展有多么不充分，他们也都存在着一种跟好客体及好自体的关系。

现在我首先在正常的范围内，来处理普遍的抑郁焦虑的孤独特质。我常常提到一个事实：早期情绪生活是以丧失和失而复得的重复经验为特征的。每当母亲不在场时，婴儿可能就会觉得失去了她，无论是因为她受伤还是她变成了一个迫害者。这种失去她的感觉，等同于恐惧她的死亡。由于内摄的缘故，外部母亲的死亡也意味着内部好客体的丧失，而这又加强了婴儿对自身死亡的恐惧。这些焦虑和情绪在抑郁位置的阶段上有所提高；但是终其一生，死亡恐惧都在孤独中扮演着某种角色。

我已经提出，伴随整合过程的痛苦也是促成孤独的原因之一。因为它意味着面对自己的破坏冲动与自体憎恨的部分，它们有时候似乎是无法控制的，因此会危及好客体。随着整合与不断增长的现实感，全能必定会有所减少；而这又再次促成了整合的痛苦，因为它意味着怀抱希望的能力降低。虽然希望（源自自我的强度以及对自己和他人的信任）还有其他的来源，但是一个全能的要素却始终都是希望的一部分。

整合也意味着某种理想化的丧失，这种理想化既是对于客体的，也是对于自体的一个部分的，它从一开始就影响着与好客体的关系。认识到好客体永远都不可能拥有近似于理想客体的完美，这便导致了去理想化；而更加痛苦的莫过于，认识到自体的理想部分实际是不存在的。就我的经验而言，尽管在正常发展中，面对内部与外部现实，会倾向于减少理想化的需要，但是它从来都没有被完全放弃。正如一名病人对我说的，当接纳从整合的一些步骤上获得的释放时，"魔力便消失了"。分析表明，那个消失的魔力，就是对自体和客体的理想化，而它的丧失导致了一些孤独的感觉。

在这些因素中，有一些因素在很大程度上参与了躁狂抑郁症所特有的那些心理过程。躁狂抑郁症患者已经开始迈向了抑郁位置。也就是说，他更多的是将客体作为一个整体来体验的；而他的罪恶感，尽管紧密联系着偏执机制，却是更加强烈的且较不容易消失的。因此，相比于精神分裂症患者，他会更多地感到想要在内部安全地拥有好客体以便保存并保护它的渴望。但是，他又觉得无法做到这一点，因为他与此同时并未充分地修通抑郁位置；所以他进行修复、综合好客体并取得自我整合的能力，都没有充分地获得进展。因为在他与好客体的关系中，仍然存在着大量的恨，因此也存在着恐惧。他无法充分地对此进行修复，因而他与好客体的关系带来的不是释放，而是一种不被爱的、被恨的感觉，他一次又一次地感到好客体受到其破坏冲动的威胁。渴望能够克服与好客体关系中的所有这些困难，这种渴望是孤独感的一部分。而在极端的情况下，这会表现为自杀的倾向。

  类似的过程也在外部关系中运作。躁狂抑郁症患者只能在有的时候且是非常短暂地，从与一个好心人的关系中得到释放。因为他会很快地将其自身的憎恨、愤恨、嫉羡与恐惧投射出去；所以他一直充满着不信任。换句话说，他的偏执焦虑仍然非常强烈。因此，躁狂抑郁症患者的孤独感，便更多地集中在他无法与好客体保持一种内在的或外部的交往上，而较少地集中在他的支离破碎上。

  我将讨论某些在整合中的进一步的困难，特别是将处理两性中男性与女性元素之间的冲突。我们知道双性特质中有一个生物学因素，但是我在此所关心的是心理学方面。在女人身上，普遍存在着成为一个男人的愿望，根据阴茎嫉羡的说法来表达这一点或许是最清楚不过的了；同样，我们在男人身上也发现了女性的位置，即拥有乳房并生育孩子的渴望。这些愿望紧密联系着对父母双方的认同，而且伴随着竞争与嫉羡的感觉，以及对所觊觎的拥有物的欣赏。这些认同在强度及性质上有所不同，这取决于欣赏或嫉羡两者哪个更有优势。小孩整合欲望的一部分，是整合人格这些不同层面的冲动。除此之外，超我还提出了一个冲突的要求，即同时认同于父亲和母亲，这个要求被对抢夺父母的早期欲望进行修复的需要所推动，表达了想要让父母在内部存活下来的愿望。如果罪恶感的元素居于主导，便会阻挠这些认同的整合。然而，如果这些认同令人满意地达成了，那么它们就会变成丰富性的来源，变成各种天赋与能力发展的基础。

为了说明整合这一特殊方面的困难及其与孤独的关系，我将引用一名男性病人的梦：一个小女孩在和一头母狮子玩，并拿出一个铁环让母狮子跳过去；但铁环的另一边是悬崖，这头母狮子却服从了，并且在这个过程中死掉了。与此同时，有一个小男孩杀死了一条蛇。因为先前曾出现过相似的材料，病人自己就可分辨，小女孩代表着他的女性部分，而小男孩代表着他的男性部分。在移情中，母狮子与我有着强烈的联系，对此我只想举一个例子：那个小女孩有一只猫，而这让人联想到我的猫，它通常代表着我。由于跟我的女性特质处于竞争之中，他想要摧毁我；而这在过去的那段时光就是想要摧毁他的母亲。意识到这一点对病人来说是极其痛苦的。自己的一部分想要杀死心爱的母狮子－分析师，因此剥夺了他的好客体。这种认识不仅导致了悲惨与罪恶的感觉，而且还导致了移情中的孤独感。与父亲的竞争导致他摧毁父亲的潜能及阴茎（由蛇所代表），让他认识到这一点也非常令他抑郁。

这个材料导致了进一步且非常痛苦的整合工作。在我刚才提到的母狮子的梦前面还有另一个梦，在梦中一个女人从一栋很高的建筑物跳下而自杀了。但是这个病人，与他通常的态度相反，却没有体验到任何恐怖。在当时，分析在很大程度上都处理的是他在女性位置上的困难，女性位置在当时正处于高峰，分析表明，梦中的那个女人代表着他自己的女性部分，他的确希望这个部分被毁掉。他觉得那个部分不仅会伤害到他与女人的关系，而且还有损他的男性特质及其所有建设性的倾向，包括对母亲的修复，这在与我本人的关系中变得非常清楚。这种态度，亦即将其所有的嫉羡与竞争放入他的女性部分，就变成了一种分裂的方式；但同时又似乎掩盖了他对女性特质极大的欣赏与重视。此外，逐渐清晰的是，当他感到男性的攻击在相比之下更加开放并因此也更加诚实时,他就会将嫉羡与欺骗都归咎于女性的一方。因为他非常讨厌虚伪与不诚实,于是这便造成了他在整合上的种种困难。

  对这些态度的分析,由于追溯到他对母亲最早的嫉羡感,导致他人格中的女性和男性部分有了更好的整合,也导致他在男性与女性角色中的嫉羡都有所减少。这增加了他在其诸多关系中的胜任能力,因而有助于对孤独感的抗衡。

  现在我要举另一个例子,其来自对一名病人的分析。这个男人并非不快乐,也不是有病,他不论是在工作上还是关系中都相当成功。他察觉到自己总是感到像一个孩子般的孤独,而且这种孤独感从来没有完全消失过。热爱大自然在这个病人的升华中是一个重要的特征,甚至从最早的童年期开始,到了户外他就会觉得舒适和满足。在一次会谈中,他描述在一趟旅行中,当穿越丘陵地带时他感到享受,而之后当他进入城镇时却觉得反感。像我先前所做的那样,我解释道:对他而言,大自然不仅代表着美丽,而且还代表着美好,实际上就是他纳入自己的好客体。稍停顿后,他回答说,他觉得的确如此;但又表示大自然不只是美好,因为总有许多的攻击在其中。以同样的方式,他补充说,他自己与乡村的关系也不是全然美好的,举例而言,当他是一个小男孩时,他常常去掏鸟窝,但同时他又总是想要种点东西。他说在对大自然的热爱中,他实际上,如他所言,"纳入了一个整合的客体"。

  为了理解病人何以在与乡村的关系中克服了他的孤独,可是在与城镇的联系中又体验到孤独,我们必须探查他的一些联想,这些联想同时指涉着他的童年期与大自然。他告诉我说,他应该是一个快乐的婴儿,受到母亲很好的喂养。有很多材料——特别是在移情的情境中——都支持了这一假设。他很快便意识到他对母亲的健康感到担忧,同时他对母亲纪律相当严明的态度却感到愤恨。尽管如此,他和母亲的关系在很多方面还是愉快的,他也依然喜爱着他的母亲;

但是他觉得自己在家里是受到约束的,而且还觉察到一种想到户外的迫切渴望。他似乎很早就发展出了对大自然之美的欣赏,一旦他有更多的自由可以到户外,这就变成他最大的快乐。他描述说自己曾和别的男孩们一起,一有时间就跑到树林和田野中。他也坦诚地说了一些对于大自然的攻击,例如掏鸟窝和破坏篱笆。同时,他又相信这类的损坏不会持续太久,因为大自然总是会自我修复。他将大自然看作富饶且不易伤害的,这与他对母亲的态度形成了惊人的对比。与大自然的关系似乎相对地不受罪恶感的影响;而在他与母亲的关系中,出于一些无意识的理由,他觉得自己对母亲的脆弱负有责任,因而存在着大量的罪恶感。

从他的材料中,我可以得出结论:他在某种程度上内摄了作为好客体的母亲,而且在对她的爱意与敌意感觉之间,他能够达到一定程度的综合。他同样也达到了相当的整合水平,但是这又受到其与父母有关的迫害焦虑和抑郁焦虑的干扰。与父亲的关系对他的发展而言是非常重要的,但是这并未进入这段特殊材料中。

我曾提过这个病人想到户外的强迫需要,而这与他的幽闭恐惧症有关。正如我在其他地方说过的,幽闭恐惧症源自两个主要的来源:其一是对母亲的投射性认同,这导致了被幽禁在她内部的焦虑;其二是重新内摄,这导致了一个人被怨恨的内部客体禁闭在自己内部的感觉。我对这个病人的结论是:他逃入大自然是对这两种焦虑情境的防御。在某种意义上,他对大自然的爱,从他与母亲的关系中被分裂出来;而他对母亲的去理想化,则导致他将其理想化转移到大自然上。与家庭和母亲的关系让他觉得非常孤独。这种孤独感,正是他反感城镇的根源所在。大自然带给他的自由和享受不仅是一个快乐的来源(这种快乐源自强烈的美感,并且联系着对艺术的欣赏),而且也是对抗根本孤独的一种方法(这种孤独从来都没完全的消失)。

在另一次会谈中,这个病人报告了一种罪恶感:在一次去往乡村的旅途中,他捉到一只田鼠,把它装进一个盒子,放在他汽车的后备厢里，作为送给他孩子的礼物，他觉得孩子会很高兴有这只小动物做宠物。但是病人却忘记了这只田鼠，想起来时已经是一天以后了。他做了很多努力，但是都没能找到它，因为它已经咬破盒子跑出去了，藏在后备厢一个摸不到的角落里。终于，在又做了一些努力抓住它之后，他发现田鼠已经死了。病人对忘记田鼠并因而造成它死亡的罪恶感，导致他在后续的会谈中联想到一些死去的人。他觉得自己在某种程度上对这些人的死负有责任；尽管这并非出于理性的原因。

在后续的会谈中，他对田鼠产生了丰富的联想，田鼠似乎扮演着好几个角色。田鼠代表着病人自己一个分裂开来的部分——孤独的和被剥夺的部分。此外，通过认同于他的孩子，他觉得被剥夺了一个潜在的同伴。很多联想都表明，在整个童年期，病人都渴望有一个同龄的玩伴——这种渴望超越了对外部同伴的实际需要，而且是由于他感觉无法重获其自体分裂开来的部分所导致的结果。田鼠也代表着病人的好客体，病人将它关在病人的内部（由汽车所代表），他对此感到内疚，也恐惧田鼠可能会反过来报复自己。至于疏忽，他还联想到田鼠也代表着一个被他忽略的女人。这个联想是在一个假日之后出现的，这不仅意味着分析师留下他孤身一人，而且还隐含着分析师也是孤独的，是被忽略的。和他母亲有关的类似感觉在该材料中逐渐清晰起来，正如他所下的结论：他含有一个死去的或孤独的客体，这增加了他的孤独。

这个病人的材料支持了我的论点：在孤独与无法充分整合好客体以及自体那些在感觉上无法触及的部分之间，存在着某种联系。

现在我要继续更加细致地来检查那些通常可以缓和孤独的因素。好乳房相对安全的内化，是自我某些天生力量的特征。一个强大的自我比较不容易碎裂，因此更有能力达到一定程度的整合；也更有能力与原初客体建立起良好的早期关系。此外，好客体的成功内化是与之产生认同的根源所在，这种认同强化了美好的感觉，以及对客体和自体两者的信任感。这种对好客体的认同缓和了破坏冲动，以这种方式也减少了超我的严厉。一个比较温和的超我，会对自我做出不那么严厉的要求。这就导致了容忍，以及承受所爱客体的缺陷的能力；而不至于损害与这些客体的关系。

随着整合的进展全能感减少，并且导致了某种希望的丧失，不过这种全能感的减少却使得对破坏冲动及其影响之间的区分成了可能；因此攻击性与恨意在感觉上也没那么危险了。与现实的这种较大的适应，导致一个人能接受自身的缺点，结果便减弱了对过去挫折的愤恨感。它还开启了由外部世界发出的享受的来源，因而这也是减少孤独感的另一个因素。

与最初客体的快乐关系，以及对它的成功内化，都意味着爱可以被给予并被接受。作为结果，不仅在喂食的时候，而且在回应母亲的在场与情感时，婴儿都能体验到享受。这类快乐经验的记忆，对小孩子而言，是感到挫折时的一种支撑，因为它们紧密联系着对更多快乐时光的希望。此外，享受与感到理解及被理解之间，也有一种紧密的联系。在享受的时候，焦虑便减轻；而与母亲的亲密感以及对她的信任也达到最高点。内摄性认同和投射性认同如果没有过度，就会在这种亲密感中扮演一个重要的角色；因为它们是构成理解能力的基础，也是促成被理解经验的原因之一。

享受总是与感恩息息相关，如果深深地感受到这种感恩；那么感恩就包括了想要回报所接受的美好的愿望；因而感恩是慷慨的基础。在能够接受与能够给予之间，始终都有一种紧密的联系。两者都是与好客体关系的一部分，因此也都能抵制孤独。进一步说，慷慨的感觉构成了创造性的基础；而这既适用于婴儿最原始的建设性活动，也适用于成人的创造性。

享受的能力也是一定程度的顺从的前提。顺从顾及获得那些可触及之物的快乐；而不至于对不可触及的满足有太多的贪婪；也不至于对挫折产生过度的愤恨。此类适应已经可以在一些小婴儿身上被观察到。顺从与容忍息息相关，也联系着这样一种感觉：觉得破坏冲动不会把爱压倒，因此美好与生命可以被保存下来。

尽管一个孩子感到有些羡慕和嫉妒，如果他可以认同于其家族成员的快乐和满足，那么他在后来的生活中，在与他人的关系里也可以认同于他人的快乐和满足。从而在老年时，他便能够逆转早期的情境，认同于年轻人的满足。但是，只有当对过去的快乐怀抱感恩，不因为过去的快乐不再可及而带有太多的愤恨时，这才有可能实现。

我触及的所有这些发展因素，虽然它们缓和了孤独感，但是从来都不会完全地消除它；因此，它们易于被用作防御。当这些防御非常强大且成功地契合所需时，孤独通常就不会在意识的层面被体验到。有些婴儿将极度依赖母亲用作对孤独的防御，如此对依赖的需要便持续一生成为一种模式。另一方面，逃向内部客体（这在婴儿早期是以幻觉性满足的方式表达出来的）也经常被防御性地使用，试图以此来抵制对外部客体的依赖。在某些成人身上，这种态度会导致对任何同伴的拒绝，而这在极端的情况下就是疾病的一种症状。

对独立的强烈渴望是成熟的一部分，但是为了克服孤独，它也可以被防御性地使用。减少对客体的依赖会使个体较不易受伤害；而且还抵制了对所爱之人有内部与外部亲密感的过度需要。

另一种防御，特别在老年期，是沉溺于过去以避免现在的挫折。对过去的某种理想化势必会进入这些记忆，而且也被投入防御的用途。在年轻人身上，对未来的理想化也服务于类似的目的。对人们及事业在某种程度上的理想化，是一种正常的防御；也是寻找被投射到外部世界的理想化内部客体的一部分。

被他人所赏识，以及自身的成功（起初是婴儿被母亲所赏识的需要），这些都可以用作对孤独的防御。但是，如果被过度地使用，这种方法就会变得非常不安全；因为对自己的信任在当时并未被充分地建立起来。另一种防御（与全能和躁狂防御的一部分有关）在于特殊地使用等待所欲望之物的能力；这可能会导致过度乐观和缺乏冲动，而且还可能联系着一种防御性的现实感。

对孤独的否认（通常也被用作防御），很可能会干涉好的客体关系；相比之下，另一种态度是让孤独被实际体验到，并且变成对客体关系的一种刺激。

最后，我想要指出的是：为什么评估造成孤独的内部与外部影响间的平衡是如此的困难。迄今为止，我在这篇文章中主要阐释的都是些内部方面——但是这些方面并不是凭空存在的。在心理生活中，内部因素和外部因素之间有一种持续的相互作用；而这种相互作用的基础在于开启客体关系的投射与内摄过程。

外部世界对小婴儿第一个有力的影响，是伴随出生时的各种不适感，这些不适感被他归因于敌意的迫害力量。这些偏执焦虑便成为他内部情境的一部分。内部因素也是从一开始就起作用的：生本能和死本能之间的冲突，导致死本能转向外界，而如弗洛伊德所言，便开启了破坏冲动的投射。然而，我认为，生本能在外部世界中找到一个好客体的冲动，也会导致对爱的冲动的投射。如此一来，外部世界的图像（最初由母亲所代表，特别是被她的乳房所代表，而且基于与她关系中的实际的好坏体验）便为内部因素所影响。通过内摄，这一外部世界的图像又影响到内部世界。然而，不仅婴儿对外部世界的感觉会受到其投射所影响；而且母亲与孩子的实际关系也以间接而微妙的方式，受到婴儿对她的反应所影响。一个视吃奶为享受的心满意足的婴儿会减轻母亲的焦虑；而母亲的幸福则会表现在她抱持并喂养婴儿的方式中。这因而减少了婴儿的迫害焦虑，并且影响到他内化好乳房的能力。相比之下，有喂养困难的孩子，可能会唤起母亲的焦虑和罪恶感，因而对母婴关系会有不利的影响。在这些不同的方式中，内部世界与外部世界之间都有一种持续的相互作用，而且终其一生都持续存在着。

外部和内部因素之间的相互作用，对孤独感的增加或减少也有重要的影响。好乳房的内化，只可能产生于内部和外部要素间有利的相互影响，它是整合的基础。正如我所提到的，它在减少孤独感上是最重要的因素之一。除此之外，在正常的发展中，当孤独感被强烈地体验到时，就会有一种转向外部客体的巨大需要，因为孤独可以部分地被外部关系所缓和，我们对这一点已经有了很好的认识。一些外部的影响，特别是对个体而言很重要的人的态度，也可以在其他方面减少孤独。例如，与父母有一种基本良好的关系，会使理想化的丧失与全能感的减弱变得更可忍受。父母通过接受孩子破坏冲动的存在，并显示他们可以保护自己免于孩子的攻击，可以减少孩子对其敌意愿望的影响的焦虑。结果，内部客体就在感觉上较不易受伤害，而自体也较不具破坏性。

在这里我只能触及超我相对于所有这些过程的重要性。一个严厉的超我，从来都不可能在感觉上去原谅破坏冲动。事实上，超我要求它们不应该存在。虽然超我在很大程度上是从自我分裂开来的一个部分（一些冲动被投射在这个部分之上）中建立起来的；但是它也不可避免地会受到实际父母人格及其与孩子关系的内摄的影响。超我越是严厉，孤独感就会越强烈，因为其严格的要求增加了抑郁焦虑与偏执焦虑。

在结论中，我希望重述我的假设：尽管孤独可以因外部影响而减少或增加，但是它永远无法被完全消除。因为朝向整合的冲动，还有在整合过程中体验到的痛苦，皆源自内部。这些内部来源终其一生都是强而有力的。